# Metzler Physik E
## Ausgabe Hessen

herausgegeben von
Joachim Grehn und Joachim Krause

bearbeitet von:
Gerhard Glas, Frankfurt
Joachim Grehn, Kiel
Joachim Krause, Neumünster
Dr. Herbert Kurt Schmidt, Darmstadt
Claudia Seelmann, Hanau



Druck A $^3$ / Jahr 2014
Alle Drucke der Serie A sind im Unterricht parallel verwendbar.

Redaktion: Bernd Trambauer, Beatrix Weber
Fotos: Michael Fabian, Hans Tegen
Grafik: New Vision, Bernhard Peter; Brigitte Schlierf; 2&3d. design, R. Diener, W. Gluszak; take five, J. Seifried
Computergrafik: Dr. Joachim Bolz; Joachim Krause; Dr. Monika Scholz-Zemann; Dr. Heiner Schwarze
Umschlaggestaltung: Janssen Kahlert Design & Kommunikation GmbH, Hannover
Satz: CMS – Cross Media Solutions GmbH, Würzburg
Druck und Bindung: westermann druck GmbH, Braunschweig

ISBN 978-3-507-**10780**-9

# Vorwort

Liebe Schülerin, lieber Schüler!

Die hessische Ausgabe der „Metzler Physik", von der hier der Band für die Einführungsphase in die Oberstufe vorliegt, möchte Ihnen ein verlässlicher und hilfreicher Begleiter sein.

In Ihrem bisherigen Unterricht haben Sie eine Fülle von grundlegenden Erscheinungen der Physik und deren technische Anwendungen kennengelernt. Sie haben erfahren, dass die Naturwissenschaft Physik zur Erklärung der Phänomene vereinfachende Modelle benutzt, die eine mathematische Beschreibung ermöglichen. Dies macht einerseits die besondere Leistungsfähigkeit der Physik aus, lässt sie aber andererseits zu einem recht anspruchsvollen Unterrichtsfach werden.

In der nun folgenden Einführungsphase ist die Mechanik verbindlicher Unterrichtsgegenstand. Die Mechanik ist das grundlegende und vielseitig interessante Zentralgebiet der Physik und eignet sich in besonderer Weise zur vertieften Einführung in deren wesentliche Prinzipien und typischen Methoden. Fakultative Themen am Ende der Einführungsphase wie Chaos, Gravitation, Astrophysik u. a. machen Sie neugierig, sich weiter auf der Oberstufe mit der Physik zu beschäftigen. Für diejenigen unter Ihnen, die die Physik nicht weiter betreiben, dienen die hier erarbeiteten Erkenntnisse zur Abrundung ihres physikalischen Weltbildes.

Physik allein durch das Studium eines Buches zu lernen, ist kaum möglich. Nach wie vor ist daher der Unterricht, in dem experimentiert und über Beobachtungen und Erklärungen diskutiert wird, unverzichtbar für den Erfolg im Erkenntnisprozess, der zu einem tieferne Verständnis der Physik führt.

Ziel ist es, dass Sie mithilfe der Physik unsere komplizierte Welt, die von Naturwissenschaft und Technik geprägt ist, besser verstehen lernen und Nutzen und Gefahren, die aus ihnen resultieren, kompetent beurteilen können.

Lassen Sie sich ein auf das geistige Abenteuer mit der Physik, dieser interessanten und faszinierenden Wissenschaft.

Wir wünschen Ihnen dabei Freude und Gewinn.

**Zu diesem Buch**

Das vorliegende Buch ist hervorgegangen aus dem seit vielen Jahren bewährten einbändigen Oberstufenlehrbuch „Metzler Physik" des Schroedel Verlages. Die Metzler Physik E ist für die Einführungspahase der hessischen gymnasialen Oberstufe konzipiert; sie folgt streng dem neuen hessischen Lehrplan.

Kennzeichen dieser Bearbeitung der „Metzler Physik"ist die an Experimenten orientierte Konzeption. Besonderer Wert ist auf stringente Beweisführung im Gedankengang vom Experiment oder von einer Problemstellung aus bis hin zu den meistens mathematisch formulierten Gesetzmäßigkeiten gelegt. Ebenso wurde äußerste Sorgfalt auf die Begriffsbildung und die exakte Definition der physikalischen Größen gelegt. Damit wird auf die wesentlichen Schwierigkeiten im Physikunterricht reagiert, die sich den Schülerinnen und Schülern in den Weg stellen können.

Die systematische Anordnung und klare Strukturierung der Inhalte sowie die Hereinnnahme von Methoden und Exkursen, von Grundwissen und Wissenstests sind wesentliche Merkmale der zugrundeliegenden „Metzler Physik".

Die *verbindlichen Inhalte* des hessischen Lehrplans sind in größerer Schrift gesetzt. Definitionen, Begriffsbildungen und Gesetze sind durch einen seitlichen grünen Balken hervorgehoben. *Weiterführende Kenntnisse* und *Ergänzungen* für die Vorkurse erscheinen in kleinerer Schrift und grüner Punktung am Rand. Durch grüne Umrandung sind Anwendungen aus Umwelt und Technik sowie historische und erkenntnistheoretische Betrachtungen der Physik als *Exkurse* vom verbindlichen Sachtext abgehoben. *Methodenbildungen* sind als solche gekennzeichnet und von den Sachtexten durch grüne Linien abgesetzt. Am Schluss eines Kapitels wird das Grundwissen zusammengefasst. *Aufgaben* stehen am Ende der Sachtexte und hinterfragen die wesentlichen Inhalte der betreffenden Seiten; die *Wissenstests* am Ende der Kapitel sollen helfen, Strategien für das Lösen von Aufgaben zu entwickeln. Alle Aufgaben sind mit den für Hessen gültigen Operatoren formuliert.

Dank gilt dem Verlag für die intensive Betreuung und die hervorragende Ausstattung des Werkes. Dank gilt ebenso allen, die mit Rat und Auskunft geholfen haben.

Frankfurt im Frühjahr 2010

*Joachim Grehn und Joachim Krause*

# INHALTSVERZEICHNIS

## 1 Kinematik



## 2 Dynamik



## 3 Erhaltungssätze

## 4 Die Rotation starrer Körper (fakultativ)



## 5 Gravitation (fakultativ)



## 6 Nichtlineare Dynamik (fakultativ)



## 7 Anhang



## Bildquellenverzeichnis

action press, Hamburg: 7.1 (Actionplus) – Astrofoto, Sörth: 73.2 (NASA), 107.1, 108.1, 109.1a – Bildagentur-online, Burgkunstadt: 92.2; Corbis, Düsseldorf: 7.2 (Patrick Ward) – Sexl, Raab, Sreeruwitz „Das mechanische Universum, Eine Einführung in die Physik" Band I, Diesterweg 1980: 85.3 – Michael Fabian, Hannover: 17.1 – Agentur Focus, Hamburg: 46.2c (SPL) – Georg Heinrichs: 115.2b – Jet Propulsion Laboratory, Pasadena USA: 73.1 – Kendall Hunt Pub Co. - aus: Physik (PSSC), Vieweg + Sohn Verlag, 1984, Seite 268, Bild 16.9: 57.2 – LD Didactic, Hürth: 90.2a – Leemage, Berlin: 113.1 (Selva) – Lufthansa-Bildarchiv: 7.3 (Gerd Rebenich) – NASA, Washington: 55.2 – Physikalisch-Technische Bundesanstalt, Braunschweig: 10.1 – Phywe Systeme GmbH, Göttingen: 90.2b – PSSC: 56.1a – Herbert Kurt Schmidt, Darmstadt (Autor): 33.1 – Claudia Seelmann, Hanau: 23.1 – Spektrum der Wissenschaft, Digest: Astrophysik: 104.1 – Hans Tegen, Hambühren: 14.1 – The Art Archive, Berlin: 39.1 – ullstein bild, Berlin: 49.4 – aus: Physik, Deutsche Fassung erarbeitet von J. Grehn, G. Harbeck, P. Wessels, Vieweg + Sohn: 29.3, 84.1 – aus: Roman U. Sexl, Herbert K. Schmidt, Raum, Zeit, Relativität. Vieweg Studium. 4. Auflage, 2001, 128.1 Mit freundlicher Genehmigung des Verlages.: 65.1 – K. Weltner, M. Ingelmann-Sundberg „Zur physikalischen Erklärung des aerodynamischen Auftriebs" – Praxis der Naturwissenschaften, Aulis Verlag, Köln: 48.1 – aus: Physics, Fifth Edition, R. Resnick, D. Halliday, K. Krane, John Wiley & Sons, Inc. Figure 8-9: 29.7 – Wilfried Wittkowsky, 2005 - Wikipedia.org/GNU-Lizenz für freie Dokumentation: 78.2 (http://de.wikipedia.org/wiki/Datei:Niederdruck-Turbinenl%C3%A4ufer.jpg)

Es war nicht in allen Fällen möglich, die Inhaber der Bildrechte ausfindig zu machen und um Abdruckgenehmigung zu bitten. Berechtigte Ansprüche werden selbstverständlich im Rahmen der üblichen Konditionen abgegolten.

# 1 KINEMATIK

Die Kinematik (kinema, gr.: Bewegung) beschäftigt sich mit der Bewegung von Körpern im Raum. Als Begründer der Kinematik gilt Galileo GALILEI (1564–1642), der die Gesetze der Fallbewegung auf der Erde fand. Die Bewegungen, die Körper in unserer Umwelt ausführen, sind durchweg kompliziert. In allen Einzelheiten lassen sich ihre Abläufe nur mit großem mathematischen Aufwand beschreiben und erklären. In diesem Kapitel werden die Größen zur quantitativen Beschreibung von Bewegungen eingeführt und die Gesetzmäßigkeiten einfacher Grundformen der Bewegungen behandelt. Es ist zu erwarten, dass dann viele konkret ablaufende Bewegungen auf diese Grundformen zurückgeführt und mit ihrer Hilfe erklärt oder vorhergesagt werden können. Die Gesetze der Kinematik finden auch in anderen Bereichen der Physik Anwendung, etwa bei der Beschreibung der Bewegung geladener Teilchen in elektrischen und magnetischen Feldern.

## 1.1 Beschreibung von Bewegungen

An den Beispielen eines 100 m-Laufes (**Abb. 7.1**), der Fahrt eines Segelbootes (**Abb. 7.2**) und des Flugs einer Verkehrsmaschine (**Abb. 7.3**) soll gezeigt werden, wie Bewegungen registriert und festgehalten werden. Neben den Längen- und Zeitangaben der Messung ist zur eindeutigen Darstellung von Bedeutung, in Bezug auf welche Referenzpunkte gemessen wird und wann die Zeitmessung gestartet wird.

Sie werden folgendermaßen beschrieben:
- Die Läufer werden gefilmt; die Zeitlupenaufnahme zeigt sie zu vorgegebenen Zeiten vor den Markierungen der 100 m-Strecke an bestimmten Orten.
- Die jeweilige Position des Segelbootes, d. h. die geografische Länge und Breite, wird zu bestimmten Zeiten durch Peilungen oder mithilfe des Global Positioning Systems (GPS) bestimmt.
- Für die Position des Flugzeugs wird zusätzlich zur geografischen Länge und Breite die Höhe über dem Meeresspiegel festgehalten.

Alle Bewegungen werden durch die Registrierung von Ort und Zeit erfasst. Für jede Registrierung wird ein Bezugssystem gewählt – die 100 m-Bahn, die Erdoberfläche bzw. die Erdoberfläche mit dem Raum darüber –, auf das sich die Angaben über Ort und Zeit beziehen.

> In der Physik wird unter einer **Bewegung** eines Körpers die **Veränderung** seines **Ortes mit der Zeit** relativ zu einem **Bezugssystem** (Koordinatensystem) verstanden.

- Im Falle des 100 m-Läufers ist die Gerade vom Start- bis zum Zielpunkt das *eindimensionale Koordinatensystem.*
- Für das Segelboot ist die Erdoberfläche mit ihren Längen- und Breitengraden das *zweidimensionale Koordinatensystem.*
- Die Bahn des Flugzeugs wird in einem *dreidimensionalen Koordinatensystem* aus geografischer Länge und Breite sowie Höhe über dem Meeresspiegel festgehalten.

Für die Ortsangaben spielen im Allgemeinen Form und Ausdehnung des bewegten Körpers keine Rolle. In vielen Fällen ist es praktisch, sich auf seinen *Schwerpunkt* zu beziehen, also auf den Punkt, in dem die gesamte Masse des Körpers vereinigt gedacht werden kann.

> Zur **Beschreibung der Bewegung** eines Körpers genügt es in vielen Fällen, die Ortsangaben **auf einen bestimmten Punkt,** z. B. den Schwerpunkt des Körpers zu beziehen.

An den Bewegungen interessiert nicht nur, welche Orte erreicht, sondern auch, welche *Strecken* oder **Wege *s*** *zwischen den Orten* in bestimmten **Zeiten *t*** zurückgelegt werden (*s* spatium, lat.: Weg; *t* tempus, lat.: Zeit). Ein Flug von Hamburg nach München z. B. kann mit den in der Luftfahrt üblichen Einheiten nach Flugzeit *t* in Stunden (h) und Flugweg *s* in *Nautical miles* (1 NM = 1,852 km) als *Tabelle,* als *Diagramm* oder als *Gleichung* festgehalten werden (**Abb. 7.4**).

Die Gleichung der Funktion, die die Bewegung eines Körpers durch die Angabe seines Weges $s$ in Abhängigkeit von der Zeit beschreibt, $s = s(t)$, wird als **Zeit-Weg-Gesetz** bezeichnet.

Die *Zuordnung von Zeit und Weg* kann gegeben sein:
- durch eine Wertetabelle, die **Zeit-Weg-Tabelle**,
- durch ein Diagramm, das **Zeit-Weg-Diagramm**,
- durch eine Gleichung, das **Zeit-Weg-Gesetz**.

Zeit $t$ und Weg $s$ sind *physikalische Größen*.

**Physikalische Größen** beschreiben Eigenschaften eines Körpers oder Zustands, die sich quantitativ erfassen lassen. Sie werden nach einem festgelegten Verfahren durch Vergleich mit einer definierten Einheit gemessen. Ihr *Größenwert* ist das Produkt aus Zahlenwert und Einheit.

Für eine Ortsveränderung ist auch die Richtung wichtig. Der Weg ist eine gerichtete Größe, ein **Vektor** $\vec{s}$, während die Zeit $t$ ein **Skalar** ist: Sie ist bereits durch den Größenwert der Zeitangabe eindeutig bestimmt.

In der Physik hat man sich auf ein *System physikalischer Einheiten* geeinigt, das **Système International d'Unités**, abgekürzt **SI** (→ S. 10). Die in diesem System festgelegte Einheit der Zeit ist die Sekunde: $[t] = 1$ s, die Einheit des Weges ist der Meter: $[s] = 1$ m. Die ein physikalisches Symbol umschließende eckige Klammer [ ] hat die Bedeutung *„Einheit der durch dieses Symbol bezeichneten physikalischen Größe"*.

## Aufgaben

1. Eine in einer U-Bahn sitzende Person beobachtet eine S-Bahn auf dem benachbarten Gleis. Die U-Bahn mit der Person steht, doch erscheint es dieser, als führe sie an. Erläutern Sie dies.
2. In einem auf gerader Strecke mit konstanter Geschwindigkeit fahrenden Zug wird ein Ball fallen gelassen.
   **a)** Beschreiben Sie seine Bewegung vom Zug und vom Gleis als Bezugssystem aus.
   **b)** Erläutern Sie, wie sich die vom Ball zurückgelegten Wege in den beiden Bezugssystemen unterscheiden.
3. Beschreiben Sie die Bewegung eines Punktes auf dem Umfang eines Rades, das mit konstanter Geschwindigkeit längs einer Geraden abrollt.
4. Entscheiden Sie, was eine physikalische Größe ist: Intelligenzquotient; Kälte; Wasserhärte; Drehmoment; Inflationsrate; Lautstärke; Kundenzufriedenheit; Magnitude eines Erdbebens.
5. Prüfen Sie, ob die folgenden Größen in SI-Einheiten angegeben sind, und wandeln Sie diese andernfalls um: 50 km/h; 15 Knoten; 36 °C; 1,013 bar; 17 Zoll; 150 PS; 2 GHz; 140 Pfund; 9 Unzen.

**7.1** Der 100 m-Lauf ist ein Beispiel für eine eindimensionale Bewegung, für eine Bewegung längs einer Geraden.

**7.2** Die Bewegung von Segelbooten ist ein Beispiel für eine zweidimensionale Bewegung, für eine Bewegung in einer Fläche.

**7.3** Die Bewegung eines Flugzeugs, das seinem Ziel in unterschiedlichen Höhen und Richtungen zufliegt, ist ein Beispiel für eine dreidimensionale Bewegung, für eine Bewegung im Raum.

| **t in min** | 0 | 14 | 32 | 46 | 65 |
|---|---|---|---|---|---|
| **s in NM** | 0 | 78 | 207 | 315 | 418 |

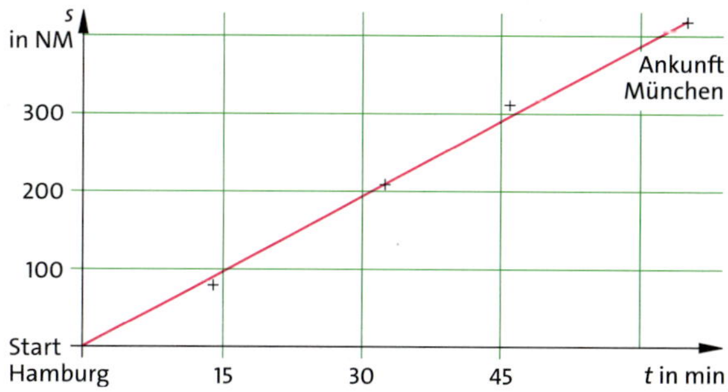


**7.4** Zeit-Weg-Tabelle und Zeit-Weg-Diagramm eines Fluges von Hamburg nach München: Als Zeit-Weg-Diagramm ergibt sich durch Mittelung eine Ursprungsgerade. Die **Zeit-Weg-Funktion** hat die Funktionsgleichung $s = 359\,\frac{\text{NM}}{\text{h}} \cdot t$ mit $s$ in nautischen Meilen (1 NM = 1,852 km) und $t$ in Stunden (h).

# 1.2 Eindimensionale Bewegungen

Die meisten Bewegungen verlaufen zwar nicht linear, während kurzer Zeitabschnitte lassen sie sich aber durch eine lineare Bewegung modellieren.

## 1.2.1 Die geradlinige Bewegung mit konstanter Geschwindigkeit

Ein ICE fährt für eine kurze Zeit auf einer geraden Strecke mit gleichbleibender Geschwindigkeit. Dies ist ein Beispiel für die einfachste Form einer Bewegung. Es ist eine *geradlinige* und *gleichförmige* Bewegung.

Legt ein Körper in der Zeit von $t_1$ bis $t_2$ den Weg von $s_1$ nach $s_2$ zurück, so ist dessen Geschwindigkeit $v$ ($v$ velocitas, lat.: Geschwindigkeit) der Quotient aus der zurückgelegten Strecke $\Delta s = s_2 - s_1$ und der benötigten Zeit $\Delta t = t_2 - t_1$:

$$\text{Geschwindigkeit} = \frac{\text{zurückgelegter Weg}}{\text{benötigte Zeit}}, \quad v = \frac{\Delta s}{\Delta t}$$

a)
b)
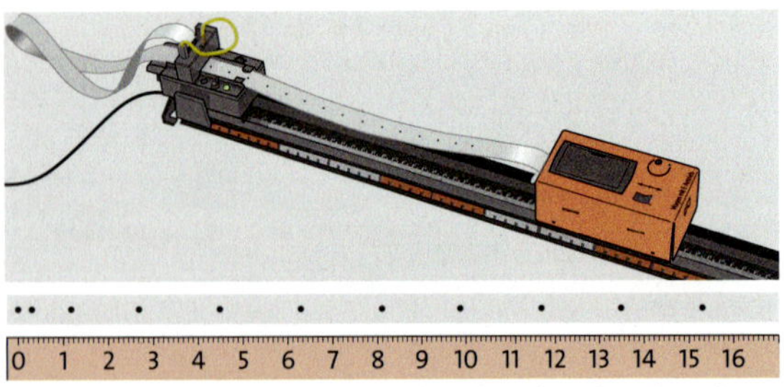


c)

| $t$ in s | 0,0 | 0,1 | 0,2 | 0,3 | 0,4 | 0,5 | 0,6 | 0,7 | 0,8 | 0,9 |
|---|---|---|---|---|---|---|---|---|---|---|
| $s$ in cm | 0,0 | 0,3 | 1,2 | 2,6 | 4,4 | 6,2 | 8,0 | 9,8 | 11,6 | 13,4 |
| $\Delta s/\Delta t$ in m/s | | 0,03 | 0,09 | 0,14 | 0,18 | 0,18 | 0,18 | 0,18 | 0,18 | 0,18 |

**8.1 a)** Wagen mit Elektroantrieb: Ein Funkenschreiber erzeugt in konstanten Zeitabständen Marken auf einem Spezialpapierstreifen. **b)** Mit einem Lineal wird der Papierstreifen ausgemessen. **c)** Zeit-Weg-Tabelle und Geschwindigkeiten

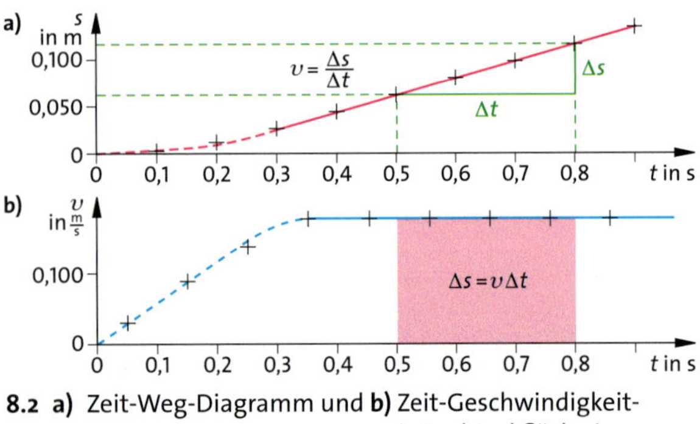


**8.2 a)** Zeit-Weg-Diagramm und **b)** Zeit-Geschwindigkeit-Diagramm zur Bewegung aus 8.1: Die Rechteckfläche im $t$-$v$-Diagramm veranschaulicht die zurückgelegte Strecke.

**Versuch 1:** Auf einer waagerecht aufgebauten Schiene fährt ein Messwagen mit Elektroantrieb (**Abb. 8.1 a**). Ein Funkenschreiber setzt in Abständen von $\Delta t = 0{,}1$ s Funkenmarken auf Spezialpapier. Zur Auswertung des Papierstreifens wird die erste Marke als Nullpunkt der Messung gewählt und die Werte für den Weg mit einem Lineal bestimmt (**Abb. 8.1 b**).
*Ergebnis:* Im **Zeit-Weg-Diagramm** (**Abb. 8.2 a**) liegen die Messpunkte mit Ausnahme der ersten drei auf einer Geraden, deren Steigung der Quotient $\Delta s/\Delta t$ aus den Wegdifferenzen $\Delta s$ und den zugehörigen Zeitdifferenzen $\Delta t$ zwischen den zugehörigen Messpunkten ist. Für die im $t$-$s$-Diagramm (**Abb. 8.2 a**) ausgewählten Messpunkte ist $\Delta s = 0{,}116 \text{ m} - 0{,}062 \text{ m} = 0{,}054$ m und $\Delta t = 0{,}8 \text{ s} - 0{,}5 \text{ s} = 0{,}3$ s, also $v = \Delta s/\Delta t = 0{,}180$ m/s. Dabei ist es gleichgültig, welches Paar von Punkten auf der Geraden ausgewählt wird: Der Quotient $v$ aus dem Weg $\Delta s$ und der Zeit $\Delta t$ in **Tab. 8.1 c)** ist konstant, er gibt die Geschwindigkeit der Bewegung an. ◄

Eine Bewegung heißt **geradlinig gleichförmig,** wenn sich weder der Größenwert noch die Richtung ihrer Geschwindigkeit ändert. Kennzeichen dieser Bewegung ist: In gleichen Zeitabschnitten $\Delta t$ werden gleiche Wegstrecken $\Delta s$ in gleicher Richtung zurückgelegt. Die Geschwindigkeit ist gleich der Steigung der Geraden im Zeit-Weg-Diagramm: $v = \Delta s/\Delta t$.

Die Geschwindigkeit ist eine **abgeleitete Größe,** da sie mithilfe von Grundgrößen, Weg und Zeit, definiert ist. Ihre Einheit ergibt sich aus den Einheiten der Grundgrößen Zeit und Weg: $[v] = [s]/[t] = 1 \text{ m}/1 \text{ s} = 1 \text{ m/s}$.

In andere Einheiten wird die Geschwindigkeit umgerechnet, indem Weg und Zeit in den gewünschten Einheiten eingesetzt werden. So ergibt sich z. B. mit $1 \text{ m} = \frac{1}{1000}$ km und $1 \text{ s} = \frac{1}{60 \cdot 60}$ h: 1 m/s = 3,6 km/h.

Die Geschwindigkeit zu Versuch 1 lässt sich in einem **Zeit-Geschwindigkeit-Diagramm** (***t*-*v*-Diagramm**) darstellen (**Abb. 8.2 b**). Diese Bewegung verläuft nach einer Phase, in der die Geschwindigkeit wächst, ab der Zeit $t = 0{,}4$ s gleichförmig. Der zugehörige Abschnitt der $t$-$v$-Kurve verläuft dementsprechend parallel zur $t$-Achse: Die Geschwindigkeit $v$ hat in diesem Bereich stets den gleichen (konstanten) Wert.

Bei einer geradlinig gleichförmigen Bewegung stellt die Rechteckfläche unter der Zeit-Geschwindigkeit-Geraden im Zeitintervall der Länge $\Delta t$ den in dieser Zeit zurückgelegten Weg $\Delta s$ dar, wie sich aus der Gleichung $\Delta s = v\,\Delta t$ ergibt.

## Positive oder negative Geschwindigkeit

Weg und Geschwindigkeit sind gerichtete Größen, **Vektoren.** Zur vollständigen Angabe gehört neben dem *Größenwert* auch die *Richtung*. Bei einer eindimensionalen Bewegung wird die Vektoreigenschaft des Weges und der Geschwindigkeit am Vorzeichen deutlich (**Abb. 9.1**). Bewegt sich der Körper in die Richtung, die als positive Richtung der Messstrecke festgelegt wurde, so ist $\Delta s = s_2 - s_1 > 0$ und wegen $t_2 > t_1$ ist $v = \Delta s/\Delta t$ positiv; in umgekehrter Bewegungsrichtung wird $\Delta s = s_2 - s_1 < 0$ und wegen $t_2 > t_1$ ist $v = \Delta s/\Delta t$ negativ. Ob die Geschwindigkeit positiv oder negativ ist, hängt letztlich nur davon ab, in welche Richtung die $s$-Achse festgelegt wird.

## Das Zeit-Weg-Gesetz der gleichförmigen Bewegung

In Versuch 1 war die Geschwindigkeit nicht von Beginn an konstant. Für eine gleichförmige Bewegung, bei der die Geschwindigkeit von Beginn an konstant ist, ergibt sich ein besonders einfaches Zeit-Weg-Gesetz: In der Zeit $t$ wird die Strecke $\Delta s = v\,t$ zurückgelegt. Beginnt die Messung zur Zeit $t = 0$ an der Stelle $s(0) = s_0$, so befindet sich der betrachtete Körper zur Zeit $t$ an der Stelle $s(t) = s_0 + v\,t$.

> Das allgemeine Zeit-Weg-Gesetz einer geradlinig gleichförmigen Bewegung, die zur Zeit $t = 0$ an der Stelle $s_0 = s(0)$ beginnt, ist $s(t) = s_0 + v\,t$.

Für beide Bewegungen in **Abb. 9.1** gilt das gleiche Zeit-Weg-Gesetz $s(t) = s_0 + v\,t$ – einmal in **Abb. 9.1 a)** mit positiver Geschwindigkeit, einmal in **Abb. 9.1 b)** mit negativer Geschwindigkeit.

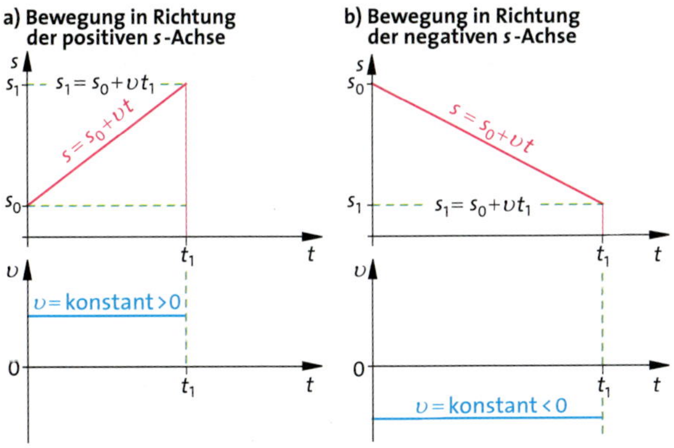


**9.1** Zeit-Weg- und Zeit-Geschwindigkeit-Diagramm zweier gleichförmiger Bewegungen mit Start an der Stelle $s = s_0$:
**a)** Bewegung in Richtung der positiven $x$-Achse: Die Geschwindigkeit $v$ und somit die Steigung der Geraden ist positiv.
**b)** Bewegung in umgekehrter Richtung: Die Geschwindigkeit $v$ und damit auch die Steigung der Geraden ist negativ.

## Aufgaben

**1.** In den USA gelten auf den Highways Tempolimits von 55 mph bis 80 mph. Dabei steht mph für „miles per hour“, einer „statute mile“ entsprechen 1609,344 m. Rechnen Sie die beiden Tempolimits in km/h und m/s um.

**2.** Auf Schiffen wird die Wassertiefe mit einem Echolot bestimmt. Dabei wird die Laufzeit eines vom Schiff ausgesendeten und am Meeresboden reflektierten Ultraschallsignals gemessen. Finden Sie die Schallgeschwindigkeit in Meerwasser heraus. Berechnen Sie die Wassertiefe für die Laufzeiten 0,4 s und 0,6 s.

**3.** Beim Elfmeterschießen erreichen Fußbälle Geschwindigkeiten von über 90 km/h. Berechnen Sie die Zeit, die der Fußball für die 11 m lange Strecke benötigt. Bestimmen Sie die Geschwindigkeit, mit der ein Torwart, der in der Mitte des 7,32 m breiten Tors steht, sich seitwärts bewegen muss, wenn der Fußball in die Ecke geschossen wird.

**4.** Zu einer geradlinigen Bewegung gehört das folgende Zeit-Weg-Diagramm.

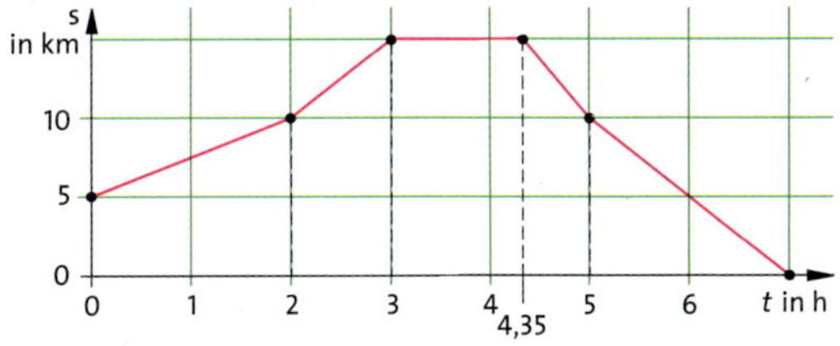


**a)** Berechnen Sie die Geschwindigkeiten.
**b)** Zeichnen Sie das Zeit-Geschwindigkeit-Diagramm.

**5. a)** Zeichnen Sie das Zeit-Weg-Diagramm der folgenden linearen Bewegung (zwischen den Punkten verläuft die Bewegung gleichförmig):

| | $P_0$ | $P_1$ | $P_2$ | $P_3$ | $P_4$ | $P_5$ |
|---|---|---|---|---|---|---|
| $t$ in s | 0,0 | 1,5 | 4,5 | 6,0 | 9,0 | 10,5 |
| $s$ in m | 4,0 | 5,0 | 6,0 | 6,0 | 3,0 | 0,0 |

**b)** Berechnen Sie die Geschwindigkeiten zwischen je zwei aufeinanderfolgenden Punkten.
**c)** Stellen Sie die Zeit-Weg-Gesetze für die fünf Wegabschnitte auf. Beachten Sie die Vorzeichen.

**6.** Zwei Fahrzeuge fahren auf einer Straße. Ihre Bewegung wird durch das folgende Diagramm wiedergegeben.

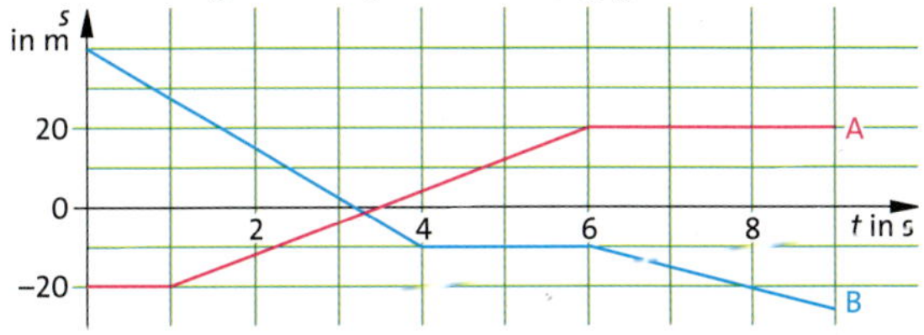


**a)** Interpretieren Sie das Diagramm. Erläutern Sie, welche Bedeutung der Schnittpunkt hat.
**b)** Bestimmen Sie die Geschwindigkeiten der beiden Fahrzeuge in den einzelnen Zeitabschnitten.

**7.** In A startet um 9:00 Uhr ein LKW und fährt mit der Geschwindigkeit $v_1 = 50$ km/h zum 80 Kilometer entfernten B. 30 Minuten später startet ein zweiter LKW mit der Geschwindigkeit $v_2 = 78$ km/h von B aus nach A.
**a)** Bestimmen Sie Zeit und Ort der Begegnung der LKW.
**b)** Zeichnen Sie das Zeit-Weg-Diagramm und lösen Sie die Aufgabe auch grafisch.

Exkurs

## Die Basiseinheiten der Zeit und der Länge

**Zeit** und **Länge** gehören zu den sieben in Naturwissenschaft und Technik verwendeten *Grundgrößen des Internationalen Einheitensystems* (SI), das 1960 von der 11. Generalkonferenz für Maß und Gewicht (CGPM) geschaffen wurde. Zu den Grundgrößen gehören ferner die *Masse*, die *elektrische Stromstärke*, die *Temperatur*, die *Stoffmenge* und die *Lichtstärke*.
Die **Basiseinheiten** der Grundgrößen sind durch ein sogenanntes **Normal** definiert. Ein Normal ist ein Objekt bzw. ein festgelegtes Messverfahren. Die Realisierung der Normale wird ständig dem neuesten Stand der Mess- und Experimentiertechnik angepasst. Die *abgeleiteten Einheiten* aller anderen physikalischen Größen sind Produkte oder Quotienten von Basiseinheiten.

**Basiseinheit der Zeit *t*** im SI-System ist die Sekunde: $[t] = 1$ s. Das Zeitnormal ist seit 1967 über die Strahlung des Caesiumatoms definiert:
*Die **Sekunde** ist das 9 192 631 770-Fache der Periodendauer der dem Übergang zwischen den beiden Hyperfeinstrukturniveaus des Grundzustandes von Atomen des Nuklids $^{133}$Cs entsprechenden Strahlung.*

Die Sekunde und die Minute sind als Unterteilung der Stunde seit dem Mittelalter gebräuchlich. Bis 1960 war die Sekunde als der 86 400ste Teil des mittleren Sonnentags festgelegt. Der mittlere Sonnentag ist der Jahresdurchschnitt der wahren Sonnentage, wobei der wahre Sonnentag die Zeitdauer zwischen zwei aufeinanderfolgenden Höchstständen der Sonne ist. Die wahren Sonnentage haben keine konstante Länge, da sich die um ihre eigene Achse rotierende Erde mit unterschiedlicher Geschwindigkeit auf ihrer elliptischen Bahn um die Sonne bewegt. Doch auch die Dauer des mittleren Sonnentages ändert sich fortlaufend, denn die Erde rotiert nicht gleichmäßig: Abbremsung durch Gezeitenreibung, Rotationsschwankungen aufgrund von Masseverlagerungen im Erdinnern, jahreszeitliche Schwankungen aufgrund von Luftmassenverlagerungen und Abschmelzungen an den Polen sind dafür verantwortlich.

Daher ist die Sekunde seit 1967 über eine atomphysikalische Konstante definiert. Die Resonanzfrequenz zwischen zwei ausgewählten Energiezuständen des nicht radioaktiven Isotops Caesium 133 wurde zu 9 192 631 770 Hz festgelegt. In einer sogenannten Atomuhr (siehe Abbildung) werden Caesiumatome verdampft und durch elektromagnetische Strahlung in einen höheren Energiezustand gebracht. Dieser Übergang geschieht bei einer ganz bestimmten Frequenz der Strahlung, die exakt bestimmt wird.

Die Unsicherheit der Atomuhr in der Physikalisch-Technischen Bundesanstalt (PTB) in Braunschweig, die für die Bereitstellung eines Zeitnormals zuständig ist, beträgt $1{,}5 \cdot 10^{-14}$, d.h. im Laufe eines Jahres beträgt die Abweichung relativ zu einer idealen Uhr eine Millionstel Sekunde.
Die in der PTB realisierte Zeit heißt *koordinierte Weltzeit* UTC (Coordinated Universal Time). An die Weltzeit angeschlossen sind die mitteleuropäische Zeit MEZ = UTC + 1 h und die mitteleuropäische Sommerzeit MESZ = UTC + 2 h.

Die große Genauigkeit der Zeitmessung ist die Grundlage des *Global Positioning Systems* (GPS). Durch die Laufzeit der von den Satelliten ausgestrahlten Signale werden die Abstände des Empfängers von den Satelliten und daraus dessen genaue Position auf der Erde bestimmt.

**Basiseinheit der Länge *l*** ist das Meter: $[l] = 1$ m. Das Längennormal ist seit 1983 über die Lichtgeschwindigkeit im Vakuum definiert:
*Das **Meter** ist die Länge der Strecke, die Licht im Vakuum während der Dauer von 1/299 792 458 Sekunden durchläuft.*

Das Meter wurde 1791 von der französischen Nationalversammlung als der vierzigmillionste Teil der Länge des durch Paris gehenden Erdmeridians als einheitliches Maß vorgeschlagen. Im Jahre 1889 wurde der Erdmeridian als Bezugsgröße verworfen und durch den Abstand zweier Striche auf einem Platin-Iridium-Stab ersetzt. 1960 wurde schließlich auch dieses von Materialeigenschaften abhängige Normal aufgegeben und durch eine Wellenlängendefinition ersetzt. Die Entwicklung von immer genaueren Laserwellenlängen-Normalen und Fortschritte bei der optischen Frequenzmessung eröffneten die Möglichkeit, das Meter durch die Festlegung eines Wertes für die Lichtgeschwindigkeit *c* zu definieren: $c = 299\,792\,458$ m/s. Durch diese Definition ist die Längeneinheit über die Lichtgeschwindigkeit mit der Zeiteinheit verknüpft.

Große Entfernungen zwischen zwei Messpunkten werden direkt durch die Laufzeit eines Lichtsignals bestimmt. So wird z.B. die Entfernung Erde–Mond durch die Laufzeit eines kurzen Laserimpulses mit einer relativen Unsicherheit von weniger als $3 \cdot 10^{-10}$ gemessen.
Für Längenmessungen im Laboratorium werden Präzisionsinterferometer benutzt, indem die Länge des „Prüflings" mit der Länge eines Normals verglichen wird. Dabei sind die Messungenauigkeiten kleiner als $10^{-8}$ auf einen Meter.

## 1.2.2 Durchschnittsgeschwindigkeit und Momentangeschwindigkeit

Im Allgemeinen ist die Geschwindigkeit eines Körpers nicht konstant. Wird bei einer Bewegung mit nicht konstanter Geschwindigkeit der in dem *Zeitintervall* $\Delta t$ durchlaufene *Weg* $\Delta s$ bestimmt, so gibt der Quotient $\overline{v} = \Delta s / \Delta t$ die sogenannte **Intervall-** oder **Durchschnittsgeschwindigkeit** an.

> Legt ein Körper geradlinig während des Zeitintervalls $\Delta t$ von $t_1$ bis $t_2$ die Strecke $\Delta s$ von $s_1$ bis $s_2$ zurück, so ist seine **Durchschnittsgeschwindigkeit** $\overline{v}$ der Quotient aus der zurückgelegten Strecke $\Delta s$ und der dafür benötigten Zeit $\Delta t$:
> $$\overline{v} = \frac{\Delta s}{\Delta t} = \frac{s_2 - s_1}{t_2 - t_1}$$

Die Durchschnittsgeschwindigkeit im Zeitintervall $\Delta t$ ist konstant, während sich die **Momentangeschwindigkeit** $v$ des Körpers im Zeitintervall verändern kann. So zeigt der Tachometer eines Autos während der Fahrt viele unterschiedliche Momentangeschwindigkeiten an.

In **Abb. 11.1** ist zu erkennen, dass der Verlauf der Momentangeschwindigkeit zunehmend besser durch die Durchschnittsgeschwindigkeiten beschrieben wird, wenn die Zeitintervalle immer mehr verkleinert werden.

Die geometrische Entsprechung der Durchschnittsgeschwindigkeit $\overline{v} = \Delta s / \Delta t$ ist die Steigung der zugehörigen Sekante im $t$-$s$-Diagramm. Für einen festen Punkt $P(t_1|s_1)$ nähern sich bei Verkleinerung der jeweiligen Zeitintervalle die *Sekantensteigungen* immer mehr der *Tangentensteigung* im Punkt $P(t_1|s_1)$ an (**Abb. 11.1**).

> Die **Momentangeschwindigkeit** $v$ zur Zeit $t_1$ ist der Wert, gegen den die zu $t$ gehörigen Durchschnittsgeschwindigkeiten $\overline{v} = \Delta s / \Delta t$ streben, wenn die Länge der Zeitabschnitte $\Delta t$ fortwährend verkleinert wird. Sie ist die Steigung der Tangente im Zeit-Weg-Diagramm im Punkt $P(t_1|s_1)$.

Der Wert, gegen den die Sekantensteigungen streben, wird als Grenzwert (limes) bezeichnet. Die Bestimmung von Tangentensteigungen wird in der Differentialrechnung behandelt (→ S. 18).

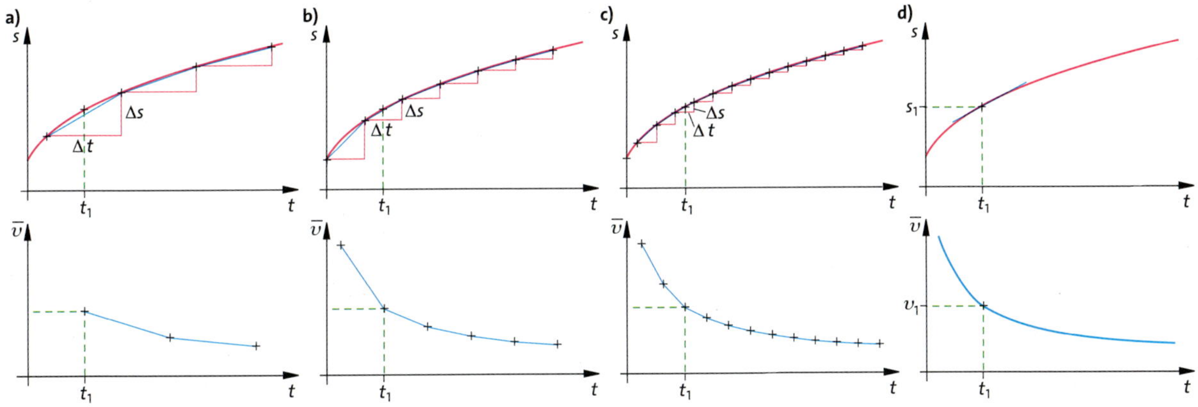


**11.1** Zeit-Weg-Diagramm einer Bewegung mit veränderlicher Geschwindigkeit und Zeit-Durchschnittsgeschwindigkeit-Diagramme für zunehmende kleinere Zeitintervalle **(a–c)** sowie Zeit-Momentangeschwindigkeit-Diagramm **(d)**

### Aufgaben

1. Ordnen Sie den Zeit-Weg-Diagrammen einer geradlinigen Bewegung die passenden Zeit-Geschwindigkeit-Diagramme zu. Begründen Sie ihre Zuordnung.

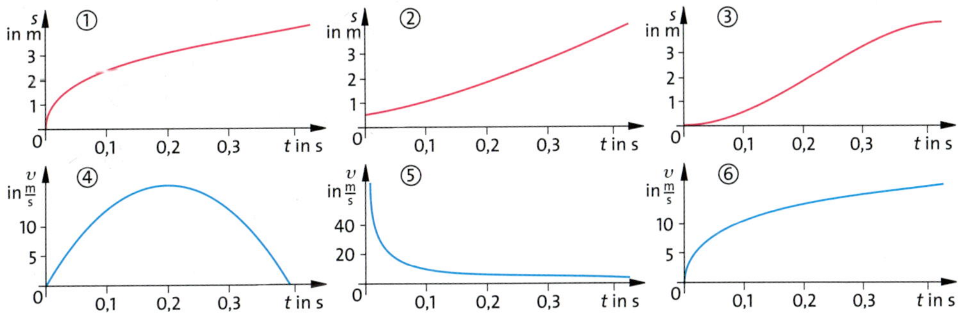

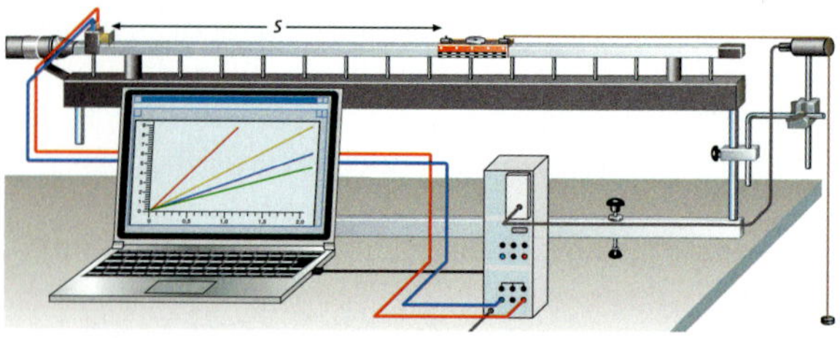


12.1 Luftkissenfahrbahn zur Untersuchung von Bewegungsvorgängen mit computerunterstützter Messwerterfassung. Auf dem Monitor können Messwerte, Messwerttabellen oder Diagramme wie hier das Zeit-Geschwindigkeit-Diagramm dargestellt werden.

| **$t$** in s | 0,000 | 0,100 | 0,200 | 0,300 | 0,400 | 0,500 | 0,600 | 0,700 |
|---|---|---|---|---|---|---|---|---|
| **$s$** in m | 0,000 | 0,009 | 0,035 | 0,082 | 0,143 | 0,226 | 0,323 | 0,442 |
| **$s/t^2$** in m/s² | – | 0,90 | 0,88 | 0,91 | 0,89 | 0,90 | 0,90 | 0,90 |

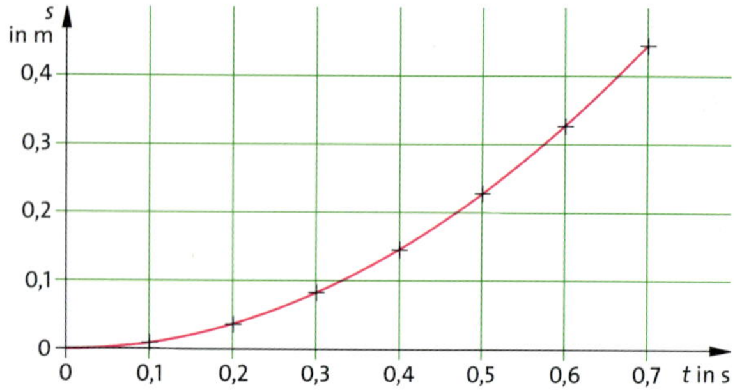


12.2 $t$-$s$-Tabelle und $t$-$s$-Diagramm einer Messung nach Versuch 1: Der parabelförmige Graph legt eine quadratische Abhängigkeit nahe. Die Vermutung $s \sim t^2$ wird durch Berechnung der Quotienten $s/t^2$ überprüft und bestätigt, der Mittelwert der Quotienten $s/t^2$ ist 0,90 m/s². Damit ist $s(t) = 0{,}90\ \text{m/s}^2\, t^2$.

| **$\Delta t$** in s | 0,100 | 0,100 | 0,100 | 0,100 | 0,100 | 0,100 | 0,100 |
|---|---|---|---|---|---|---|---|
| **$\Delta s$** in m | 0,009 | 0,026 | 0,047 | 0,061 | 0,083 | 0,097 | 0,119 |
| **$t_{Mitte}$** in s | 0,050 | 0,150 | 0,250 | 0,350 | 0,450 | 0,550 | 0,650 |
| **$\Delta s/\Delta t$** in m/s | 0,090 | 0,260 | 0,470 | 0,610 | 0,830 | 0,970 | 1,190 |

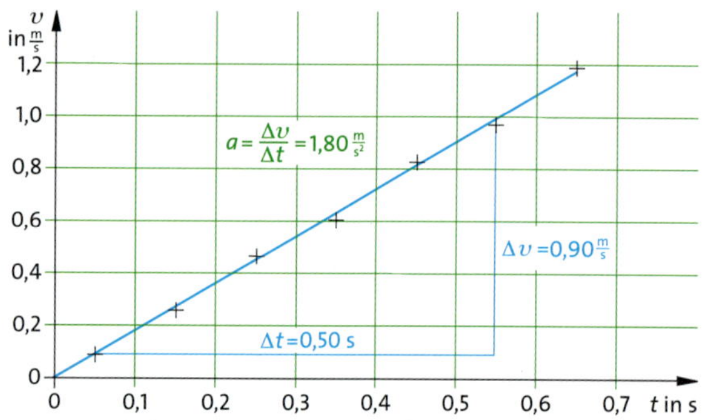


12.3 $t$-$v$-Tabelle und $t$-$v$-Diagramm zu Versuch 1: Die Durchschnittsgeschwindigkeiten $\Delta s/\Delta t$ sind im $t$-$v$-Diagramm jeweils in der Mitte der Zeitintervalle ($t_{Mitte}$) aufgetragen. Der Graph der Durchschnittsgeschwindigkeiten in Abhängigkeit von der Zeit ist eine Gerade, deren Gleichung lautet $v(t) = 1{,}80\ \text{m/s}^2\, t$.

## 1.2.3 Die geradlinige Bewegung mit konstanter Beschleunigung aus der Ruhe

Anders als bei der Bewegung auf Seite 8 erfolgt der Startvorgang bei der folgenden Bewegung *aus der Ruhe*, d. h. zu Beginn der Zeitmessung befindet sich der Körper am Ort $s = 0$ und hat die Geschwindigkeit null.

**Versuch 1:** Auf einer waagerecht justierten Luftkissenfahrbahn (**Abb. 12.1**) wirkt die Gewichtskraft eines angehängten Wägestücks durch einen Faden, der über eine Rolle läuft, auf den Gleiter. Der Gleiter wird auf der Messstrecke immer schneller.
*Ergebnis:* Aus der computerunterstützten Erfassung der Messwerte ergeben sich zwei Ergebnisse:
① Der Weg $s$ ist proportional zum Quadrat der Zeit $s \sim t^2$ oder $s = k\,t^2$ (**Abb. 12.2**).
② Die Geschwindigkeit $v$ ist proportional zur Zeit $v \sim t$ oder $v \sim c\,t$ (**Abb. 12.3**).
Dabei ist die Konstante $k = s/t^2 = 0{,}90\ \text{m/s}^2$ halb so groß ist wie die Konstante $c = s/t = 1{,}80\ \text{m/s}^2$: $k = \frac{1}{2}c$. ◄

Der Wert der Konstanten $c$ stimmt mit der Steigung der Geraden im $t$-$v$-Diagramm überein (**Abb. 12.3**). Es gilt:

$$c = \frac{\Delta v}{\Delta t} = \frac{v_2 - v_1}{t_2 - t_1}.$$

Der Quotient $\Delta v/\Delta t$ beschreibt die Änderung der Geschwindigkeit $\Delta v$ im Zeitintervall $\Delta t$, wofür der Begriff **Beschleunigung $a$** ($a$ accelerare, lat.: beschleunigen) eingeführt ist.

> Die **Durchschnittsbeschleunigung $\bar{a}$** im Zeitraum von $t_1$ bis $t_2$ ist der Quotient aus der Geschwindigkeitsänderung $\Delta v$ und der dazu benötigten Zeit $\Delta t$:
> $$\bar{a} = \frac{\Delta v}{\Delta t} = \frac{v_2 - v_1}{t_2 - t_1} \text{ mit der Einheit } [a] = \frac{[\Delta v]}{[\Delta t]} = \frac{1\ \text{m/s}}{1\ \text{s}} = 1\,\frac{\text{m}}{\text{s}^2}$$

Eine Beschleunigung von 1 m/s² bedeutet, dass die Geschwindigkeit in 1 Sekunde um 1 m/s zunimmt.

Die Konstante $c = \Delta v/\Delta t$ aus Versuch 1 ist also die Durchschnittsbeschleunigung $a$. Die untersuchte Bewegung ist daher durch eine konstante Beschleunigung charakterisiert. Eine solche Bewegung wird auch *gleichmäßig* beschleunigt genannt.

> Eine geradlinige **Bewegung mit konstanter Beschleunigung** heißt **gleichmäßig beschleunigte Bewegung**.

Für eine geradlinige, aus der Ruhe gleichmäßig beschleunigte Bewegung ergibt sich aus der Proportionalität von Geschwindigkeit $v$ und Zeit $t$ das Zeit-Geschwindigkeit-Gesetz $v(t) = a\,t$.

Für eine konstante Geschwindigkeit $v$ kann die im Zeitraum der Länge $\Delta t$ zurückgelegte Strecke als Produkt $s = v\,\Delta t$ berechnet werden. Diesem Produkt entspricht die Fläche des Rechtecks im $t$-$v$-Diagramm im entsprechenden Zeitraum unter der Kurve (→ **Abb. 8.2 b**). Wird die Geschwindigkeit als in kleinen Zeiträumen näherungsweise konstant angenommen, ergibt sich die insgesamt zurückgelegte Strecke als Summe von Rechteckflächen (**Abb. 13.1**). Diese stimmt mit der Dreieckfläche unter der $t$-$v$-Kurve überein. Damit ergibt sich für das Zeit-Weg-Gesetz: $s = \frac{1}{2}v\,t = \frac{1}{2}a\,t^2$. Dies bestätigt die aus den Ergebnissen von Versuch 1 gezogenen Schlüsse.

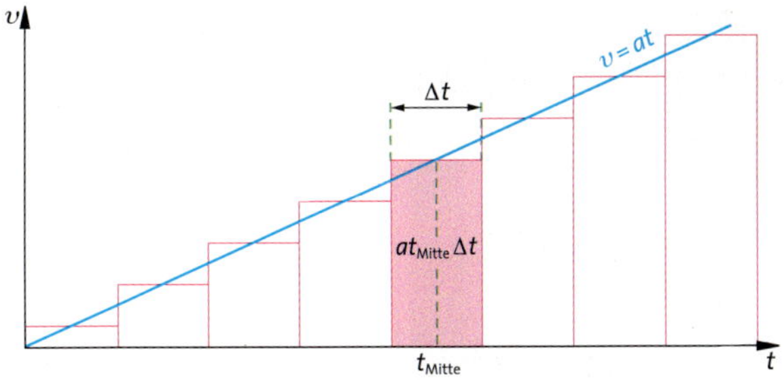


**13.1** Zeit-Geschwindigkeit-Diagramm einer gleichmäßig aus der Ruhe beschleunigten Bewegung: In kleinen Zeiträumen der Länge $\Delta t$ ist die Geschwindigkeit näherungsweise konstant. Die mit dieser Geschwindigkeit im Zeitintervall $\Delta t$ zurückgelegte Strecke $a\,t_{Mitte}\,\Delta t$ entspricht dem Flächeninhalt der zugehörigen Rechteckfläche. Die insgesamt zurückgelegte Strecke ergibt sich als Summe der Rechteckflächen. Diese wiederum entspricht der Dreieckfläche unter dem Zeit-Geschwindigkeit-Diagramm: $s(t) = \frac{1}{2}a\,t\,t = \frac{1}{2}a\,t^2$.

> Die Bewegungsgesetze der gleichmäßig beschleunigten geradlinigen **Bewegung aus der Ruhe** lauten:
> Zeit-Weg-Gesetz $\quad s(t) = \frac{1}{2}a\,t^2$
> Zeit-Geschwindigkeit-Gesetz $\quad v(t) = a\,t$
> konstante Beschleunigung $\quad a = konstant.$
> Kennzeichen dieser Bewegung ist: Der Weg $s$ ist proportional zum Quadrat der Zeit $t^2$ und die Geschwindigkeit $v$ proportional zur Zeit $t$.

Sowohl Weg $s$ als auch Geschwindigkeit $v$ verändern sich in Abhängigkeit von der Zeit. Aus $v = a\,t$ ergibt sich $t = v/a$ und eingesetzt in $s = \frac{1}{2}a\,t^2$ folgt $s = \frac{1}{2}a\left(\frac{v}{a}\right)^2 = \frac{v^2}{2\,a}$ oder $v = \sqrt{2\,a\,s}$.

Die Strecke $s$, die zum Beschleunigen auf die Geschwindigkeit $v$ benötigt wird, ist also proportional zum Quadrat dieser Geschwindigkeit.

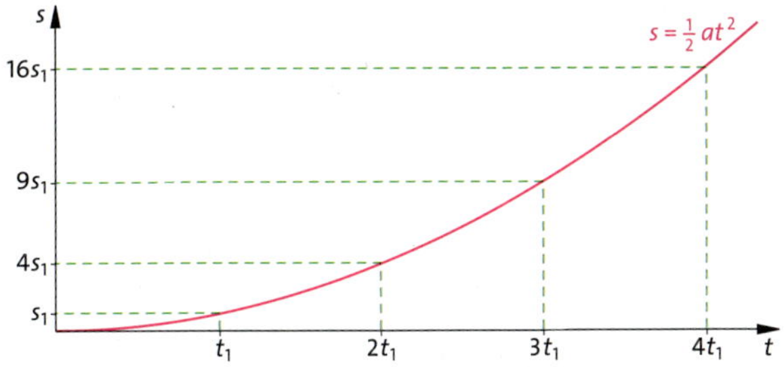


**13.2** Zeit-Weg-Diagramm einer gleichmäßig beschleunigten Bewegung: $s$ hängt quadratisch von $t$ ab.

## Aufgaben

**1.** Ein Supersportwagen beschleunigt von 0 km/h auf 100 km/h in 3,4 Sekunden, von 0 km/h auf 200 km/h in 9,4 Sekunden und von 0 km/h auf 300 km/h in 23,0 Sekunden.
**a)** Berechnen Sie jeweils die mittlere Beschleunigung für die Beschleunigung von 0 km/h auf 100 km/h; von 100 km/h auf 200 km/h und von 200 km/h auf 300 km/h.
**b)** Berechnen Sie unter der Annahme der gleichmäßigen Beschleunigung von 0 km/h auf 300 km/h die hierbei zurückgelegte Strecke.

**2. a)** Der Airbus A 380 erreicht beim Start nach 30 Sekunden eine Geschwindigkeit von 270 km/h. Berechnen Sie die mittlere Beschleunigung und die Länge der dabei zurückgelegten Strecke unter der Annahme einer gleichmäßigen Beschleunigung.
**b)** Auf Flugzeugträgern werden die Flugzeuge mit Dampfkatapulten beschleunigt. Auf einer Strecke von knapp 100 m erreichen sie Startgeschwindigkeiten von bis zu 300 km/h. Berechnen Sie Startdauer und mittlere Beschleunigung.

**3.** Der ICE-S benötigt zum Beschleunigen von 0 km/h auf 300 km/h sechs Kilometer, während ein ICE 3 dafür 20 km braucht. Berechnen Sie jeweils die mittlere Beschleunigung und die für die Beschleunigung benötigte Zeit.

**4.** Ein Bob hat in der Startphase die gleichbleibende Beschleunigung 2 m/s². Berechnen Sie
**a)** seine Geschwindigkeit 5 Sekunden nach dem Start;
**b)** den bis zu diesem Zeitpunkt zurückgelegten Weg;
**c)** seine Durchschnittsgeschwindigkeit auf diesem Weg;
**d)** wie weit er gefahren ist, wenn er die Geschwindigkeit 20 m/s erreicht.

**5.** Die folgende Tabelle zeigt die Wertetabelle eines Fahrbahnversuchs.

| **t** in s | 0,0 | 0,2 | 0,4 | 0,6 | 0,8 | 1,0 | 1,2 | 1,4 | 1,6 | 1,8 | 2,0 |
|---|---|---|---|---|---|---|---|---|---|---|---|
| **s** in cm | 3,2 | 4,5 | 8,4 | 14,8 | 23,8 | 35,4 | 49,6 | 65,1 | 80,6 | 96,0 | 111,5 |

**a)** Zeichnen Sie das Zeit-Weg-Diagramm.
**b)** Berechnen Sie die Durchschnittsgeschwindigkeiten und zeichnen Sie das zugehörige Zeit-Geschwindigkeit-Diagramm. Tragen Sie dazu die Geschwindigkeiten in der Mitte der Zeitintervalle auf wie in **Abb. 12.3**.
**c)** Beschreiben und charakterisieren Sie die Bewegung.
**d)** Bestimmen Sie die Durchschnittsbeschleunigung in der ersten Sekunde.

**6.** Prüfen Sie, ob die durch die Tabelle beschriebene Bewegung gleichmäßig beschleunigt ist:

| **t** in s | 0 | 0,1 | 0,2 | 0,3 | 0,4 | 0,5 | 0,6 | 0,7 | 0,8 |
|---|---|---|---|---|---|---|---|---|---|
| **s** in cm | 0 | 2,4 | 4,3 | 5,9 | 7,2 | 8,2 | 9,1 | 9,8 | 10,4 |

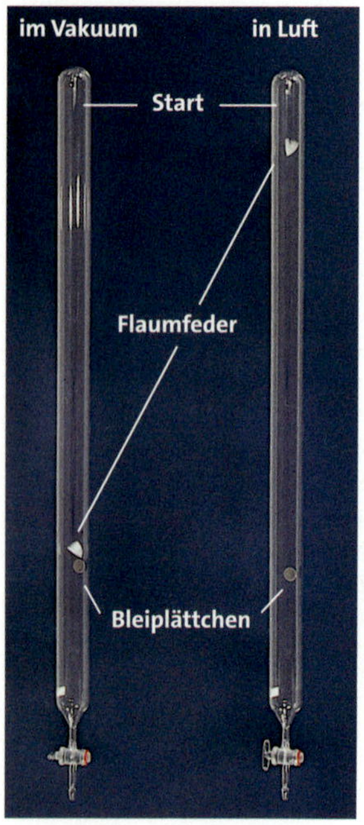


**14.1** Fallröhre: Im luftleeren Raum fallen alle Körper „gleich schnell".

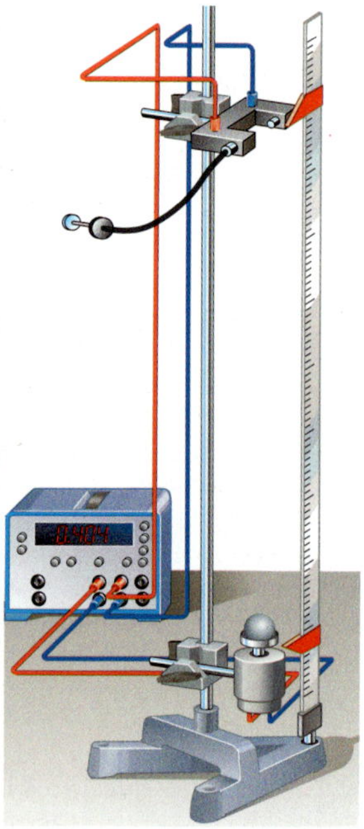

**14.2** Kugelfallgerät: Bestimmung der Beschleunigung mit Auslöser und Digitalzähler

| | | | | | | | | |
|---|---|---|---|---|---|---|---|---|
| $t$ in s | 0,203 | 0,247 | 0,286 | 0,319 | 0,347 | 0,378 | 0,404 | 0,429 |
| $s$ in m | 0,2 | 0,3 | 0,4 | 0,5 | 0,6 | 0,7 | 0,8 | 0,9 |
| $t^2$ in $s^2$ | 0,041 | 0,061 | 0,082 | 0,102 | 0,120 | 0,143 | 0,163 | 0,184 |

**14.3** Freier Fall: $t$-$s$-Tabelle zu Versuch 2

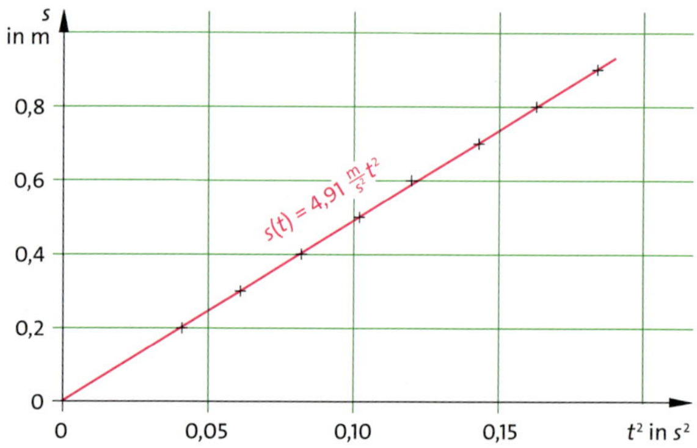


**14.4** $t^2$-$s$-Diagramm zu Versuch 2: Über den aus mehreren Zeitmessungen gemittelten Quadraten der Fallzeiten werden die Fallwege abgetragen. Aus dem linearen Verlauf der Geraden, die durch die Messpunkte gelegt wird, ergibt sich mit $s = k\,t^2$ das Zeit-Weg-Gesetz einer gleichmäßig beschleunigten Bewegung.

| Äquator | Wiesbaden | Kassel | Südpol |
|---|---|---|---|
| 9,780 m/s² | 9,810 m/s² | 9,812 m/s² | 9,832 m/s² |

**14.5** Fallbeschleunigungen an verschiedenen Orten

## 1.2.4 Der freie Fall

**Versuch 1:** In einer (längeren) Glasröhre beginnen ein Bleiplättchen und eine Feder gleichzeitig zu fallen, indem die senkrecht gehaltene Röhre schnell um 180° gedreht wird (**Abb. 14.1**). Der Versuch wird zunächst mit luftgefüllter Röhre durchgeführt und ein zweites Mal, nachdem die Röhre (fast) luftleer gepumpt wurde.
*Beobachtung und Deutung:* Feder und Bleiplättchen erreichen in der luftleeren Röhre den Boden zur gleichen Zeit, da hier Auftrieb und Luftwiderstand (fast) ausgeschaltet sind. ◂

Die Fallbewegung eines Körpers im luftleeren Raum heißt **freier Fall**. Alle Körper fallen im luftleeren Raum gleich schnell.

Eine fallende Stahlkugel führt auch in der Luft angenähert diese Bewegung aus, da wegen Form und Dichte der Stahlkugel der Luftwiderstand die Fallbewegung fast nicht beeinflusst. Im Folgenden wird die Fallbewegung mit einer Stahlkugel untersucht.

**Versuch 2:** Eine Stahlkugel wird im Auslöser zwischen Stift und Stößel eines Fallgeräts gehalten und schließt über diese einen elektrischen Kontakt. Beim Freigeben der Kugel mit dem Auslöser wird der Kontakt unterbrochen und der Digitalzähler gestartet. Die Kugel fällt in den Fangteller des Fangschalters, durch den die Zeit gestoppt wird (**Abb. 14.2**).
Für jede Fallhöhe (**Tab. 14.3**) wird die Zeit mehrmals gemessen und der Mittelwert registriert.
*Auswertung:* Die Messungen legen die Vermutung nahe, dass die Wege proportional zum Quadrat der Zeiten sind.
Bestätigung bringt das $t^2$-$s$-Diagramm (**Abb. 14.4**): Die Messpunkte liegen auf einer Ursprungsgeraden, woraus folgt, dass der Weg $s$ proportional zu $t^2$ ist. Damit ergibt sich das Zeit-Weg-Gesetz zu $s = k\,t^2$ mit $k = 4{,}91\ \text{m/s}^2$. Es liegt eine gleichmäßig beschleunigte Bewegung vor, für die nach $s = \frac{1}{2}a\,t^2$ die Beschleunigung $a = 9{,}82\ \text{m/s}^2$ ermittelt wird. Die Beschleunigung heißt **Fall- oder Erdbeschleunigung** $g$. ◂

Der **freie Fall** ist eine geradlinig gleichmäßig beschleunigte Bewegung mit der *für alle Körper am gleichen Ort konstanten Fallbeschleunigung g*.
Die **Fall-** oder **Erdbeschleunigung** beträgt in Meereshöhe auf 45° geografischer Breite $g = 9{,}81\ \text{m/s}^2$.
Die **Bewegungsgesetze des freien Falls** lauten:
$s = \frac{1}{2}g\,t^2, \quad v = g\,t, \quad a = g$

Endgeschwindigkeit $v$ und Fallweg $s$ hängen wie folgt zusammen: $v^2 = 2gs$ oder $v = \sqrt{2gs}$ (→ S. 13).

Eine stroboskopische Aufnahme zeigt eindrucksvoll, wie verschiedene Körper die gleiche Fallbewegung ausführen (**Abb. 15.1**). Bei bekannter Blitzfrequenz kann der Aufnahme Zeit und Weg entnommen werden. Die **Fall-** oder **Erdbeschleunigung** $g$ ist ortsabhängig (**Tab. 14.5**). Sie hängt von der geografischen Breite und von der Höhe über dem Meeresspiegel ab. Die Ortsabhängigkeit beruht auf der Abplattung der Erde und der daraus folgenden unterschiedlichen Gravitationskraft sowie auf der Drehung der Erde um ihre Achse. Aufgrund der Abhängigkeit der Gravitationskraft vom Abstand zum Erdmittelpunkt bildet sie auch für die Raumfahrt eine wichtige Größe.

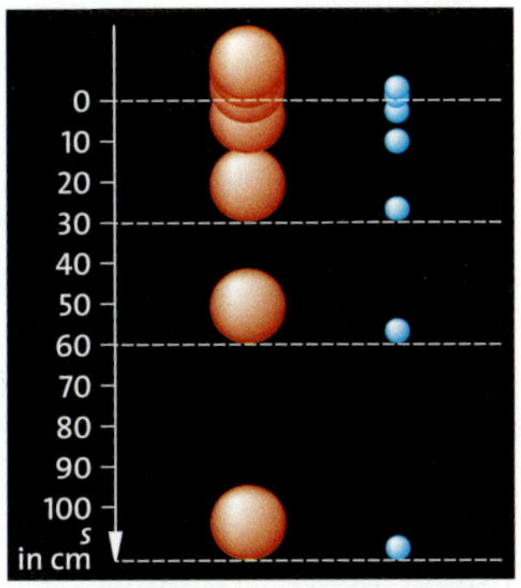

**15.1** Stroboskopische Aufnahme des freien Falls zweier Kugeln verschiedener Masse: Zur Bestimmung des Fallweges wird jeweils die untere Kante der Kugel benutzt.

## Aufgaben

1. Ein Junge springt vom 10 m-Turm. Berechnen Sie,
   **a)** welche Strecke er nach 0,5 s bzw. 1 s durchfallen hat (vom Luftwiderstand werde abgesehen) und welche Geschwindigkeit er dann jeweils besitzt;
   **b)** nach welcher Zeit und mit welcher Geschwindigkeit er auf das Wasser auftrifft.
2. Der 1987 aufgestellte Weltrekord im Klippenspringen liegt bei 53,90 m. Berechnen Sie Fallzeit und Aufprallgeschwindigkeit unter Vernachlässigung des Luftwiderstands.
3. Eine Methode, die Reaktionsgeschwindigkeit zu messen, besteht darin, ein langes Lineal fallen zu lassen. Bei Beginn der Messung ist die obere Handkante auf Höhe der Null, das Lineal oberhalb der Hand. Berechnen Sie die Reaktionszeit einer Person, die das Lineal so auffängt, dass an der oberen Handkante 45 cm abgelesen werden.
4. Fünf Stahlkugeln (mit Bohrung) sollen so auf eine Schnur aufgefädelt werden, dass diese alle 0,2 s aufschlagen, wenn die Schnur (mit dem Ende am Boden) fallengelassen wird. Berechnen Sie, wie die Stahlkugeln auf die Schnur geknotet werden müssen.

*5. Ein Stein wird in einen tiefen Brunnen fallengelassen. Nach 3,2 Sekunden hört man den Stein auftreffen. Bestimmen Sie die Tiefe, in der der Wasserspiegel des Brunnens liegt. (Die Schallgeschwindigkeit bei 10 °C beträgt 337,5 m/s.)

## Exkurs

### Galilei und die Fallgesetze

Die Fallgesetze hat Galilei (1564–1642) durch Überlegung und nicht durch Versuche am Schiefen Turm von Pisa – so will es nur die Legende – gewonnen. Er stützte sich auf folgende Beobachtungen: In Quecksilber sinkt ein Goldstück, während ein Körper aus Blei auf dem Quecksilber schwimmt. Im Wasser „fallen" beide, und zwar das Goldstück deutlich dem Blei voraus. Beim Fall in Luft bewegen sich beide fast „gleich schnell". „Angesichts dessen glaube ich, dass, wenn man den Widerstand der Luft ganz aufhöbe, alle Körper gleich schnell fallen" (Galilei in den *„Discorsi", „Unterredungen und mathematische Demonstrationen über zwei neue Wissenszweige, die Mechanik und die Fallgesetze betreffend"*, 1638).

Galilei war überzeugt, dass die Fallgeschwindigkeit einem besonders einfachen Gesetz genügt, und verwarf von den Alternativen, dass sie direkt proportional entweder zum Fallweg oder zur Fallzeit wächst, die erste. Wenn aber die Geschwindigkeit gleichmäßig von der Anfangsgeschwindigkeit $v_0 = 0$ bis zur Endgeschwindigkeit $v_e$ mit der Fallzeit ansteigt, d. h. dass $v = Ct$ ist,

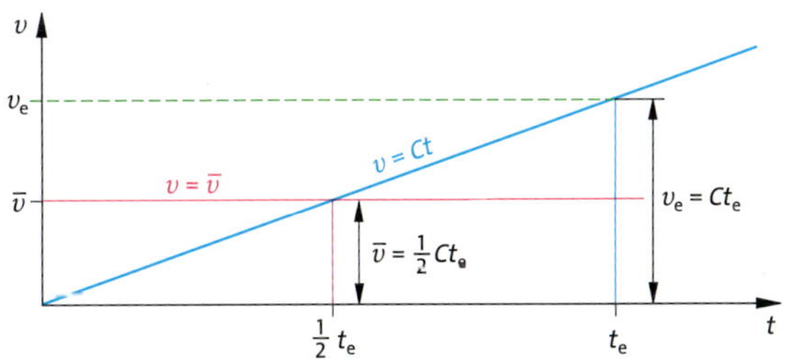


dann legt ein fallender Körper in der Zeit $t_e$ dieselbe Strecke $s_e$ zurück wie ein anderer, der sich während dieser Zeit gleichförmig mit der mittleren Fallgeschwindigkeit $\bar{v}$ bewegt.
Daraus folgt, dass bei der gleichmäßig beschleunigten Bewegung aus der Ruhe heraus die mittlere Geschwindigkeit gleich der halben Endgeschwindigkeit ist.
Mit $\bar{v} = \frac{1}{2}(0 + v_e) = \frac{1}{2}v_e$ folgt aus $s_e = \bar{v}\,t_e$: $s_e = \frac{1}{2}v_e t_e$ und mit $v_e = Ct_e$ schließlich $s_e = \frac{1}{2}Ct_e^2$.
Galilei erhielt aus dieser Überlegung das bekannte Zeit-Weg-Gesetz $s = \frac{1}{2}at^2$ der gleichmäßig beschleunigten Bewegung.

Galilei überprüfte die Fallgesetze an der berühmten Fallrinne. Statt direkt den freien Fall zu untersuchen, ließ er Kugeln auf einer schräg gestellten Holzrinne hinablaufen. Die Laufzeiten auf der Fallrinne müssten gegenüber den Fallzeiten im Verhältnis der Neigung der Fallrinne gedehnt sein, die sich so messen ließen, so Galilei. Er bestimmte die Zeiten aus der Menge Wasser, das gleichmäßig aus einer kleinen Bohrung eines mit Wasser gefüllten Eimers floss.

## 1.2.5 Gesetze der gleichmäßig beschleunigten geradlinigen Bewegung

Beschleunigungen erfolgen nicht in allen Fällen aus der Ruhe heraus. So werden Fahrzeuge aus einer Anfangsgeschwindigkeit heraus beschleunigt oder verzögert und ein Ball, der nach oben geworfen wird, hat eine Anfangsgeschwindigkeit.
Es wird nun der allgemeine Fall einer gleichmäßig beschleunigten Bewegung betrachtet, bei der der Körper zur Zeit $t = 0$ bereits die Anfangsgeschwindigkeit $v_0$ besitzt. Aus der Definition der Beschleunigung

$$a = \frac{\Delta v}{\Delta t} = \frac{v(t) - v_0}{t - 0}$$

ergibt sich das Zeit-Geschwindigkeit-Gesetz

$$v(t) = a\,t + v_0.$$

Die im Zeitraum von 0 bis $t_1$ zurückgelegte Strecke entspricht dem Flächeninhalt unter der $t$-$v$-Geraden, wie in 1.2.3 gezeigt wurde (→ **Abb. 13.1**). **Abb. 16.1** zeigt die $t$-$v$-Graphen für eine positive und für eine negative Beschleunigung. In beiden Fällen führt die Berechnung des Flächeninhalts zu dem Ergebnis $s = \frac{1}{2}a\,t^2 + v_0\,t$.
Für den Fall, dass sich der Körper bei Beginn der Zeitzählung beim Ort $s_0$ befindet, folgt

$$s(t) = \tfrac{1}{2}a\,t^2 + v_0\,t + s_0.$$

Die **allgemeinen Bewegungsgesetze** für **geradlinige Bewegungen mit konstanter Beschleunigung *a***:

| | |
|---|---|
| Zeit-Weg-Gesetz | $s = s_0 + v_0\,t + \frac{1}{2}a\,t^2$ |
| Zeit-Geschwindigkeit-Gesetz | $v = v_0 + a\,t$ |
| Zeit-Beschleunigung-Gesetz | $a =$ konstant |

Dabei ist $v_0$ die Anfangsgeschwindigkeit und $s_0$ die Stelle, an der sich der Körper zur Zeit $t = 0$ befindet.

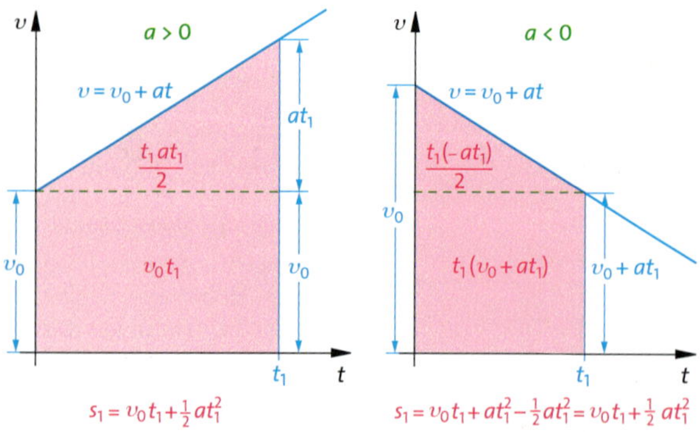


**16.1** Zeit-Geschwindigkeit-Diagramme für gleichmäßig aus der Anfangsgeschwindigkeit $v_0$ beschleunigte Bewegungen, links mit positiver, rechts mit negativer Beschleunigung: Die Flächeninhalte unter den Zeit-Geschwindigkeit-Graphen von 0 bis $t_1$ entsprechen den in diesem Zeitraum zurückgelegten Strecken.

Die Beschleunigung $a$ kann auch den Wert null annehmen, in diesem Fall ist die Bewegung gleichförmig.

Einen Spezialfall stellen gleichmäßig beschleunigte Bewegungen mit negativer Beschleunigung dar, die „in der Ruhe" enden, z. B. das vollständige Abbremsen eines Fahrzeugs. Der Bremsweg einer Bewegung mit negativer Beschleunigung $a < 0$ aus der Anfangsgeschwindigkeit $v_0$ ist ebenso lang wie die Strecke, auf der das Fahrzeug mit der Beschleunigung $a > 0$ aus der Ruhe auf die Geschwindigkeit $v_0$ beschleunigt wird. Die Überlegungen aus 1.2.3 gelten somit auch für den Bremsweg $s_b$.

Beim Bremsen aus der Anfangsgeschwindigkeit $v_0$ mit der Verzögerung $a$ gilt für den **Bremsweg**

$$s_b = \frac{v^2}{2\,|a|}.$$

Der Bremsweg nimmt also quadratisch mit der Geschwindigkeit zu.

Bei geradlinigen Bewegungen wird die Richtung der Bewegung dadurch berücksichtigt, dass die Größen *Weg*, *Geschwindigkeit* und *Beschleunigung positiv* oder *negativ* sein können.

### Aufgaben

1. Ein Körper bewegt sich mit konstanter Beschleunigung $a = -3{,}0\ \text{m/s}^2$. Zu Beginn hat er die Ausgangslage $s_0 = 24\ \text{m}$ und die Anfangsgeschwindigkeit $v_0 = 6\ \text{m/s}$.
   **a)** Stellen Sie die drei Bewegungsgleichungen auf.
   **b)** Berechnen Sie, wann und wo der Körper umkehrt.
   **c)** Berechnen Sie, wann er die Ausgangslage erreicht.
   **d)** Zeichnen Sie die Diagramme der Bewegungsgesetze.
2. Entscheiden Sie, welches der Diagramme das $t$-$v$-Diagramm eines Steins ist, der bei $t = 0$ senkrecht nach oben geworfen wird und bei $t = t_e$ auf dem Boden aufkommt. Beschreiben Sie die Bewegungen in den anderen beiden Diagrammen.

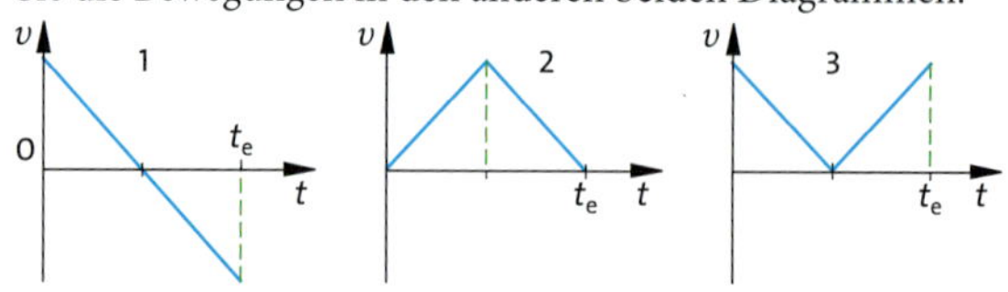


3. Zu einer geradlinigen Bewegung gehört das Zeit-Geschwindigkeit-Diagramm der folgenden Abbildung:

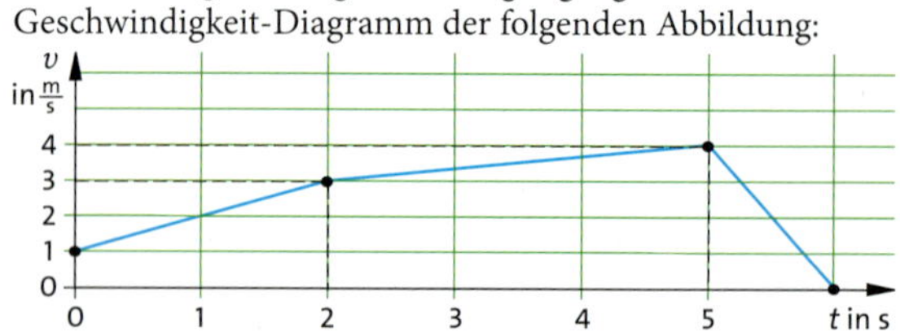


   **a)** Berechnen Sie für die drei Intervalle die Beschleunigungen und zeichnen Sie das zugehörige $t$-$a$-Diagramm.
   **b)** Stellen Sie die drei Bewegungsgleichungen auf.
   **c)** Berechnen Sie die Teilwege und den Gesamtweg.

**Exkurs**

## Verhalten im Straßenverkehr

In der Fahrschule werden die folgenden Regeln für das Verhalten im Straßenverkehr gelernt:

### Sicherheitsabstand

Als Sicherheitsabstand zu einem vorausfahrenden Fahrzeug gilt außerhalb geschlossener Ortschaften der *„Zwei-Sekunden-Abstand"* und innerhalb der *„Ein-Sekunden-Abstand"*, d. h. die Strecke, die in dieser Zeit durchfahren wird.

### Reaktions- und Bremsweg

Beim Bremsen setzt sich der *Anhalteweg* aus dem *Reaktionsweg* und dem (eigentlichen) *Bremsweg* zusammen.

Für die beiden Teilwege gelten die folgenden Faustformeln:

- Reaktionsweg $= 3 \cdot \left(\frac{\text{Geschwindigkeit}}{10}\right)$
- Bremsweg $= \left(\frac{\text{Geschwindigkeit}}{10}\right)^2$

Weg in m, Geschwindigkeit in km/h, Reaktionszeit ca. 1 s.

### Überholen

Beim Überholen muss mindestens der doppelte Überholweg frei vom Gegenverkehr eingesehen werden können. Der Überholvorgang beginnt mit dem Sicherheitsabstand zwischen beiden Fahrzeugen.

**Außerorts: Zwei-Sekunden-Abstand z. B. bei 90 km/h = 25 m/s: Sicherheitsabstand 50 m (Abstand von zwei Leitpfosten)**

**Innerorts: Ein-Sekunden-Abstand z. B. bei 50 km/h ≈ 14 m/s: Sicherheitsabstand 14 m (etwa drei Wagenlängen)**

Beim Überholen mit gleichbleibender Geschwindigkeit sollten Sie mindestens um ein Drittel schneller fahren als das überholte Fahrzeug. Überschätzen Sie nie die Entfernung des Gegenverkehrs! Unterschätzen Sie nie die Geschwindigkeit des Gegenverkehrs!

### Bremsbeschleunigungen

KFZ müssen auf trockener Strecke eine mittlere Vollverzögerung von 5,0 m/s² erreichen, KFZ mit einer bauartbeschränkten Höchstgeschwindigkeit von maximal 25 km/h eine mittlere Vollverzögerung von 3,5 m/s².

Je nach Fahrbahn gelten folgende Richtwerte für die Bremsverzögerung:

PKW, gute Reifen
- Beton, trocken — 8–10 m/s²
- Beton, nass — 4–5 m/s²
- Schnee: — 2 m/s²
- Eis — 2 m/s²
- Glatteis — 1 m/s²
- Glatteis, nass — 0,5 m/s²

Motorroller, trockene Straße und gute Reifen, Bremsen
- mit beiden Rädern — 8,0 m/s²
- mit Vorderrad allein — 5 m/s²
- mit Hinterrad allein — 3 m/s²

Fahrrad, trockene Straße
- zwei normale Bremsen — 4 m/s²
- mit Scheibenbremsen — 7 m/s²

## Aufgaben

**1.** Ein PKW wird in 11,4 s von 0 auf 100 km/h beschleunigt und auf 37,5 m zum Stehen gebracht. Berechnen Sie die Verzögerung und die zum Bremsen nötige Zeit.

**2.** Stellen Sie für die oben angegebenen Bremsbeschleunigungen tabellarisch die Anhaltewege zusammen für einen
**a)** Motorroller bei 30 km/h, 50 km/h, 70 km/h, 90 km/h;
**b)** PKW bei den Geschwindigkeiten von a) und 180 km/h.

**3.** Berechnen Sie zur obigen Faustregel,
**a)** welche Bremsbeschleunigung sich daraus ergibt.
**b)** welche Reaktionszeit sich daraus ergibt.
Bedenken Sie, dass in der Faustregel die Geschwindigkeit in km/h eingeht und nicht in m/s.

**4.** Ein Motorroller überholt auf einer Landstraße mit 50 km/h einen Trecker, der mit 25 km/h dahinfährt. Beim Aus- und Einscheren hält er den Sicherheitsabstand ein.
**a)** Berechnen Sie Überholzeit und Überholweg.
**b)** Zeichnen Sie das *t*-*s*-Diagramm.

***5.** Im Moment, als ein PKW ($v_1 = 60$ km/h) einen langsameren ($v_2 = 50$ km/h) überholt, erkennen beide Fahrer ein Hindernis vor sich und bremsen mit der Bremsbeschleunigung $a = 6$ m/s². Der langsamere Wagen kommt kurz vor dem Hindernis zum Stehen. Berechnen Sie die Geschwindigkeit, mit der der schnellere am Hindernis vorbeifährt.

***6.** Ein PKW ($l_A = 5{,}0$ m) fährt hinter einem LKW ($l_B = 18$ m) mit der Geschwindigkeit $v_A = v_B = 90$ km/h her und überholt dann den LKW mit der als konstant angesetzten Beschleunigung $a_A = 1{,}86$ m/s². Der PKW berücksichtigt beim Aus- und Einscheren den geforderten Sicherheitsabstand.
**a)** Berechnen Sie Überholzeit, Überholstrecke sowie die Geschwindigkeit des PKWs am Ende des Überholens.
**b)** Zeichnen Sie das *t*-*s*-, *t*-*v*- und *t*-*a*-Diagramm des Überholvorgangs im Bezugssystem Straße und LKW.
**c)** Formulieren Sie die Zusammenhänge beim Überholen im Bezugssystem Straße und LKW.
(Hinweis zur Abbildung: $s_1$ und $s_2$ sind die Sicherheitsabstände, $s_ü$ ist der Überholweg des überholenden, $s_b$ der des überholten Wagens, $l_A$ und $l_B$ sind die Wagenlängen.)

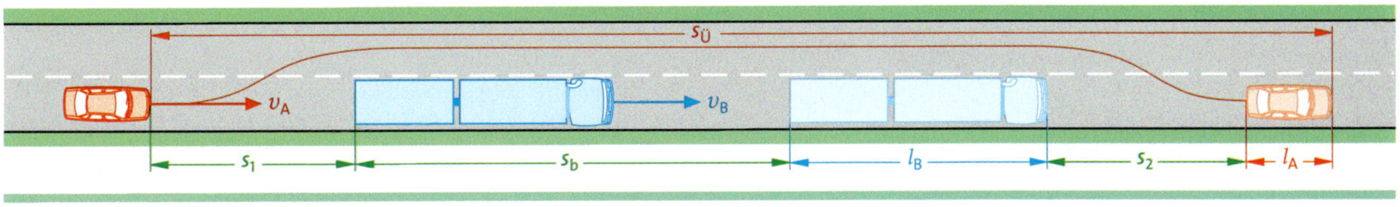

## Methode

# Berechnung von Bewegungen mit mathematischen Methoden

### Die Differentialrechnung in der Physik

Eine experimentelle Bestimmung der Geschwindigkeit eines Körpers durch Messung des Zeitintervalls $\Delta t$, in dem das Wegintervall $\Delta s$ zurückgelegt wird, liefert stets nur die Intervall- oder Durchschnittsgeschwindigkeit. Ist die Geschwindigkeit des Körpers nicht konstant, so wird mit dem folgenden Verfahren die Momentangeschwindigkeit zu einem bestimmten Zeitpunkt näherungsweise bestimmt, indem das Zeitintervall (und damit das Wegintervall) immer kleiner gemacht wird. Es besteht kein Zweifel daran, dass sich die Durchschnittsgeschwindigkeit für immer kleiner werdendes $\Delta t$ immer mehr dem Wert der Momentangeschwindigkeit annähert und dass dieser Grenzwert wirklich existiert.

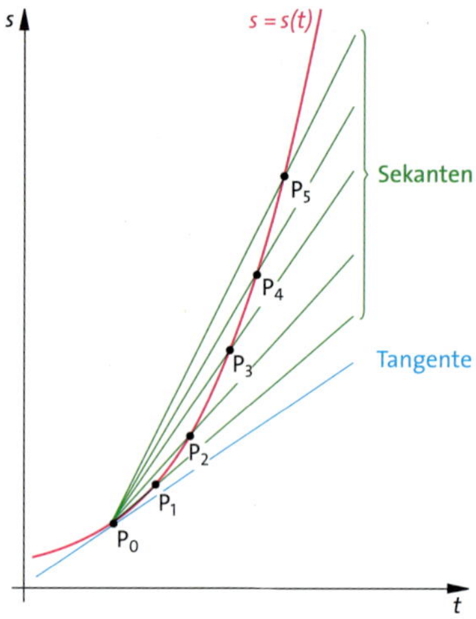


Im Zeit-Weg-Diagramm rechts ergibt sich bei immer kleiner werdendem Zeitintervall $\Delta t$ eine Folge von Sekantensteigungen $\Delta s/\Delta t$, deren Wert sich immer mehr der Steigung der Tangente im Punkt $P_0$ annähert.

Die mathematische Formulierung für diesen Prozess ist

$$v = \lim_{\Delta t \to 0} \frac{\Delta s}{\Delta t} = \lim_{t_i \to t_0} \frac{s_i - s_0}{t_i - t_0} = \dot{s}.$$

$\dot{s}$ wird als Ableitung der Funktion $s(t)$ nach der Zeit bezeichnet.

> Die Geschwindigkeit ist die erste Ableitung der Zeit-Weg-Funktion nach der Zeit: $v = \dot{s}(t)$

Für das Ableiten bzw. das Differenzieren von Funktionen stellt die Mathematik Regeln zur Verfügung.
Die Zeit-Weg-Funktion der Bewegung mit konstanter Geschwindigkeit heißt $s(t) = v\,t$ mit $v$ = konstant. Die erste Ableitung dieser Funktion nach $t$, die in der Physik durch einen Punkt gekennzeichnet wird, ist $\dot{s} = v$ = konstant.
Für die gleichmäßig beschleunigte Bewegung mit der Zeit-Weg-Funktion $s(t) = \frac{1}{2}a\,t^2$ und $a$ = konstant ist die erste Ableitung $\dot{s}(t) = v(t) = a\,t$. Es ergibt sich die bekannte Zeit-Geschwindigkeit-Funktion.

Ein entsprechender Prozess wie bei der Geschwindigkeit führt für die Beschleunigung von der Intervallbeschleunigung $\overline{a} = \frac{\Delta v}{\Delta t}$ zur Momentanbeschleunigung, die als Grenzwert der Intervallbeschleunigungen definiert ist:

$$a = \lim_{\Delta t \to 0} \frac{\Delta v}{\Delta t} = \lim_{t_i \to t_0} \frac{v_i - v_0}{t_i - t_0} = \dot{v}$$

> Die Beschleunigung ist die erste Ableitung der Zeit-Geschwindigkeit-Funktion nach der Zeit und die zweite Ableitung der Zeit-Weg-Funktion nach der Zeit: $a = \dot{v}(t) = \ddot{s}(t)$.

Für die Bewegung mit konstanter Geschwindigkeit, also $v$ = konstant, folgt mit der Zeit-Weg-Funktion $s(t) = v\,t$
$a = \dot{v} = \ddot{s} = 0$.

Für die geradlinige Bewegung mit konstanter Beschleunigung, also $a$ = konstant, folgt mit der Zeit-Weg-Funktion $s = \frac{1}{2}a\,t^2$
$a = \dot{v} = \ddot{s}$ = konstant.

Den Zusammenhang zwischen Zeit-Weg-Gesetz, Zeit-Geschwindigkeit-Gesetz und Zeit-Beschleunigung-Gesetz veranschaulicht die folgende Abbildung.

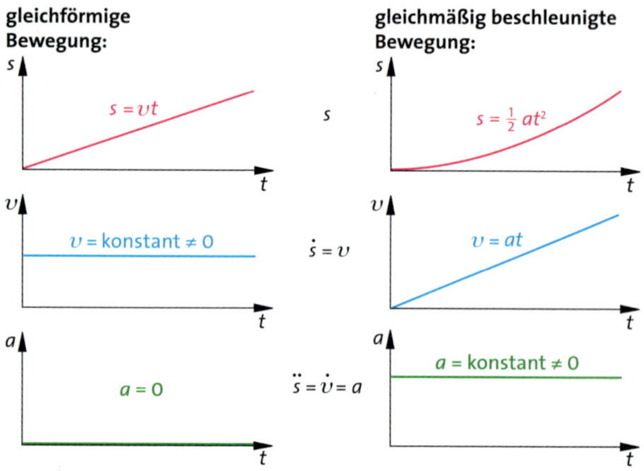


Ist das Zeit-Weg-Gesetz einer Bewegung bekannt, so können durch Ableiten die Geschwindigkeit und Beschleunigung als Funktionen der Zeit berechnet werden. Geometrisch heißt das: Die Geschwindigkeit $v$ zur Zeit $t$ ist gleich der Steigung der Tangente im $t$-$s$-Diagramm, die Beschleunigung $a$ ist gleich der Steigung der Tangente im $t$-$v$-Diagramm.

Die Differentialrechnung wird später im Rahmen des Mathematikunterrichts behandelt. Sie stellt ähnlich wie hier in vielen Gebieten der Physik Beziehungen zwischen den dort auftretenden Funktionen her und erweist sich damit als nützliches Hilfsmittel: So ist z. B. die Stromstärke die zeitliche Ableitung der Ladung.

## Aufgaben

1. Ein Körper bewegt sich längs der $s$-Achse nach dem Zeit-Weg-Gesetz $s = (0{,}5\ \text{m/s}^3)\,t^3 + (2\ \text{m/s}^2)\,t^2 + 3\ \text{m}$.
   Bestimmen Sie Geschwindigkeit und Beschleunigung und berechnen Sie ihre Werte für **a)** $t = 2{,}0$ s, **b)** $t = 3{,}0$ s.
2. Zu gleicher Zeit starten bei $t_0 = 0$ zwei Körper nach den Zeit-Weg-Gesetzen $s_1 = (0{,}05\ \text{m/s}^2)\,t^2$ und $s_2 = (0{,}5\ \text{m/s})\,t$.
   Bestimmen Sie Geschwindigkeit und Beschleunigung.

## Die Integralrechnung in der Physik

Bei einer gleichförmigen Bewegung entspricht der im Zeitraum $\Delta t$ zurückgelegte Weg $\Delta s = v\,\Delta t$ einer Fläche im $t$-$v$-Diagramm (→ 1.2.1, **Abb. 8.2 b**).

Ist die Geschwindigkeit nicht konstant, kann der Weg nicht als Produkt $\Delta s = v\,\Delta t$ berechnet werden. In kleinen Zeitintervallen kann die Geschwindigkeit näherungsweise als konstant vorausgesetzt werden. Somit kann die zurückgelegte Strecke näherungsweise gemäß $\Delta s = v\,\Delta t$ berechnet werden. Die Addition der einzelnen Wegstrecken ergibt die insgesamt zurückgelegte Strecke. Für die abgebildete Bewegung ergibt sich mit $s_0 = 0$:

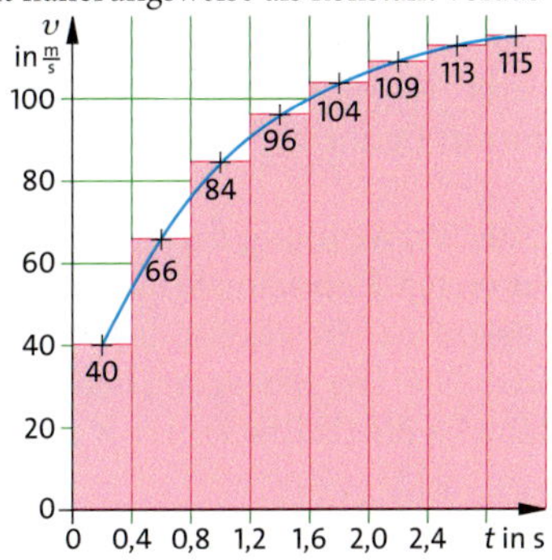


$$s_1 = 40\,\frac{\text{m}}{\text{s}} \cdot 0{,}4\ \text{s} = 16\ \text{m}$$

$$s_2 = 40\,\frac{\text{m}}{\text{s}} \cdot 0{,}4\ \text{s} + 66\,\frac{\text{m}}{\text{s}} \cdot 0{,}4\ \text{s} = 42{,}4\ \text{m}$$

⋮

$$s_8 = 40\,\frac{\text{m}}{\text{s}} \cdot 0{,}4\ \text{s} + 66\,\frac{\text{m}}{\text{s}} \cdot 0{,}4\ \text{s} + \ldots + 115\,\frac{\text{m}}{\text{s}} \cdot 0{,}4\ \text{s} = 290{,}8\ \text{m}$$

Allgemein formuliert:

$$s_n = v_1\,\Delta t + v_2\,\Delta t + \ldots + v_n\,\Delta t$$

Die Näherung wird umso besser, je kleiner die Zeitintervalle sind. Die Abbildung zeigt zum Anfangswert $s_0 = 0$ Näherungen zu $\Delta t = 0{,}4$ s (blau) und $\Delta t = 0{,}2$ s (rot) und den Graphen der genauen Zeit-Weg-Funktion (grün).

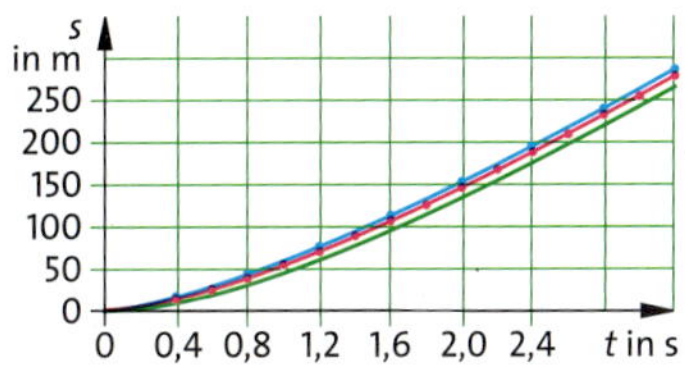


> Für Bewegungen mit nicht konstanter Beschleunigung lässt sich die zurückgelegte Strecke als Fläche unter dem $t$-$v$-Diagramm mithilfe des Verfahrens der **numerischen Integration** näherungsweise bestimmen:
>
> $$s_n = s_0 + v_1\,\Delta t + v_2\,\Delta t + \ldots + v_n\,\Delta t = s_0 + \sum_{i=1}^{n} v_i\,\Delta t$$
>
> Analog ergibt sich aus dem $t$-$a$-Diagramm näherungsweise die Momentangeschwindigkeit:
>
> $$v_n = v_0 + a_1\,\Delta t + a_2\,\Delta t + \ldots + a_n\,\Delta t = v_0 + \sum_{i=1}^{n} a_i\,\Delta t$$
>
> Je kleiner die Zeitintervalle, desto besser ist die Näherung.

In der Physik lassen sich außer dem Weg und der Geschwindigkeit noch viele weitere Größen als Flächen in Diagrammen bestimmen, z. B. die Energie in Weg-Kraft-Diagrammen und die Ladung in Zeit-Stromstärke-Diagrammen.

## Iterative Berechnung einer Bewegung

Die Bewegungsgesetze der gleichmäßig beschleunigten Bewegung lassen sich nur anwenden, wenn die Beschleunigung konstant ist. Bei vielen realen Bewegungen ist die Beschleunigung jedoch zeitlich veränderlich und z. B. vom Ort oder der Geschwindigkeit abhängig. Bei Bewegungen in Luft macht sich der Luftwiderstand bemerkbar. Für die Beschleunigung eines im lufterfüllten Raum fallenden Körpers gilt $a = g(1 - k\,v^2)$. Für die Konstante $k$ gilt: $k = \frac{1}{2} c_{\text{w}} \rho A / F_{\text{G}}$, dabei ist $c_{\text{w}}$ der Widerstandsbeiwert, der von der Form des fallenden Körpers abhängt. $\rho = 1{,}29\ \text{kg/m}^3$ ist die Dichte der Luft, $A$ die Querschnittsfläche und $F_{\text{G}} = m\,g$ die Gewichtskraft auf den fallenden Körper.

Aus dem links dargestellten Näherungsverfahren folgt $s_n = (s_0 + v_1\,\Delta t + \ldots + v_{n-1}\,\Delta t) + v_n\,\Delta t = s_{n-1} + v_n\,\Delta t$ und analog $v_n = v_{n-1} + a_n\,\Delta t$.

Mit diesen *Iterationsschritten* können – ausgehend von Anfangswerten $a_0$, $v_0$ und $s_0$ – die Werte der Beschleunigung, der Geschwindigkeit und des Ortes Schritt für Schritt (iterativ) berechnet werden.

Für einen Tischtennisball vom Radius 2 cm mit der Gewichtskraft $F_{\text{G}} \approx 2 \cdot 10^{-2}$ N wäre z. B. mit dem Widerstandsbeiwert $c_{\text{w}} = 0{,}45$ die Konstante $k \approx 2 \cdot 10^{-2}\ \text{m/s}^2$.

Wird die Berechnung in den Zeitschritten $\Delta t = 0{,}1$ s und mit den Anfangswerten $v(0) = 0$; $s(0) = 10$ m und $a(0) = -9{,}81\ \text{m/s}^2$ durchgeführt, so ergeben sich durch wiederholte Anwendung der Gleichungen

- $a(t) = g(1 - k\,v^2(t))$
- $v(t + \Delta t) = v(t) + \Delta t\,a(t)$
- $s(t + \Delta t) = s(t) + \Delta t\,v(t)$

die folgenden Graphen für die Beschleunigung, die Geschwindigkeit und den Ort. Die gestrichelte Linie in den Abbildungen gibt die Bewegung im freien Fall wieder.

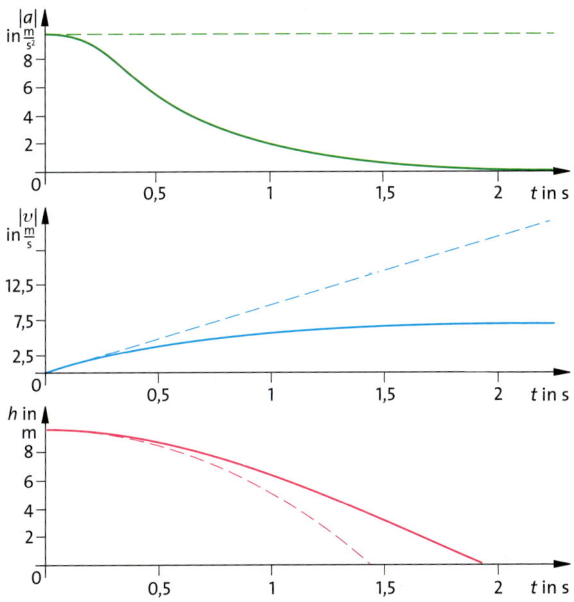

## 1.3 Zweidimensionale Bewegungen

Unter den zweidimensionalen Bewegungen sind zwei Idealtypen von Bedeutung, durch die sich viele reale Vorgänge modellieren lassen: Die sogenannten Wurfbewegungen und die gleichförmige Kreisbewegung.

### 1.3.1 Wurfbewegungen

Die Wurfbewegungen werden als idealisierte Vorgänge behandelt, d.h. von störenden Einflüssen wie dem Luftwiderstand wird abgesehen. Es wird sich zeigen, dass sich die Wurfbewegungen durch die Kombination eindimensionaler Bewegungen beschreiben lassen.

#### Der waagerechte Wurf

Sehr einfach ist der waagerechte Wurf zu verstehen.

**Versuch 1:** Auf einer waagrechten Schiene erhält eine Kugel einen Stoß (**Abb. 20.1**). Beim Verlassen der Schiene öffnet sie einen Kontakt und unterbricht so den Stromkreis eines Elektromagneten, an dem eine zweite Kugel auf der Höhe der Schiene hängt.

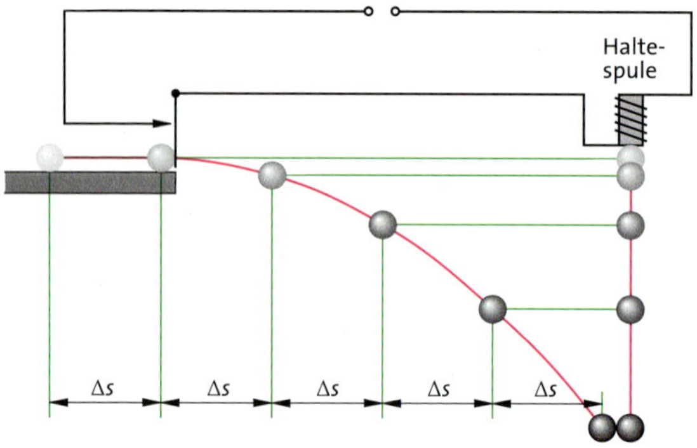


**20.1** Vergleich von freiem Fall und waagerechtem Wurf: Bei stroboskopischer Beleuchtung ist zu sehen, dass während des Fallens beide Kugeln immer auf gleicher Höhe sind.

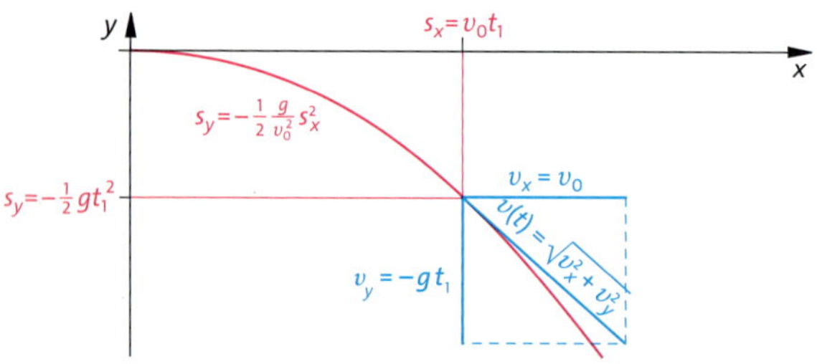


**20.2** Zur Analyse der Wurfparabel: Die Geschwindigkeiten in $x$-Richtung und in $y$-Richtung werden vektoriell addiert. Der Geschwindigkeitsvektor liegt tangential zur Bahnkurve.

*Beobachtung:* Ist die Geschwindigkeit der ersten Kugel genügend groß, so stoßen beide Kugeln im Fallen stets zusammen. Die Höhe des Zusammenstoßes hängt von der Geschwindigkeit der ersten Kugel ab.
Eine stroboskopische Aufnahme verdeutlicht den Vorgang: Beide Kugeln fallen und befinden sich dabei stets auf gleicher Höhe. Die erste Kugel bewegt sich dabei aber zusätzlich mit konstanter Geschwindigkeit in horizontale Richtung. Horizontale und vertikale Bewegung dieser Kugel laufen offenbar ohne gegenseitige Beeinträchtigung ab. ◄

Unter Verwendung dieser Beobachtung kann die Bahn der ersten Kugel konstruiert werden (**Abb. 20.2**) und die Gesetze der Bewegung lassen sich in einfacher Weise aufstellen. Die Bewegung heißt **waagerechter Wurf**; die Bahn ist die (Hälfte einer) *Wurfparabel.*

Die Bewegung lässt sich am besten in einem Koordinatensystem wie in **Abb. 20.2** analysieren:
In *horizontaler* $x$-Richtung verlässt die Kugel die Rampe mit der Geschwindigkeit $v_0$ und behält diese bei. Es gelten die Gesetze der gleichförmigen Bewegung:

$$s_x = v_0 t, \qquad v_x = v_0, \qquad a_x = 0$$

In *vertikaler* $y$-Richtung ($y$-Achse nach oben) fällt die Kugel; es gelten die Gesetze des freien Falls:

$$s_y = -\frac{1}{2}gt^2, \qquad v_y = -gt, \qquad a_y = -g$$

Wird aus den Gleichungen für $s_x$ und $s_y$ der Parameter Zeit eliminiert, indem $s_x$ nach $t$ aufgelöst und der Term für $t$ in die Gleichung für $s_y$ eingesetzt wird, so ergibt sich die Gleichung der **Wurfparabel** (**Abb. 20.2**)

$$s_y = -\frac{1}{2}g\left(\frac{s_x}{v_0}\right)^2 = -\frac{g}{2v_0^2}s_x^2$$

mit dem Scheitelpunkt im Startpunkt der Bewegung.

Durchfällt der Körper die Höhe $s_y = h$, so legt er in $x$-Richtung die Strecke $w = s_x$, die **Wurfweite,** zurück:

$$w = \sqrt{\frac{2h}{g}}\,v_0$$

Die **„Wurfzeit"** $t_w$ ist gleich der Zeit, die der Körper benötigt, um die Strecke $h$ zu durchfallen. Aus der Gleichung des freien Falls $h = -\frac{1}{2}gt_w^2$ folgt:

$$t_w = \sqrt{\frac{2h}{g}}$$

Der **Betrag der Bahngeschwindigkeit** $v(t)$ wird mithilfe des Satzes des Pythagoras bestimmt zu:

$$v(t) = \sqrt{v_x^2 + v_y^2} = \sqrt{v_0^2 + g^2t^2}$$

Diese und auch die folgenden Formeln gelten ohne Berücksichtigung des Luftwiderstandes.

### Der senkrechte Wurf

Hierbei handelt es sich einfach um eine Fallbewegung mit der Anfangsgeschwindigkeit $v_0$, für die nach 1.2.4 gilt (die *s*-Achse sei wie in **Abb. 21.1** nach oben gerichtet):

$$s = -\frac{1}{2}gt^2 + v_0 t + h_0, \qquad v = -gt + v_0, \qquad a = -g$$

Der senkrechte Wurf kann gedanklich in zwei Bewegungen zerlegt werden: eine gleichförmige, nach oben gerichtete Bewegung und eine **entgegengesetzt** gerichtete Fallbewegung (daher das Minuszeichen).

Im höchsten Punkt der Bahn ist die Geschwindigkeit null: Aus $v = -gt + v_0 = 0$ folgt für die **Steigzeit,** in der der höchste Punkt der Bahn erreicht wird: $t_h = v_0/g$. Einsetzen in das Zeit-Weg-Gesetz ergibt die **Wurfhöhe *h*:**

$$h = v_0 t_h - \frac{1}{2}g t_h^2 = \frac{v_0^2}{2g}$$

Der Wurf ist beendet, wenn der Körper den Boden erreicht: $s = 0$. Für den **Sonderfall $h_0 = 0$** ergeben sich aus $s = 0$ die Lösungen $t_0 = 0$ (Beginn des Wurfs) und

$$t_w = 2\frac{v_0}{g} = 2\,t_h \quad \textbf{(Wurfdauer)}.$$

Einsetzen dieses Wertes für $t_w$ in die *t*-*v*-Gleichung ergibt die Endgeschwindigkeit

$$v_E = v_0 - gt = v_0 - g\left(\frac{2\,v_0}{g}\right) = -v_0.$$

Die **Wurfbahn** im Zeit-Weg-Diagramm verläuft symmetrisch.

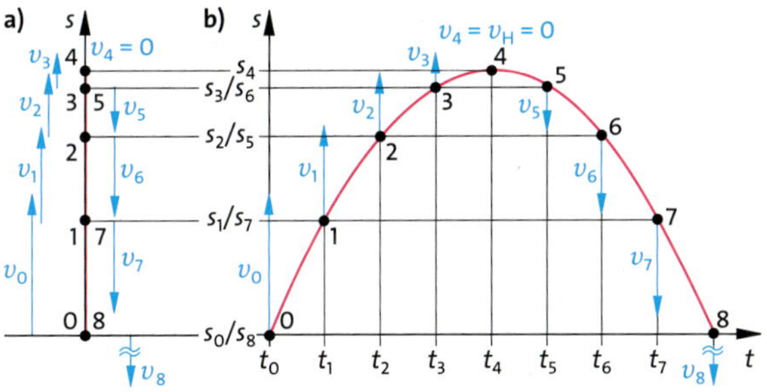


**21.1** Senkrechter Wurf: **a)** die Bahnkurve, eine zweimal durchlaufene Strecke, **b)** das *t*-*s*-Diagramm. Zusätzlich sind die Geschwindigkeitsvektoren in den markierten Punkten der Bahnkurve und des *t*-*s*-Diagramms eingetragen.

### Vektoreigenschaften von Weg, Geschwindigkeit und Beschleunigung – Superpositionsprinzip

Der waagerechte Wurf wurde gedanklich in zwei Bewegungen zerlegt, eine in horizontaler und eine in vertikaler Richtung. Beide Bewegungen sind dabei einzeln und als unabhängig voneinander betrachtet worden. Die tatsächlichen Werte der Größen Weg, Geschwindigkeit und Beschleunigung ergaben sich aus der Überlagerung (Superposition) der jeweiligen sogenannten *Komponenten.*

Diese Vorgehensweise kann bei allen Bewegungen angewandt werden: Der Ruderer, der von einem Ufer eines Flusses zum anderen rudert (**Abb. 21.2**), hat den Eindruck, den Fluss senkrecht zu seiner Strömungsrichtung mit der Geschwindigkeit $v_R$ zu überqueren, während er sich mit dem Fluss stromabwärts mit $v_F$ bewegt. Der tatsächliche Weg und die tatsächliche Geschwindigkeit über Grund lassen sich aus den Weg- und Geschwindigkeitskomponenten beider Teilbewegungen *zusammensetzen* (→ S. 26).

Grund für die Zusammensetzung der Größen Weg, Geschwindigkeit und Beschleunigung aus Komponenten ist die *Vektoreigenschaft* der Größen.

> Weg, Geschwindigkeit und Beschleunigung sind Vektoren. Sie können durch Addition aus bekannten Komponenten zusammengesetzt werden.

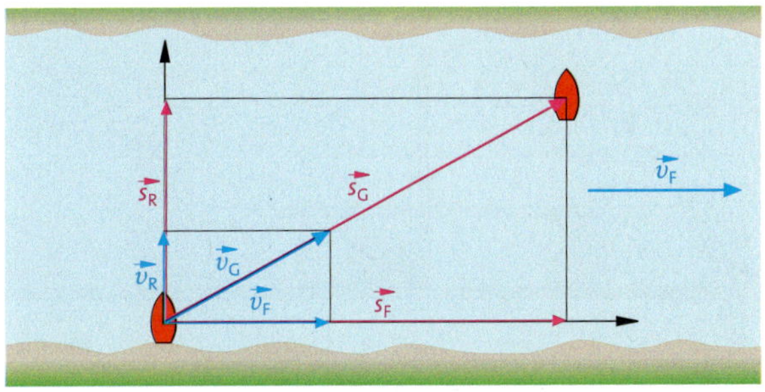


**21.2** Die Beträge der Vektoren $\vec{v_G}$ und $\vec{s_G}$ ergeben sich aus dem Satz des Pythagoras:

$$|\vec{v_G}| = \sqrt{|\vec{v_F}|^2 + |\vec{v_R}|^2} \quad \text{und} \quad |\vec{s_G}| = \sqrt{|\vec{s_F}|^2 + |\vec{s_R}|^2}$$

## Aufgaben

**1.** Hilfslieferungen können bei günstigen Bedingungen aus einer Höhe von 30 m abgeworfen werden. Berechnen Sie, wie weit vor dem Ziel eine solche Lieferung abgeworfen werden muss, wenn das Flugzeug 180 km/h fliegt und mit welcher Geschwindigkeit die Lieferung aufkommt.

**2.** Berechnen Sie, mit welcher Geschwindigkeit ein Fußball annähernd vertikal nach oben geschossen werden muss (sogenannte Kerze), damit er 14 m aufsteigt und wie lange es dauert, bis der Ball wieder auf dem Boden aufkommt.

***3.** Ein Stein wird mit der Geschwindigkeit $v_0 = 20$ m/s horizontal aus der Höhe $h_0$ aus abgeworfen. Er erreicht in der Horizontalen eine Wurfweite von 40 m.

**a)** Berechnen Sie die Abwurfhöhe und die Flugzeit.

**b)** Bestimmen Sie, mit welcher Geschwindigkeit und unter welchem Winkel die Kugel auf den Boden auftrifft.

**c)** Geben Sie die Lösungen zu a) und b) allgemein, also für eine beliebige Abwurfgeschwindigkeit $v_0$ und eine beliebige Wurfweite *w* an.

## Der schräge Wurf (ohne Luftwiderstand)

**Versuch 2:** Mit einem Wurfgerät wird eine Kugel durch eine gespannte Feder mit konstanter Anfangsgeschwindigkeit $v_0$ unter dem Abwurfwinkel $\alpha$ abgeschossen (**Abb. 22.1**). Die Bahn der Kugel wird mithilfe eines Auffangbrettes registriert. Die Anfangsgeschwindigkeit $v_0$ des Wurfgerätes wird zuvor über Wurfweite und Wurftiefe in einem waagerechten Wurf ermittelt.
*Beobachtung:* Die größte Wurfweite wird mit einem Winkel von $\alpha = 45°$ erreicht.
*Ergebnis:* Die aufgenommene Bahnkurve stimmt mit der mithilfe der Vektorkomponenten des Wegs konstruierten Kurve überein (**Abb. 22.1**): Weg in Abwurfrichtung mit konstanter Geschwindigkeit $s_0 = v_0 t$, Weg senkrecht nach unten $s = \frac{1}{2} g t^2$. ◄

Das experimentelle Ergebnis lässt sich anhand der Bewegungsgleichungen bestätigen:
Mit der Anfangsgeschwindigkeit $v_0$ und dem Wurfwinkel $\alpha$ (gegenüber der Horizontalen) ergibt sich für die Wegkomponenten in $x$- und $y$-Richtung:

$$s_x = v_0 t \cos\alpha \qquad v_x = v_0 \cos\alpha \qquad a_x = 0$$

$$s_y = h_0 + v_0 t \sin\alpha - \frac{1}{2} g t^2 \qquad v_y = v_0 \sin\alpha - g t \qquad a_y = -g$$

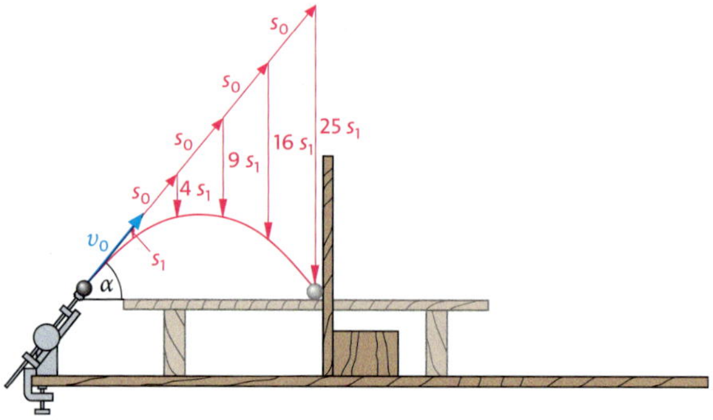


**22.1** Die Bahnkurve des schrägen Wurfes

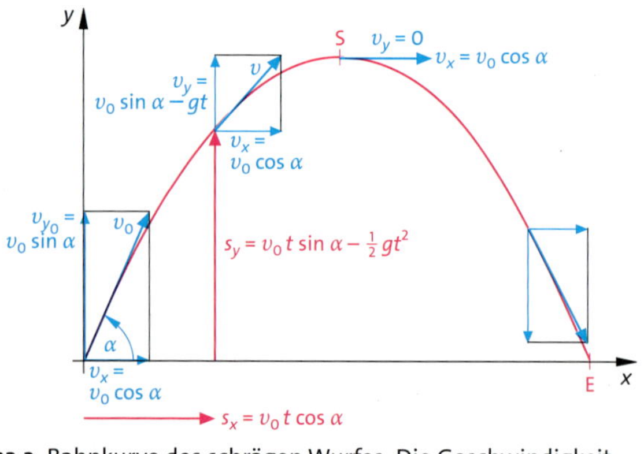


**22.2** Bahnkurve des schrägen Wurfes: Die Geschwindigkeit $v$ ist an einigen Stellen in Komponenten zerlegt.

### Die Bahnkurve des schrägen Wurfs

Die Gleichung der Bahnkurve ergibt sich aus den Zeit-Weg-Gleichungen durch Auflösen der Gleichung für $s_x$ nach $t$ und Einsetzen des Terms $t = s_x / (v_0 \cos\alpha)$ in die Gleichung für $s_y$:

$$s_y = h_0 + s_x \tan\alpha - \frac{g}{2 (v_0 \cos\alpha)^2} s_x^2$$

Das ist die Gleichung einer nach unten geöffneten Parabel.

Am höchsten Punkt der Bahn, dem Scheitelpunkt S ist die Vertikalgeschwindigkeit $v_y = 0$. Daraus folgt für die *Steigzeit* $t_S = \frac{v_0 \sin\alpha}{g}$.
Diese wird in die beiden Gleichungen für die $x$- und die $y$-Komponente des Wegs eingesetzt:

$$x_S = \frac{v_0^2 \cos\alpha \sin\alpha}{g} = \frac{v_0^2 \sin(2\alpha)}{2g} \qquad (\sin(2\alpha) = 2\cos\alpha \sin\alpha)$$

$$y_S = h_0 + \frac{v_0^2 \sin^2\alpha}{g} - \frac{1}{2} g \left(\frac{v_0 \sin\alpha}{g}\right)^2 = h_0 + \frac{v_0^2 \sin^2\alpha}{2g}$$

Die *maximale Wurfhöhe* $y_S$ wird für $\sin\alpha = 1$, also $\alpha = 90°$, erreicht – wie beim senkrechten Wurf.

Für den Auftreffpunkt E mit den Koordinaten $x_E$, $y_E$ (**Abb. 22.2**) ist die $y$-Komponente des Weges null. Die Wurfzeit $t_E$ ergibt sich als Lösung der quadratischen Gleichung $s_y = 0$. Wird diese in die Gleichung für die $x$-Komponente eingesetzt, ergibt sich die Wurfweite.

Für den Sonderfall $h_0 = 0$ ergibt sich auf diese Weise für Wurfdauer $t_E$ und Wurfweite $s_E$:

$$t_E = \frac{2 v_0 \sin\alpha}{g} \qquad s_{xE} = \frac{2 v_0^2 \sin\alpha \cos\alpha}{g} = \frac{v_0^2 \sin(2\alpha)}{g}$$

$\sin(2\alpha)$ wird maximal, also 1, wenn $\alpha = 45°$ ist. Beim schrägen Wurf stellt sich bei der Abwurfhöhe 0 die größte Wurfweite bei einem Wurfwinkel von 45° ein.

### Schräger Wurf mit Luftwiderstand

Bei großen Wurfweiten und -höhen muss der Luftwiderstand berücksichtigt werden. Beim Fallen in Luft erreicht der Körper nach einer gewissen Zeit seine maximale Vertikalgeschwindigkeit und fällt mit dieser konstanten Geschwindigkeit weiter. Die Horizontalgeschwindigkeit nimmt aufgrund der Reibung ab. Die Bahnen sind keine Parabeln, sondern sogenannte ballistische Kurven (**Abb. 22.3**). Ballistische Kurven können iterativ berechnet werden (→ S. 19).

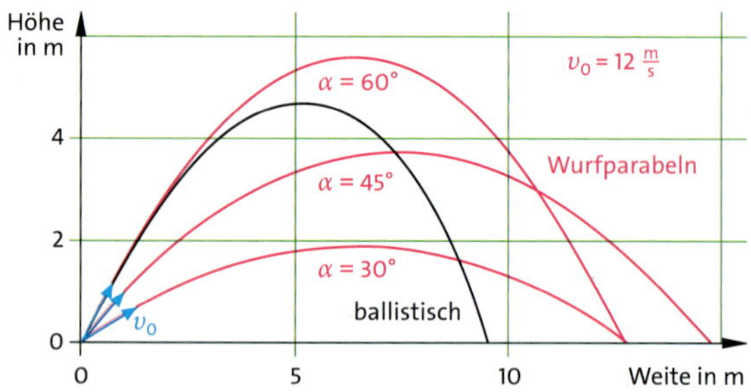


**22.3** Bahnkurven des schrägen Wurfes für die Abwurfwinkel 30°, 45° und 60°: Die ballistische Kurve berücksichtigt den Luftwiderstand.

## Methode

### Videoanalyse von Bewegungen

Mithilfe von Videoanalyse-Programmen lassen sich aus digitalen Videos Ortsangaben für unterschiedliche Zeitpunkte der Bewegung des Körpers erfassen. Stets muss dabei zunächst ein digitales Video der Bewegung erstellt werden. Hierzu genügt schon ein gutes Fotohandy oder eine Digitalkamera mit Videofunktion. Bei der Aufnahme des Videos sind Verzerrungen durch Schrägaufnahmen zu vermeiden und es muss ein Referenzobjekt bekannter Größe aufgenommen werden. Damit Bildpositionen in reale Ortskoordinaten umgerechnet werden können, werden die Längen mithilfe des Gegenstandes bekannter Größe kalibriert, im dargestellten Beispiel eines Kugelstoßes dient die Größe des Sportlers als Referenzlänge. Der Koordinatenursprung wird festgelegt und dann für jedes Einzelbild des Films die Ortskoordinaten des bewegten Objekts durch Anklicken bestimmt und der zugehörigen Zeit zugeordnet. Die Messwerte können dann in Diagrammen dargestellt und mithilfe von Tabellenkalkulationsprogrammen ausgewertet werden. Die Videoanalyse bietet sich besonders zur Untersuchung schnell ablaufender und experimentell sonst nur aufwändig erfassbarer Bewegungen an.

Im abgebildeten Beispiel wird das Kugelstoßen untersucht. Für den Sportler ist es wichtig, die Abwurfgeschwindigkeit und den Abwurfwinkel zu optimieren. Diese lassen sich indirekt aus der Wurfparabel bestimmen: In einer Tabellenkalkulation werden die Messwerte in einem $s_x$-$s_y$-Diagramm dargestellt (schwarz) und eine Ausgleichskurve (Wurfparabel) sowie deren Gleichung bestimmt. Aus dieser werden die Abwurfparameter berechnet:

$$s_y = h_0 \qquad + s_x \tan\alpha - \frac{g}{2\,(v_0 \cos\alpha)^2}\,s_x^2$$

$$s_y = 2{,}113\ \text{m} + 0{,}848\,s_x - 0{,}110\,\frac{1}{\text{m}}\,s_x^2$$

Aus $\tan\alpha = 0{,}848$ und $0{,}110\,\frac{1}{\text{m}} = \frac{g}{2\,(v_0 \cos\alpha)^2}$ folgt

$$\alpha = \text{arc}\tan(0{,}848) = 40{,}3°,$$

$$v_0 = \frac{1}{\cos\alpha}\sqrt{\frac{g}{2 \cdot 0{,}110/\text{m}}} = 8{,}86\,\frac{\text{m}}{\text{s}}.$$

Zur Einschätzung der Qualität der Ergebnisse werden mit diesen Parametern die Ortskoordinaten der Wurfparabel berechnet (rot) und gemeinsam mit den Messwerten dargestellt.

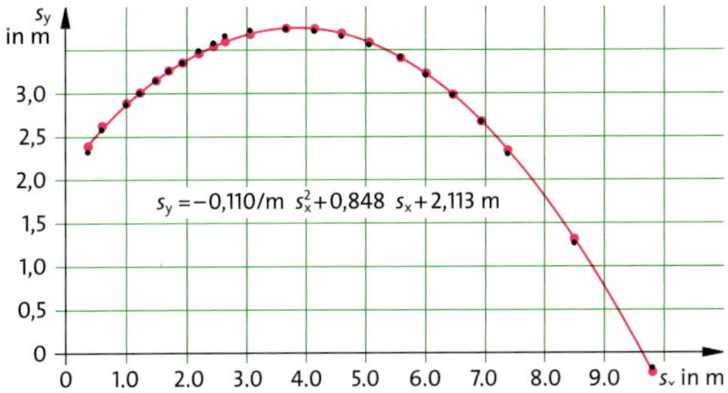


Messwerte aus der Videoanalyse. Mit den Parametern für $v_0$, $\alpha$ und $h_0$ berechnete Werte der Bahnkurve:

| | | | | | | | | | | | |
|---|---|---|---|---|---|---|---|---|---|---|---|
| $s_x$ in m | 0,335 | 0,587 | 1,006 | 1,257 | 1,509 | 1,718 | 1,928 | 2,179 | 2,430 | 2,598 | 3,059 |
| $s_y$ in m | 2,305 | 2,556 | 2,850 | 3,017 | 3,143 | 3,227 | 3,352 | 3,478 | 3,562 | 3,688 | 3,730 |
| $s_y$ in m | 2,385 | 2,573 | 2,855 | 3,006 | 3,143 | 3,246 | 3,340 | 3,439 | 3,525 | 3,574 | 3,679 |

| | | | | | | | | | | | |
|---|---|---|---|---|---|---|---|---|---|---|---|
| $s_x$ in m | 3,688 | 4,149 | 4,610 | 5,070 | 5,615 | 6,034 | 6,495 | 6,956 | 7,417 | 8,549 | 9,848 |
| $s_y$ in m | 3,730 | 3,688 | 3,646 | 3,562 | 3,436 | 3,227 | 2,975 | 2,682 | 2,305 | 1,257 | −0,126 |
| $s_y$ in m | 3,745 | 3,738 | 3,685 | 3,585 | 3,406 | 3,224 | 2,980 | 2,688 | 2,350 | 1,320 | −0,209 |

## Aufgaben

**1.** Ein Wasserstrahl tritt unter einem Winkel von 40° zur Horizontalen aus der Düse eines Gartenschlauchs und erreicht das in 30 m Entfernung stehende Buschwerk (in gleicher Höhe wie die Düse). Berechnen Sie ohne Berücksichtigung des Luftwiderstands
   **a)** die Geschwindigkeit des Wasserstrahls;
   **b)** die Gipfelhöhe des Wasserstrahls;
   **c)** die Flugzeit eines Wassertropfens.

**2.** Ein Geschoss verlässt ein Gewehr mit der Geschwindigkeit $v_0 = 780$ m/s.
Berechnen Sie die Höhe und die Weite, die das Geschoss ohne Berücksichtigung des Luftwiderstands erreicht, wenn es unter den Winkeln 90°, 60°, 45°, 30° zur Waagerechten abgeschossen wird.

***3.** Ein Sportler stößt die Kugel mit 8,5 m/s aus 2,1 m Höhe unter den Winkeln 31°, 38° und 45° ab. Berechnen Sie jeweils die Wurfweite.

***4.** Ein Motorrad fährt mit der Geschwindigkeit $v_0$ auf eine unter dem Winkel $\alpha$ gegenüber der Horizontalen ansteigenden Rampe an einen Graben der Breite $b$ heran und landet auf der gegenüberliegenden Seite des Grabens um die Höhe $h$ höher auf einem Plateau.
**a)** Bestimmen Sie zu $v_0 = 50$ km/h, $\alpha = 30°$ und $b = 5{,}0$ m, die größtmögliche Höhe $h$.
**b)** Berechnen Sie, wie groß die Geschwindigkeit $v_0$ mindestens sein muss, wenn die Höhe $h = 1{,}0$ m beim Winkel $\alpha = 20°$ und der Breite $b = 5{,}0$ m erreicht werden soll.
Vernachlässigen Sie die Ausmaße des Motorrads.

## 1.3.2 Kreisbewegungen

Viele Bewegungsabläufe in Umwelt und Technik sind **Kreisbewegungen** – ein Stein, der an einer Schnur im Kreise herumgeschleudert wird, ein Jahrmarktsbesucher in der Kabine eines Riesenrades, die Erde, die die Sonne umkreist. Allen diesen Bewegungen ist gemeinsam, dass sich die Körper (zeitweise) mit konstanter Geschwindigkeit auf einer Kreisbahn bewegen.

### Die Kinematik der Kreisbewegung

Zur Beschreibung von Kreisbewegungen werden neue kinematische Größen benötigt. In **Abb. 24.1** sind auf einer Scheibe, die um ihren Mittelpunkt rotiert, zwei Zylinder als Markierungen befestigt. Dreht sich die Scheibe während der Zeitspanne $\Delta t$ um einen bestimmten Winkel $\Delta\varphi$, so bewegen sich die beiden Zylinder auf Kreisbögen $\Delta s_1$ bzw. $\Delta s_2$. Für die Länge der Kreisbögen $\Delta s_1$ und $\Delta s_2$ in **Abb. 24.1** gilt $\Delta s_1 = 2\pi r_1 \Delta\varphi/360°$ bzw. $\Delta s_2 = 2\pi r_2 \Delta\varphi/360°$. Die Quotienten $\Delta s/r$ sind konstant. Der vom speziellen Radius $r$ und dem zugehörigen Kreisbogen $\Delta s$ unabhängige Quotient kann als Maß für den Winkel $\Delta\varphi$ herangezogen werden:

$$\Delta\varphi = \frac{\Delta s_1}{r_1} = \frac{\Delta s_2}{r_2} = \ldots$$

Der mit dieser Gleichung definierte Winkel wird als **Winkel in Bogenmaß** bezeichnet. Für den Vollwinkel ergibt sich aus dem Kreisumfang $\Delta s = 2\pi r$ als Winkel in Bogenmaß $\Delta\varphi_{360°} = \Delta s/r = 2\pi$. Entsprechend gilt:

| $\cdot\frac{180°}{\pi}$ ↑ | | | | ↓ $\cdot\frac{\pi}{180°}$ |
|---|---|---|---|---|
| | Gradmaß | 90° | 180° | 360° |
| | Bogenmaß | $\frac{1}{2}\pi$ | $\pi$ | $2\pi$ |

Der Winkel in Bogenmaß hat aufgrund seiner Definition keine Einheit.

Das Bogenmaß wird grundsätzlich bei allen Rechnungen in den Naturwissenschaften und in der Technik verwandt. Aus der Definitionsgleichung $\Delta\varphi = \Delta s/r$ ergibt sich eine einfache Gleichung für den **Kreisbogen:**

$$\Delta s = r\,\Delta\varphi$$

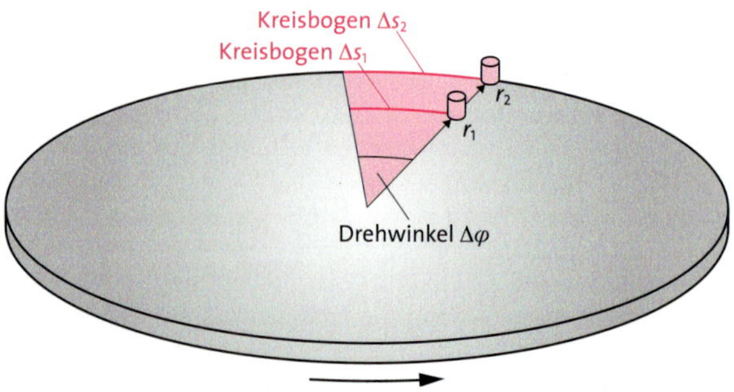


**24.1** Rotierende Scheibe mit dem Drehwinkel $\Delta\varphi$

Diese Gleichung ist Grundlage weiterer Definitionen:

Die **Winkelgeschwindigkeit $\omega$** (omega) ist der Quotient aus dem Winkel in Bogenmaß $\Delta\varphi$ und der Zeit $\Delta t$:

$$\omega = \frac{\Delta\varphi}{\Delta t}.$$

Die Einheit der Winkelgeschwindigkeit ergibt sich aus der Definitionsgleichung: $[\omega] = [\Delta\varphi]/[\Delta t] = 1/\text{s}$.

Bewegt sich ein Punkt auf einer Kreisbahn mit dem Radius $r$ und legt dabei in der Zeit $\Delta t$ die Strecke $\Delta s$ zurück, so ist seine **Bahngeschwindigkeit**
$v = \Delta s/\Delta t = r\Delta\varphi/\Delta t = \omega r$.
Die beiden Stifte in **Abb. 24.1** haben die gleiche Winkelgeschwindigkeit $\omega$, aber aufgrund der verschiedenen Radien unterschiedliche Bahngeschwindigkeiten.

Wie zuvor bei den geradlinigen Bewegungen ist auch unter den kreisförmigen Bewegungen eine besonders einfache Bewegung von besonderer Bedeutung, nämlich jene mit konstanter Winkelgeschwindigkeit, die sogenannte *gleichförmige Kreisbewegung*. In diesem Fall ist die Dauer eines Umlaufs, die *Umlaufzeit T*, konstant und damit auch deren Kehrwert, die *Frequenz* $f = 1/T$. Die Einheit der Frequenz $[f] = 1\ \text{Hz} = 1\ \text{s}^{-1}$, ist nach dem Physiker Heinrich HERTZ (1857–1894) benannt.

Da für die Bahngeschwindigkeit sowohl $v = \omega r$ als auch $v = 2\pi r/T$ gilt, folgt $\omega = 2\pi f$.

Kreisbewegungen werden durch die Größen *Winkelgeschwindigkeit* $\omega = \Delta\varphi/\Delta t$, *Bahngeschwindigkeit* $v = \Delta s/\Delta t$, *Umlaufdauer T* und *Frequenz f* beschrieben.
Zwischen ihnen bestehen die Beziehungen:

$$f = \frac{1}{T}$$

$$\omega = 2\pi f$$

$$v = \omega r = \frac{2\pi r}{T}$$

### Aufgaben

1. Der Mond hat eine (siderische) Umlaufzeit von 27,3 Tagen. Ermitteln Sie die Bahngeschwindigkeit $v$, die der Mond bei seinem Umlauf hat. Der mittlere Abstand des Mondes von der Erde beträgt $r = 384\,000$ km.
2. Der mittlere Abstand der Erde von der Sonne heißt astronomische Einheit $a$ und beträgt $a = 149{,}6$ Millionen km. Berechnen Sie mit der Umlaufdauer $T = 1$ Jahr $= 365{,}25$ Tage die Bahngeschwindigkeit der Erde um die Sonne in km/s.
3. Ein Fahrrad fährt mit 30 km/h. Bestimmen Sie die Winkelgeschwindigkeit $\omega$ und die Frequenz $f$ der 28 Zoll-Räder (1 Zoll = 2,54 cm).

## Zentripetalbeschleunigung

Bei der gleichförmigen Kreisbewegung ist nur der Betrag der Bahngeschwindigkeit konstant, ihre Richtung ändert sich fortwährend, der Körper erfährt kontinuierlich eine Beschleunigung. Da der Betrag der Bahngeschwindigkeit konstant ist, kann diese Beschleunigung keine Komponente in Bewegungsrichtung haben, sie ist also stets senkrecht zur Bahn und daher zum Mittelpunkt (Zentrum) der Kreisbahn gerichtet. Diese Beschleunigung wird als Zentripetalbeschleunigung bezeichnet (petere, lat.: streben nach).

Der Zusammenhang zwischen Zentripetalbeschleunigung und den Parametern der Kreisbewegung ergibt sich wie folgt (**Abb. 25.1**): Ein Punkt bewegt sich auf der Kreisbahn von $P_1$ nach $P_2$ und legt in der Zeit $\Delta t$ den Weg $\Delta s$ zurück. Der Radiusvektor überstreicht dabei den Winkel $\Delta\varphi$. Die Radiusvektoren zu $P_1$ und $P_2$ schließen denselben Winkel $\Delta\varphi$ ein wie die beiden Geschwindigkeitsvektoren $\vec{v}_1$ und $\vec{v}_2$ in diesen Punkten.

Zur besseren Darstellung der Richtungsänderung sind die Geschwindigkeitsvektoren $\vec{v}_1$ und $\vec{v}_2$ sowie deren Differenz $\Delta\vec{v} = \vec{v}_2 - \vec{v}_1$ rechts in **Abb. 25.1** vom selben Anfangspunkt aus abgetragen. Bei kleinem Winkel $\Delta\varphi$ (in Bogenmaß) ist $\Delta v$ ungefähr gleich dem Kreisbogen mit dem Winkel $\Delta\varphi$ und dem Radius $v$:

$$\Delta v = v\,\Delta\varphi$$

Daraus ergibt sich für die Beschleunigung

$$a_Z = \frac{\Delta v}{\Delta t} = v\frac{\Delta\varphi}{\Delta t} = v\,\omega$$

und mit $v = \omega r$ folgt $a_Z = \omega^2 r$ oder $a_Z = v^2/r$.

> Die **Zentripetalbeschleunigung** einer gleichförmigen Kreisbewegung ist stets zum Mittelpunkt der Kreisbahn gerichtet. Ihr Größenwert (Betrag) ist
>
> $a_Z = \frac{v^2}{r}$ oder $a_Z = \omega^2 r$.

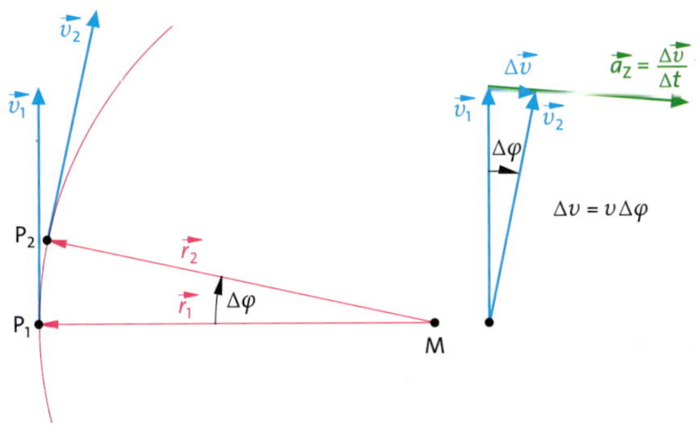


**25.1** Bestimmung der Zentripetalbeschleunigung aus der Differenz der Bahngeschwindigkeiten $\vec{v}_2$ und $\vec{v}_1$: $\Delta\vec{v} = \vec{v}_2 - \vec{v}_1$. Rechts sind $\vec{v}_1$ und $\vec{v}_2$ vom selben Anfangspunkt aus abgetragen.

## Aufgaben

**1.** Berechnen Sie die Winkelgeschwindigkeit des Sekunden-, Minuten- und Stundenzeigers einer Uhr.

**2.** Berechnen Sie die Zentripetalbeschleunigung
**a)** des Mondes bei seiner Bewegung um die Erde;
**b)** der Erde bei ihrer Bewegung um die Sonne.

**3.** Berechnen Sie, wie schnell sich die Erde drehen müsste, damit am Äquator Fallbeschleunigung und Zentripetalbeschleunigung gleich groß sind.

**4.** Berechnen Sie die Zentripetalbeschleunigungen absolut und relativ zur Erdbeschleunigung ($g = 9{,}81\ \text{m/s}^2$) für
**a)** eine elektrische Salatschleuder (Durchmesser 430 mm, 500 U/min);
**b)** eine Wäschetrommel (Durchmesser 48 cm, 1700 U/min);
**c)** eine Astronautentestmaschine (Abstand Drehachse-Kabine 6,5 m, 20 U/min);
**d)** eine Zentrifuge zur Zuckerproduktion aus Sirup (Trommeldurchmesser 1350 mm, 1300 U/min);
**e)** eine Gaszentrifuge zur Urananreicherung (Durchmesser 75–400 mm, 90 000 U/min).

**5.** Berechnen Sie die Winkelgeschwindigkeit, die Bahngeschwindigkeit und die Zentripetalbeschleunigung eines Punktes auf dem Radkranz ($d = 875$ mm) eines ICE 3, der mit 330 km/h dahinfährt.

**6.** Die Reifen eines PKW haben einen Radius von 28 cm. Der PKW fährt mit einer Geschwindigkeit von 180 km/h.
**a)** Berechnen Sie die Anzahl der Umdrehungen/Sekunde des Rades.
**b)** Berechnen Sie, um wie viel (absolut und relativ) sich die Tachoanzeige ändert, wenn die Profiltiefe um 5 mm abnimmt. (Die Geschwindigkeitsmessung beruht auf einer Drehzahlmessung der Räder.)

**7.** Berechnen Sie die Zentripetalbeschleunigung
**a)** eines geostationären Satelliten, der auf einer Bahn mit dem Radius 42 000 km so schnell kreist, wie die Erde sich dreht;
**b)** eines Wettersatelliten, der die Erde in 102 min in 850 km Höhe umkreist.

***8.** Ein Körper durchläuft mit konstanter Winkelgeschwindigkeit einen Kreis. Drücken Sie die Umlaufzeit $T$, die Frequenz $f$ und die Anzahl der Umläufe $n$ in einer Minute durch die Winkelgeschwindigkeit aus.

***9.** Im Jahr 1849 führte Armand Fizeau (1819–1896) bei Paris folgende Messung der Lichtgeschwindigkeit durch: Er richtete einen Lichtstrahl auf ein rotierendes Zahnrad mit 720 Zähnen. Durch die Lücke zwischen zwei Zähnen gelangte der Strahl in 8623 m Entfernung auf einen Spiegel und wurde dort reflektiert. Fizeau erhöhte die Drehzahl, bis der reflektierte Lichtstrahl vor dem Zahnrad nicht mehr zu registrieren war, d.h. immer auf einen Zahn traf. Dies geschah bei 12,6 U/s.
Berechnen Sie die Lichtgeschwindigkeit, die sich hieraus ergibt. Vergleichen Sie mit dem Literaturwert.

***10.** Entwickeln Sie ein Computerprogramm zur iterativen Berechnung der Kreisbewegung: Radius $r = 1$ m, Bahngeschwindigkeit $v = 2\pi$ m/s, Startpunkt $(x_0 = 1\ \text{m} \mid y_0 = 0)$ und $\Delta t = 0{,}001$ s. (*Hinweis:* Bei konstanter Beschleunigung steht der Beschleunigungsvektor stets senkrecht zum Geschwindigkeitsvektor.)

## Methode

### Vektorielle Darstellung von Bewegungen

Bei der Behandlung der Wurfbewegungen und der Kreisbewegung wird bei den Größen Weg, Geschwindigkeit und Beschleunigung neben dem sogenannten Größenwert bzw. Betrag auch deren Richtung berücksichtigt.
Denn sobald es sich um Bewegungen in der *Ebene* oder im *Raum*, also um *mehrdimensionale Bewegungen* handelt, reicht für ihre vollständige Charakterisierung die Angabe ihres Größenwertes allein nicht aus. Bei linearen, also eindimensionalen Bewegungen wird die Richtung einer Größe durch das Vorzeichen berücksichtigt.

> Physikalische Größen, die durch Größenwert (Betrag) *und* Richtung gekennzeichnet sind, heißen **Vektoren.** Größen, die bereits durch ihren Größenwert vollständig bestimmt sind, heißen **Skalare.**

Weg $\vec{s}$, Geschwindigkeit $\vec{v}$ und Beschleunigung $\vec{a}$ sind Vektoren, gekennzeichnet durch einen Pfeil über dem Formelzeichen. Der Größenwert bzw. Betrag ist definiert als Produkt aus Zahlenwert und Einheit. Beispiele für skalare Größen sind Zeit $t$, Temperatur $T$ und Masse $m$.

Viele Gesetze und Zusammenhänge erhalten durch die Vektorschreibweise eine kompakte und elegante Form. Außerdem wird durch die Vektorschreibweise ein physikalischer Begriff vollständig erfasst.
Dennoch wird in diesem Buch die Vektorschreibweise nicht durchgängig verwendet, denn die meisten in diesem Buch aufgeführten Zusammenhänge lassen sich ohne sie darstellen. Es wird jedoch stets vermerkt, ob es sich bei einer neu eingeführten Größe um eine solche mit Vektorcharakter handelt oder nicht.

Das Wichtige an Größen mit Vektorcharakter ist nicht so sehr, dass sie eine Richtung besitzen, sondern dass sie sich nach den Gesetzen der Vektorrechnung addieren oder subtrahieren (siehe Abbildung) und in Komponenten zerlegen lassen (→ S. 41).

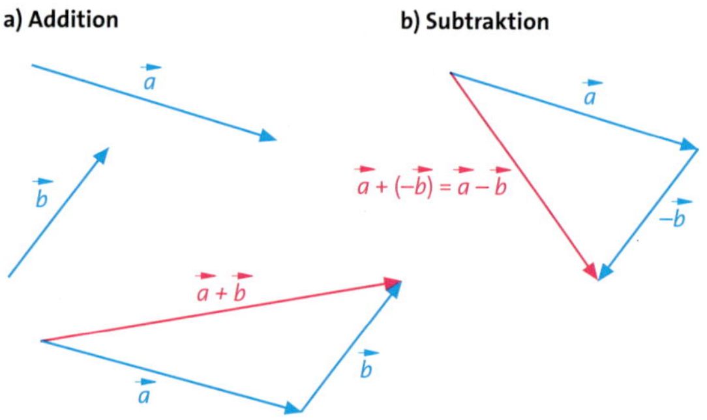


In der *vektoriellen Schreibweise* der *Definitionen* von (Intervall bzw. Momentan-)*Geschwindigkeit* und *Beschleunigung* (→ 1.3 und 1.4) wird auch die Richtungsänderung von Weg und Geschwindigkeit berücksichtigt:

$$\vec{v} = \frac{\Delta\vec{s}}{\Delta t} \quad \text{bzw.} \quad \vec{v} = \lim_{\Delta t \to 0} \frac{\vec{s}(t+\Delta t) - \vec{s}(t)}{\Delta t} = \lim_{\Delta t \to 0} \frac{\Delta\vec{s}}{\Delta t} = \dot{\vec{s}}(t)$$

$$\vec{a} = \frac{\Delta\vec{v}}{\Delta t} \quad \text{bzw.} \quad \vec{a} = \lim_{\Delta t \to 0} \frac{\vec{v}(t+\Delta t) - \vec{v}(t)}{\Delta t} = \lim_{\Delta t \to 0} \frac{\Delta\vec{v}}{\Delta t} = \dot{\vec{v}}(t)$$

Eine Beschleunigung liegt danach auch dann vor, wenn die Größenwerte (Beträge) von $\vec{v}(t)$ und $\vec{v} = (t + \Delta t)$ übereinstimmen, die Richtungen aber verschieden sind. Bei der gleichförmigen Kreisbewegung (→ 1.3.2) bleibt der Größenwert der Geschwindigkeit beim Umlauf eines Körpers auf einem Kreis konstant, ihre Richtung ändert sich ständig:

$$|\vec{v}(t+\Delta t)| - |\vec{v}(t)| = 0, \text{ aber } \Delta\vec{v} = \vec{v}(t+\Delta t) - \vec{v}(t) \neq 0$$

Für die Beschleunigung bei der gleichförmigen Kreisbewegung gilt das Gleiche: Ihr Größenwert bleibt konstant, ihre Richtung ändert sich ständig.

Mit *Vektoren* lassen sich die Gesetze der *Bewegung mit konstanter Beschleunigung* vollständig und übersichtlich schreiben:

$t$-$\vec{s}$-Gleichung: $\vec{s} = \vec{s}_0 + \vec{v}_0 t + \frac{1}{2}\vec{a}_0 t^2$

$t$-$\vec{v}$-Gleichung: $\vec{v} = \vec{v}_0 + \vec{a}_0 t$

$t$-$\vec{a}$-Gleichung: $\vec{a} = \vec{a}_0$

$\vec{s}_0$, $\vec{v}_0$, $\vec{a}_0$ sind konstante Vektoren, die die Anfangswerte zur Zeit $t = 0$ wiedergeben, nämlich den Ort $\vec{s}_0$ des Startes, die Anfangsgeschwindigkeit $\vec{v}_0$ und die Anfangsbeschleunigung $\vec{a}_0$.
Die Gleichungen gelten jetzt für eine Bewegung längs einer Geraden ebenso wie für eine solche in einer Ebene oder im Raum. Dazu müssen nur die Vektoren entsprechend interpretiert werden.
Für eine Bewegung in einer Ebene, die in einem $x$-$y$-Koordinatensystem beschrieben werden kann, lauten die Gleichungen für die $x$- und die $y$-Komponente:

$s_x = s_{0x} + v_{0x} t + \frac{1}{2} a_{0x} t^2 \qquad s_y = s_{0y} + v_{0y} t + \frac{1}{2} a_{0y} t^2$

$v_x = v_{0x} + a_{0x} t \qquad v_y = v_{0y} + a_{0y} t$

$a_x = a_{0x} \qquad a_y = a_{0y}$

Die Gesetze der *geradlinigen Bewegung mit konstanter Beschleunigung*, z. B. in $x$-Richtung, sind hierin als Sonderfall enthalten. Die $y$-Komponenten sind dann alle gleich null und es ist $v_{0x} = v_0$ und $a_{0x} = a_0$.

Wird $s_{0x} = s_{0y} = 0$, $v_{0x} = v_0 \cos\alpha$, $v_{0y} = v_0 \sin\alpha$, $a_{0x} = 0$ und $a_{0y} = -g$ gesetzt, so ergeben sich aus der Komponentenzerlegung die bekannten *Gesetze des schrägen Wurfes* (→ **Abb. 22.2**):

$s_x = v_0 t \cos\alpha \qquad s_y = v_0 t \sin\alpha - \frac{1}{2} g t^2$

$v_x = v_0 \cos\alpha \qquad v_y = v_0 \sin\alpha - g t$

$a_x = 0 \qquad a_y = -g$

Die vorliegenden Beispiele zeigen:

> Durch die vektorielle Schreibweise können physikalische Größen umfassender beschrieben und physikalische Gesetzmäßigkeiten allgemeiner formuliert werden.

## Aufgaben

**1.** Eine junge Frau will einen 250 m breiten Fluss schwimmend überqueren. Sie kann längere Zeit mit der Geschwindigkeit $v = 1{,}1$ m/s schwimmen. Die Fließgeschwindigkeit des Wassers betrage $w = 1$ m/s [1,5 m/s].

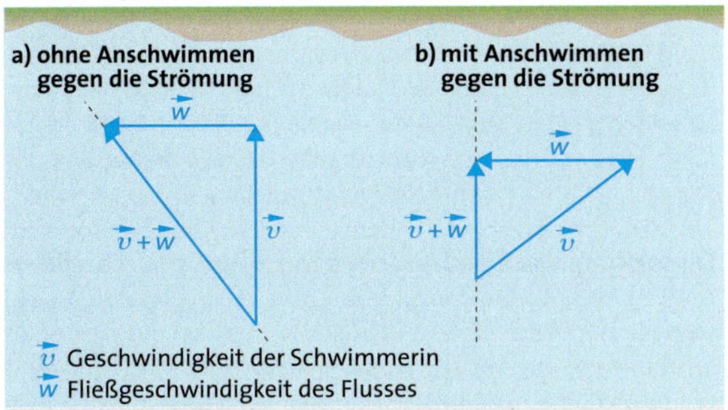


**a)** Die Schwimmerin will den Fluss durchqueren, ohne gegen die Strömung anzuschwimmen. Berechnen Sie, wie lange sie für die Flussüberquerung braucht und wie weit sie abgetrieben wird. Berechnen Sie auch ihre Geschwindigkeit über Grund.
**b)** Untersuchen Sie, ob die Schwimmerin in beiden Fällen so schwimmen kann, dass sie genau gegenüber am Flussufer ankommt.
Bestimmen Sie in diesem Fall die Richtung, in die sie schwimmen muss. Berechnen Sie die für die Überquerung benötigte Zeit sowie die geschwommene Strecke. Berechnen Sie auch die Geschwindigkeit über Grund.

**2.** Ein Schiff steuert auf See mit 10 Knoten den Kurs N 100° O. Die See weist eine Strömung von 3 Knoten in Richtung N 20° W auf.
(1 Knoten = 1 Seemeile/h; 1 Seemeile = 1,852 km).

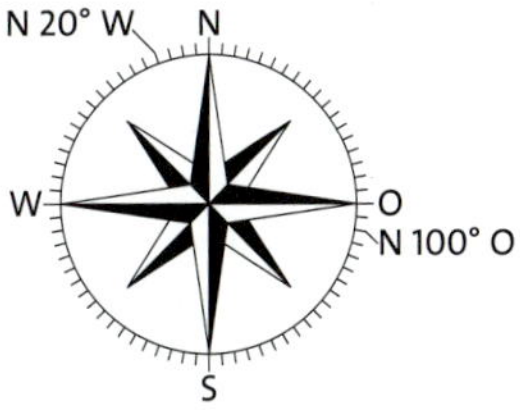


**a)** Zeichnen Sie den Weg des Schiffes in einer Stunde über dem Grund (der See) und bestimmen Sie aus der Zeichnung Kurs und Geschwindigkeit (in Knoten) über dem Grund (1 Knoten ≙ 1 cm).
**b)** Lösen Sie die Fragen zu a) rechnerisch und geben Sie die Geschwindigkeit auch in km/h an.

**3.** Ein Flugzeug startet von einem Flugplatz aus in westlicher Richtung mit 300 km/h Fluggeschwindigkeit und steigt dabei 500 m pro Minute. Nach 20 Minuten Flugzeit dreht es nach Norden ab und steigt weiter zu denselben Bedingungen.
**a)** Berechnen Sie die Höhe des Flugzeugs 30 Minuten nach dem Start.
**b)** Bestimmen Sie die direkte Entfernung und Richtung (Höhenwinkel zur Horizontalen, Winkel zur Nordrichtung) des Flugzeugs zu diesem Zeitpunkt vom Startpunkt aus gesehen.
**c)** Berechnen Sie die Orts- und Geschwindigkeitsvektoren vom Startpunkt bis zum Ort nach 20 min und nach 30 min mit ihren drei Komponenten.

## Exkurs

### Segeln – Kursnehmen mit Geschwindigkeitsvektoren

Vor Anker, am Steg oder an der Boje nimmt der Segler den *wahren Wind*, Geschwindigkeit $\vec{v}_W$, wahr. Auf einem Motorboot, das bei Flaute mit großer Geschwindigkeit dahinbraust, misst man den *Fahrtwind*, Geschwindigkeit $\vec{v}_F$. Auf einem Segelboot in Fahrt beobachtet man einzig den *scheinbaren Wind*, Geschwindigkeit $\vec{v}_S$. Der Segler registriert also niemals den wahren Wind und seine Richtung. Der beobachtete scheinbare Wind kann durchaus größer als der wahre Wind sein. Ein Segelboot fährt in den meisten Fällen nicht in Richtung der Mittschiffsachse, es sei denn, es segelt genau vor dem Wind. Normalerweise wird das Boot durch den Wind seitlich verschoben.

Der Winkel zwischen gesteuertem und gesegeltem Kurs ist die *Abdrift*, die je nach Windstärke 4° bis 7° betragen kann. Bei Strömung, die nicht nur auf Flüssen, sondern auch auf Seen und dem Meer dadurch zustande kommt, dass der Wind das Wasser bewegt, ist zusätzlich die Stromversetzung zu berücksichtigen.

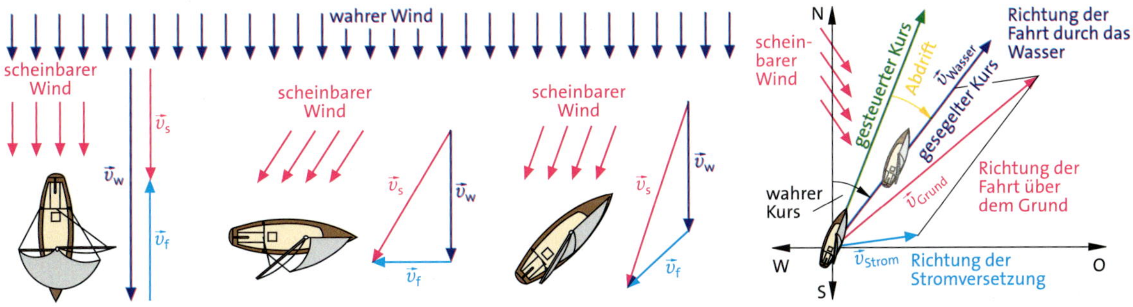

## Methode

# Messprozess und Fehlerrechnung

### Messen

GALILEIS Forderung, alles zu messen, was messbar ist, ist auch heute noch Ausgangspunkt für die experimentelle Forschung. Eine Messung ist die empirische Bestimmung des tatsächlichen Größenwertes einer physikalischen Größe. Messen heißt Vergleichen: Das beobachtete Merkmal, z. B. die Länge eines Weges, wird mit dem Normal der physikalischen Größe des Merkmals, das wäre hier das Meter, verglichen und zahlenmäßig bestimmt.

### Messabweichung

Jede Messung ist mit Ungenauigkeiten behaftet. Eine erste Begrenzung der Genauigkeit stellt die **Ableseungenauigkeit** von Analoginstrumenten dar. Werden z. B. Strecken mit einem Maßstab mit Millimeterskala gemessen, so sind die Messungen auf einen halben Millimeter ungenau. Aber auch Digitalinstrumente liefern keine exakten Messwerte, sie sind höchstens auf die letzte angezeigte Stelle genau. Ergebnis der Messung ist nicht eine exakte Maßzahl, sondern ein Bereich, in dem das Ergebnis liegt.

Eine Messung kann zudem durch **systematische Fehler** verfälscht werden, etwa durch unkorrekte Eichung eines Thermometers oder einer Waage oder die Reibung bei Fahrbahnversuchen. Durch Messung bereits bekannter Größen lassen sich systematische Fehler vermeiden bzw. die Messergebnisse nachträglich um den bekannten Fehler korrigieren.

Bei der Wiederholung von Messungen treten oft Schwankungen auf, die größer sind als die Ableseungenauigkeit. Die Ursachen sind häufig nicht zu erkennen. Man spricht daher von **stochastischen Messfehlern** (zufälligen Messfehlern). Unkontrollierbare Einflüsse wie Temperaturschwankungen, mechanische Erschütterungen oder elektrische und magnetische Störfelder führen zu stochastischen Fehlern. Möglichkeiten, stochastische Fehler zu minimieren, sind:

- Messung von Vielfachen (z. B. wird besser die Dauer von 100 Pendelschwingungen statt die einer einzelnen gemessen)
- Mehrfachmessung und anschließende Mittelwertbildung: Sind in einer Messreihe durch Mehrfachmessung $n$ voneinander unabhängige Einzelwerte $x_1, x_2, \dots x_n$ eines Merkmals, z. B. einer Länge, gemessen worden, so gilt als Ergebnis das arithmetische Mittel oder der **Mittelwert $\bar{x}$** aus diesen $n$ Einzelwerten:

$$\bar{x} = \frac{1}{n}(x_1 + x_2 + \dots + x_n) = \frac{1}{n}\sum_{i=1}^{n} x_i$$

Beispiel: mit dem Kugelfallgerät (→ **Abb. 14.2**) wird achtmal die Fallbeschleunigung $g$ bestimmt. Es ergeben sich folgende Werte (in m/s²): 9,91; 9,86; 9,85; 9,72; 9,71; 9,68; 9,65; 9,62. Als Mittelwert ergibt sich $\bar{g} = 9{,}75\ \text{m/s}^2$. Die maximale Abweichung der Messwerte vom Mittelwert ist $0{,}16\ \text{m/s}^2$.

### Notation von Messergebnissen

Tritt bei der Messung der Größe $x$ der Messfehler $\Delta x$ auf, so wird das Ergebnis in der Form $x \pm \Delta x$ angegeben, für das zuletzt betrachtete Beispiel: $g = (9{,}75 \pm 0{,}16)\ \text{m/s}^2$.

Neben dem **absoluten Fehler $\Delta x$** wird häufig auch der **relative Fehler $\Delta x/x$** oder der **prozentuale Fehler $(\Delta x/x) \cdot 100\,\%$** angegeben. Für das vorangehende Beispiel ist der absolute Fehler $\Delta g = 0{,}16\ \text{m/s}^2$, der relative Fehler $\Delta g/g = 0{,}16/9{,}75 \approx 0{,}016$ und der prozentuale Fehler 1,6 %. Die Messgröße wird dabei nur mit so vielen Stellen angegeben, wie es die Messungenauigkeit zulässt. Soll auf die explizite Angabe des Messfehlers verzichtet werden, werden nur die Stellen angegeben, die sicher sind.

### Darstellung von Größenwerten in Exponentialschreibweise

In der Physik treten häufig sehr große oder sehr kleine Größenwerte auf. Diese lassen sich am besten in der Exponentialschreibweise darstellen: So ist der mittlere Abstand der Erde von der Sonne $1{,}496 \cdot 10^{11}$ m und die Masse eines Elektrons $9{,}109\,382 \cdot 10^{-31}$ kg. Vor dem Komma steht immer genau eine von Null verschiedene Ziffer, hinter dem Komma werden maximal so viele Stellen angegeben, wie es die Genauigkeit der Messung zulässt. Diese Schreibweise hat neben der größeren Übersichtlichkeit weitere Vorteile:

- Überschlagsrechnungen gestalten sich besonders einfach, wenn dabei nur die Zehnerpotenzen berücksichtigt werden: (Beispiel Wurfweite → 1.3.1):

$$w = \sqrt{\frac{2h}{g}}\,v_0 = \sqrt{\frac{2 \cdot 8{,}35 \cdot 10^2\ \text{m}}{9{,}81\ \text{m/s}^2}} \cdot 12\ \text{m/s} \approx \sqrt{\frac{10^3}{10}} \cdot 10\ \text{m} = 10^2\ \text{m}$$

- In der Schreibweise mit Zehnerpotenzen ist zu erkennen, wie genau ein Größenwert angegeben ist. Beispiel: Die (mittlere) Entfernung Erde–Mond kann auf zweierlei Weise geschrieben werden: $e = 384\,400$ km oder $e = 3{,}844 \cdot 10^8$ m. In der ersten Schreibweise bleibt unklar, ob die beiden Nullen gesichert oder nur ergänzt sind; nach der zweiten ist davon auszugehen, dass die Angabe auf die dritte Kommastelle genau ist.
- Bei Rechnungen mit Zahlenwerten ist die Anzahl der Stellen eines Ergebnisses nur so weit gesichert, wie es der Zahlenwert mit der kleinsten Stellenanzahl angibt.

*Vorsicht:* Taschenrechner und Computer verführen zur Angabe unsinnig vieler Stellen!

### Fehler zusammengesetzter Größen

Wird ein Größenwert mit einer Formel aus anderen Größenwerten berechnet, so wird der Fehler des Endergebnisses mithilfe der Fehler aus den Einzelergebnissen abgeschätzt. Für die Einzelwerte werden die nach der Fehlerangabe möglichen Größenwerte so eingesetzt, dass für das Endergebnis einmal der größte und einmal der kleinste Größenwert errechnet wird.

*Beispiel:* Messung der Beschleunigung nach $a = v^2/(2\,s)$. Die Geschwindigkeit sei zu $v = (5{,}0 \pm 0{,}2)$ m/s und der Weg zu $s = (9{,}0 \pm 0{,}03)$ m gemessen. Dann ergibt sich

$$a_{\text{max}} = \frac{(5{,}2\ \text{m/s})^2}{2 \cdot (8{,}97\ \text{m})} = 1{,}507\ \text{m/s}^2 \qquad \text{bzw.}$$

$$a_{\text{min}} = \frac{(4{,}8\ \text{m/s})^2}{2 \cdot (9{,}03\ \text{m})} = 1{,}276\ \text{m/s}^2.$$

Nach der Abschätzung liegt damit die Beschleunigung in den Grenzen $1{,}3\ \text{m/s}^2 < a < 1{,}5\ \text{m/s}^2$.

## Eindimensionale Bewegungen

**Durchschnittsgeschwindigkeit und -beschleunigung:**

$$v = \frac{\Delta s}{\Delta t} \quad \text{und} \quad a = \frac{\Delta v}{\Delta t}$$

**Gleichförmige Bewegung:** $v$ = konstant

Zeit-Weg-Gesetz $s = s_0 + v\,t$

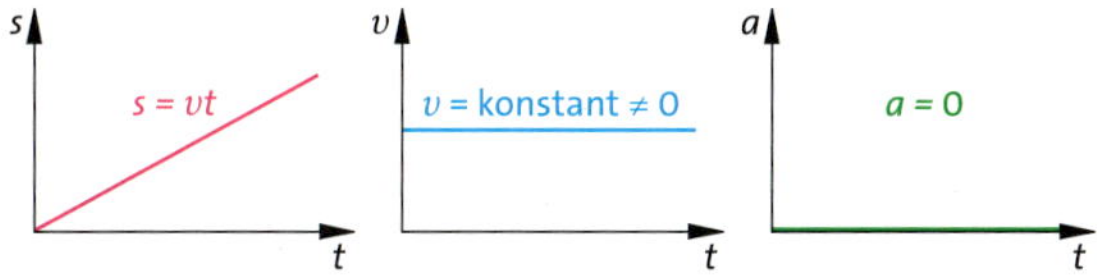


**Gleichmäßig beschleunigte Bewegung:** $a$ = konstant

Zeit-Weg-Gesetz $s = s_0 + v_0\,t + \frac{1}{2}a\,t^2$

Zeit-Geschwindigkeit-Gesetz $v = v_0 + a\,t$

Sonderfall $v_0 = 0$ und $s_0 = 0$ („aus der Ruhe"):

Weg-Geschwindigkeit-Gesetz $v = \sqrt{2\,a\,s}$

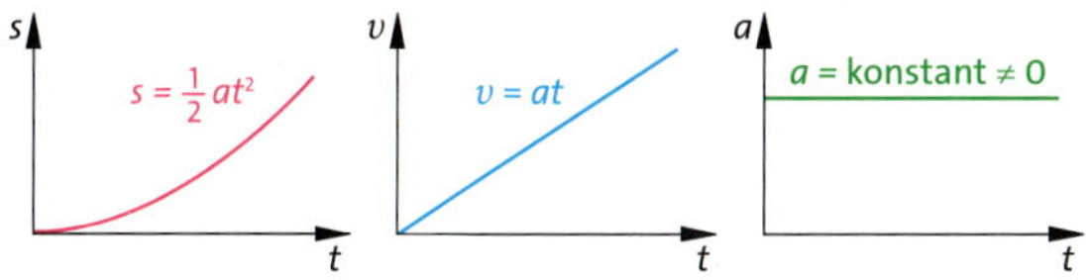


**Freier Fall:** Fallbeschleunigug $g = 9{,}81\ \text{m/s}^2$

Fallstrecke $s = \frac{1}{2}g\,t^2$

Fallgeschwindigkeit $v = g\,t$

## Zweidimensionale Bewegungen

**Waagerechter Wurf** (Abwurfhöhe $h_0 = 0$):

In *horizontaler* Richtung: $s_x = v_0\,t$, $v_x = v_0$, $a_x = 0$

In *vertikaler* Richtung: $s_y = -\frac{1}{2}g\,t^2$

($y$-Achse nach oben): $v_y = -g\,t$, $a_y = -g$

Wurfparabel:

$$s_y = -\frac{g}{2\,v_0^2}\cdot s_x^2$$

Wurfweite:

$$w = \sqrt{\frac{2h}{g}}\,v_0$$

Bahngeschwindigkeit:

$$v\,(t) = \sqrt{v_0^2 + g^2\,t^2}$$

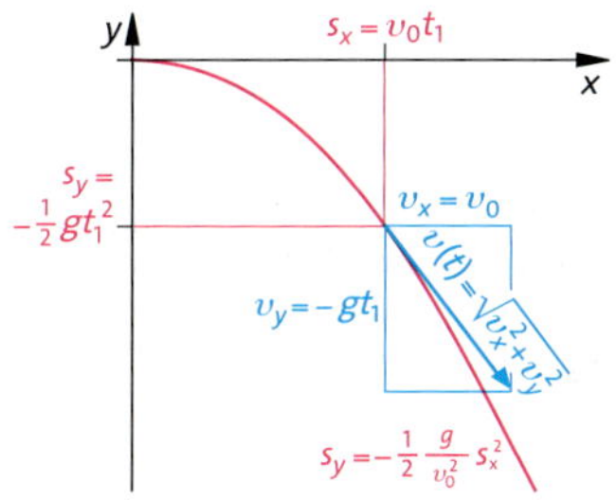


**Gleichförmige Kreisbewegung:** $\omega$ = konstant

Bahngeschwindigkeit:

$$v = \frac{2\pi r}{T} = \omega\,r$$

Zentripetalbeschleunigung:

$$a_Z = \frac{v^2}{r} = \omega^2\,r$$

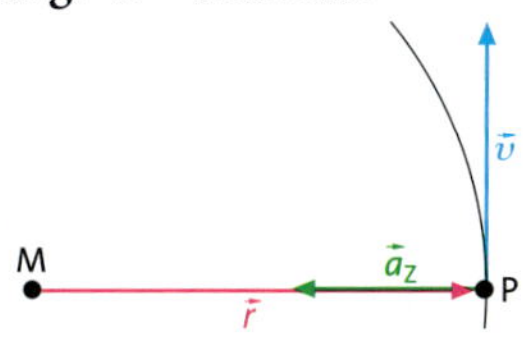


# Wissenstest Kinematik

**1.** Erklären Sie, warum bei einem Foto eines rollenden Rades die Speichen unterschiedlich scharf abgebildet sind.

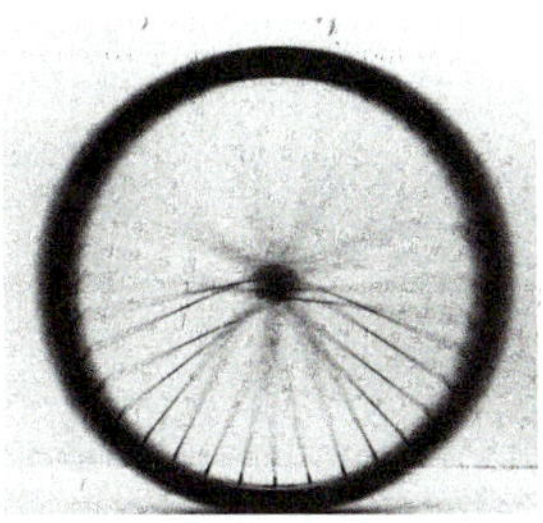

**2.** Berechnen Sie, wie schnell der Fahrer eines Kraftrades bei Nebel mit einer Sichtweite von 50 m höchstens fahren darf, damit er innerhalb seiner Sichtweite anhalten kann (Verzögerung des Kraftrads: $5{,}0\ \text{m/s}^2$, Reaktionszeit des Fahrers: 1,0 Sekunden).

**3.** Die folgende Zeit-Weg-Tabelle beschreibt die Beschleunigung eines Wagens durch eine weiche Feder.

| $t$ in s | 0 | 0,08 | 0,16 | 0,24 | 0,32 | 0,40 | 0,48 | 0,56 | 0,64 |
|---|---|---|---|---|---|---|---|---|---|
| $s$ in cm | 0 | 0,85 | 3,4 | 7,4 | 12,8 | 19,1 | 26,1 | 33,3 | 40,5 |

**a)** Bestimmen Sie die Durchschnittsgeschwindigkeiten und mit deren Hilfe die Durchschnittsbeschleunigungen und fertigen Sie ein $t$-$v$-Diagramm, ein $t$-$a$-Diagramm und ein $s$-$a$-Diagramm an.

**b)** Erläutern Sie die Zusammenhänge der Diagramme.

**4.** Das Netz in der Mitte eines Tennisfeldes ist 0,914 m hoch. Ein Ball (mit vernachlässigbaren Abmessungen) wird von der Grundlinie aus 2,3 m Höhe waagerecht abgespielt.

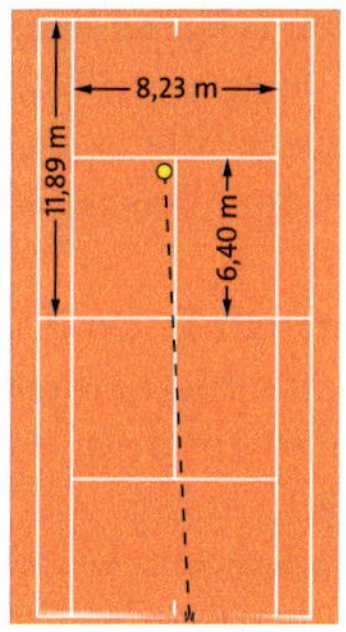


**a)** Bestimmen Sie die Geschwindigkeit, die der Ball erhalten muss, damit er das Netz in 10 cm Höhe überquert. Berechnen Sie, in welcher Entfernung hinter dem Netz der Ball aufkommt und wie lange der Gegenspieler Zeit hat, den Ball zu erreichen.

**b)** Erläutern Sie, ob die Flugzeit bei gleicher Geschwindigkeit durch nach unten/oben schräges Abspiel verkürzt werden kann.

***5.** Bei der Sprengung hoher Fabrikschornsteine zerbrechen diese häufig beim Fallen. Erklären Sie dies, indem Sie die Rotationsbewegung des Schornsteins mit der Fallbewegung vergleichen. Nehmen Sie dazu vereinfachend an, dass sich der Schornstein bei der Drehung wie eine mit Wägestücken belegte dünne Stange verhält.

# 2 DYNAMIK

Die **Kinematik** beschäftigt sich mit Bewegungen von Körpern, ohne zu fragen, wie diese Bewegungen zustande kommen. Die **Dynamik,** die Lehre vom Impuls und von den Kräften, fragt nach den Ursachen für die unterschiedlichen Bewegungsabläufe. NEWTON hat mit den Grundgesetzen der Dynamik, die er in seinem Hauptwerk „*Philosophiae naturalis principia mathematica*" 1686 niederlegte, eine auch heute noch gültige Antwort auf diese Fragen gegeben. Die Grundgesetze der Dynamik gelten sowohl für die Bewegung der Planeten am Himmel als auch für die Bewegung aller Körper auf der Erde. Sie sind die Grundpfeiler der Mechanik sowie der gesamten Physik.

## 2.1 Das Trägheitsprinzip

Nach alltäglicher Erfahrung wird jeder in Bewegung befindliche Körper, der sich selbst überlassen wird, langsamer, bis er zur Ruhe kommt. Das gilt für den Fußball auf der Wiese ebenso wie für den Eishockeypuck auf spiegelglatter Eisfläche. In der Antike wurde dies für eine grundlegende Eigenschaft aller Körper gehalten: Alle Körper müssten natürlicherweise dem Zustand der Ruhe zustreben, wenn sie nicht ständig wieder angestoßen oder angetrieben würden.

GALILEI (1564–1642) brach mit dieser Vorstellung. Er erkannte, dass bewegte Körper nur durch die Einwirkung anderer Körper zur Ruhe kommen, also durch auf sie ausgeübte Kräfte, wie z. B. Reibungskräfte. Wären diese Kräfte ausgeschaltet, so würde sich ein einmal in Bewegung gesetzter Körper ständig weiterbewegen.

**Versuch 1:** Eine Kugel rollt auf einem Glasstreifen herab, läuft auf einem zweiten horizontal weiter und rollt auf einem dritten wieder hinauf (**Abb. 30.1**).

*Beobachtung:* Auf der abwärtsgeneigten Ebene wird die Geschwindigkeit der Kugel immer größer, auf der aufwärtsgeneigten Ebene nimmt sie ab, bis die Kugel stets *fast* wieder die Ausgangshöhe erreicht hat. ◂

GALILEI erkannte: Auf einer horizontalen Ebene würde die Kugel ohne äußere Einwirkungen mit konstanter Geschwindigkeit geradeaus immer weiterrollen. Aus diesem Gedankenexperiment schloss er auf die *Trägheit* als eine grundlegende Körpereigenschaft:

> **Galilei'sches Trägheitsprinzip:** Ein sich selbst überlassener Körper bewegt sich ohne äußere Einwirkung geradlinig gleichförmig oder bleibt in Ruhe.

Die Trägheit zeigt sich z. B. in folgenden Versuchen:

- Wird ein Fahrrad aus voller Fahrt mit der Vorderradbremse plötzlich abgebremst, stürzt der Fahrer über den Lenker, er behält seine Bewegung weitgehend bei.
- Eine Kugel, die sich frei beweglich auf einem Wagen befindet (**Abb. 31.1**), rollt vom Wagen, sobald dieser bremst, schneller wird oder in eine Kurve fährt.
- Wird im Aufbau nach **Abb. 31.2** der Griff langsam nach unten gezogen, reißt die obere Schnur. Wird aber ruckartig gezogen, reißt die untere.

Allgemein gilt: Die Eigenschaft der Trägheit zeigt sich darin, dass zur Änderung des Betrags oder der Richtung der Geschwindigkeit eine Kraft notwendig ist.

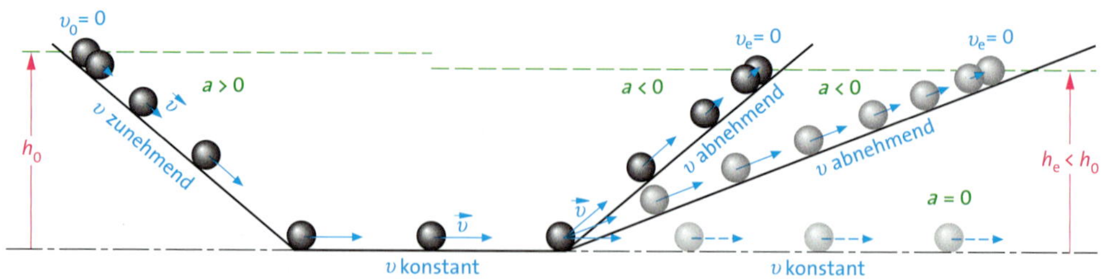


**30.1** GALILEIS Gedankenexperiment: Die Kugel muss auf einer horizontalen Ebene bei Ausschluss der Reibung ständig weiterrollen.

## Trägheitsprinzip und Inertialsystem

Das Verhalten der Kugel auf dem durch eine Kurve fahrenden Wagen wird von zwei verschiedenen Bezugssystemen aus betrachtet (**Abb. 31.1**).

- In einem ortsfesten Bezugssystem I, gegenüber dem sich der Wagen bewegt, gilt für die Kugel das Trägheitsprinzip. Bremst der Wagen oder fährt er in eine Kurve, so bewegt sie sich – zumindest anfänglich – geradeaus mit konstanter Geschwindigkeit weiter. Sie ändert also gegenüber dem Bezugssystem I ihre Geschwindigkeit nicht.
- In einem mit dem Wagen verbundenen Bezugssystem II urteilt der *mitfahrende* Beobachter nur nach dem, was er sieht: Obwohl es keine äußere Einwirkung auf die Kugel gibt, bleibt sie nicht in Ruhe, sondern bewegt sich. Sie ändert im mitbewegten Bezugssystem II ihre Geschwindigkeit. Das Trägheitsprinzip gilt in diesem System nicht. Die Ursache dafür ist die Beschleunigung des Bezugssystems mit dem Wagen, beim Anfahren, Bremsen oder bei der Kurvenfahrt.

Bezugssysteme werden unterschieden in solche, in denen für „frei" bewegliche Körper das Trägheitsprinzip gilt, und in solche Bezugssysteme, in denen das Trägheitsprinzip nicht gilt. In allen beschleunigten Bezugssystemen gilt das Trägheitsprinzip nicht.

> Ein Bezugssystem, in dem „frei" bewegliche Körper dem Trägheitsprinzip folgen, heißt **Inertialsystem** (inertia, lat.: Trägheit).

Wenn sich ein Körper in einem Inertialsystem mit konstanter Geschwindigkeit $\vec{v}$ bewegt, so ist seine Geschwindigkeit $\vec{v}\,'$ in jedem anderen System, das sich *relativ* zum ersten mit konstanter Geschwindigkeit $\vec{v}_r$ bewegt, ebenfalls konstant: $\vec{v}\,' = \vec{v} + \vec{v}_r$. Daraus folgt, dass es unendlich viele Inertialsysteme gibt. Denn wenn für einen Körper in einem System das Trägheitsprinzip gilt, so gilt es auch in allen anderen Systemen, die sich relativ zum ersten mit konstanter Geschwindigkeit bewegen.

> **Galilei'sches Relativitätsprinzip:** Es gibt unendlich viele gleichberechtigte Inertialsysteme. Mit keinem Experiment der Mechanik lässt sich feststellen, ob ein Inertialsystem in Ruhe oder in Bewegung ist.

Für fast alle Versuche kann der Physikraum, das *Laborsystem*, näherungsweise als Inertialsystem gelten, solange die Rotationsbewegung der Erde, bei der sich die Richtung der Geschwindigkeit ständig ändert, vernachlässigbar ist. Der Foucault'sche Pendelversuch (→ Exkurs S. 46) zeigt, dass die Erde und damit der Physikraum eigentlich keine Inertialsysteme sind.

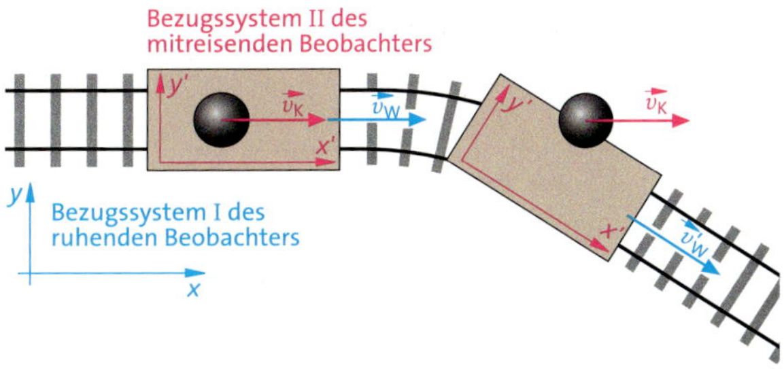


**31.1** Wagen und Kugel haben zunächst gleiche Geschwindigkeit. Ändert der Wagen seine Bewegungsrichtung, so behält die Kugel in einem ruhenden Bezugssystem ihre Geschwindigkeit bei.

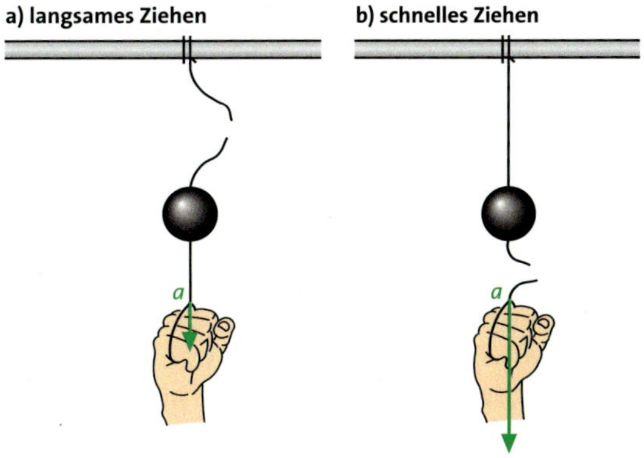


**31.2** In **a)** hat der obere Faden Zugkraft und Gewichtskraft der Kugel auszuhalten. Im Fall **b)** folgt die Kugel nicht sofort dem plötzlichen Anziehen durch die Hand. Sie ist träge.

## Aufgaben

1. Beschreiben Sie das Verhalten eines Fahrgastes in einem Bus bei verschiedenen Verkehrssituationen und begründen Sie es mit dem Trägheitsprinzip.
2. Geben Sie Beispiele aus anderen Bereichen als oben erwähnt für die Gültigkeit des Trägheitsprinzips an.
3. Wird eine Postkarte zusammen mit einem Geldstück auf ein Glas gelegt, so fällt das Geldstück ins Glas, wenn die Karte ruckartig weggezogen wird.
4. Legen Sie ein dünnes Brett auf eine Tischkante und breiten über dem auf dem Tisch liegenden Teil eine Zeitung aus. Wird das über die Tischkante herausragende Brett leicht heruntergedrückt, so hebt sich die Zeitung. Schlägt man dagegen schnell und kräftig auf das Brett, so bleibt die Zeitung liegen und das Brett zerbricht. Führen Sie den Versuch durch. Erklären Sie die Beobachtungen.
5. Begründen Sie die Anschnallpflicht in Fahrzeugen unter dem Aspekt der Trägheit.
6. Beurteilen Sie die Einführung einer generellen Helmpflicht für alle Zweiradfahrer.

## 2.2 Die Masse

Neben der Zeit und der Länge ist die Masse eines Körpers die dritte Grundgröße der Physik. Die Masse eines Körpers wird mit der Balken- oder Tafelwaage durch Vergleich mit Wägestücken normierter Massen gemessen. Bei dieser sogenannten *statischen Massenbestimmung* wird die Tatsache genutzt, dass auf alle Körper die von der Erde ausgeübte Gravitationskraft wirkt, die auch als Gewichtskraft bezeichnet wird.

Das folgende Experiment, bei dem die Wirkung der Gewichtskraft durch die Fahrbahn aufgehoben ist, zeigt eine weitere Eigenschaft der Masse.

**Versuch 1:** Auf einer Luftkissenfahrbahn werden zwei mit Wägestücken belastete Gleiter an den einander zugewandten Seiten mit elastischen Federbügeln versehen. Die Gleiter werden durch einen Faden so verbunden, dass beide Federbügel gespannt sind. Zu Beginn des Versuchs befinden sich die Gleiter in Ruhe. Nach dem Durchbrennen des Fadens entspannen sich die Federn, die Gleiter stoßen sich voneinander ab und bewegen sich schließlich mit konstanten Geschwindigkeiten. Ihre Geschwindigkeiten $v_1$ und $v_2$ werden mit Lichtschranken gemessen (**Abb. 32.1**). Werden die Gesamtmassen der Gleiter geändert, so ergeben sich auch andere Geschwindigkeiten.
*Ergebnis:* Die unterschiedlichen Endgeschwindigkeiten der beiden Körper beruhen auf ihren unterschiedlichen Massen. Der Gleiter mit der größeren Masse erhält die kleinere Geschwindigkeit und umgekehrt. ◄

Wird berücksichtigt, dass die Geschwindigkeiten der beiden Gleiter entgegengesetzte Richtungen haben und deswegen mit Vorzeichen versehen werden, so zeigt die Auswertung der Versuche:

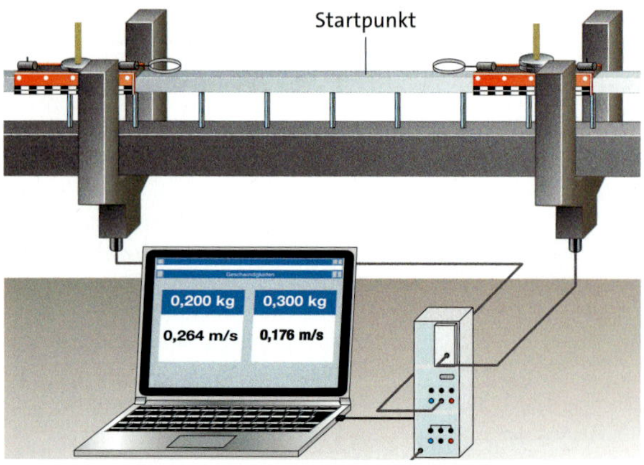


**32.1** Die Geschwindigkeiten der Gleiter auf der Luftkissenfahrbahn werden nach dem Abstoßen registriert.

Die Geschwindigkeiten der Gleiter stehen im umgekehrten Verhältnis zu ihren Massen:

$$\frac{m_1}{m_2} = \frac{-v_2}{v_1} \quad (-v_2\text{, da } v_2 < 0 \text{ ist})$$

Diese Experimente hätten die gleichen Ergebnisse, wenn sie weit entfernt von allen Planeten oder Sternen im Weltraum durchgeführt würden, wenn also auf die beteiligten Körper keine Gewichtskraft wirkte. Die in diesem Verhalten der Körper sichtbare Eigenschaft ist die **Trägheit.**

Mit dieser Versuchsanordnung, dem sogenannten *dynamischen Messverfahren* der Masse, kann die Trägheit eines Körpers gemessen werden. Zwei Körper haben die gleiche Trägheit, wenn sie im obigen Versuch auf die betragsmäßig gleiche Geschwindigkeit beschleunigt werden. Da alle Körper mit *gleicher Trägheit* auch *gleich schwer* sind, ist es naheliegend, die Trägheit und die Schwere als zwei verschiedene Merkmale der Masse anzusehen. Die *Schwere* eines Körpers zeigt sich in Anwesenheit eines anderen sehr massereichen Körpers, z. B. eines Planeten, in der Gewichtskraft; die *Trägheit* eines Körpers zeigt sich bei Vorgängen, in denen seine Geschwindigkeit geändert wird.

Da zwei gleich schwere Körper auch stets gleich träge sind, sind *Schwere* und *Trägheit* eines Körpers zueinander proportional. Diese Proportionalität ist durchaus nicht selbstverständlich, sondern ein experimentelles Ergebnis, das durch eine Vielzahl von Versuchen mit großer Genauigkeit bestätigt wurde. Deshalb kommen Messverfahren, die die Schwere oder die Trägheit verwenden, zu demselben Wert für die Masse eines Körpers. Die Größe Masse umfasst also die Eigenschaften der *Trägheit* und der *Schwere.*
Diese Äquivalenz hat EINSTEIN zum Ausgangspunkt der Allgemeinen Relativitätstheorie genommen. Die physikalische Größe Masse $m$ ist wie die Zeit $t$ ein Skalar.

*Schwere* und *Trägheit* sind Eigenschaften der *Masse* eines Körpers. Die Einheit der Masse ist das Kilogramm: $[m] = 1$ kg.

### Aufgaben

1. Erläutern Sie Verfahren, mit denen Astronauten im Weltraum die Masse eines Körpers bestimmen könnten.
2. Untersuchen Sie Beispiele aus dem Alltag, in denen Schwere, Trägheit und Masse verwendet werden, auf den physikalisch korrekten Gebrauch dieser Begriffe.

## 2.3 Der Impuls

*Newtons Cradle* (Newtons Wiege) ist ein dekoratives Spielgerät, bei dem mehrere gleiche Stahlkugeln als Pendel so in einer Reihe aufgehängt sind, dass sie sich gegenseitig berühren. Das Gerät hat eine verblüffende Eigenschaft: Wird die erste Kugel ausgelenkt und losgelassen, so schwingt sie herab und stößt gegen die Kugelreihe. Dadurch kommt die Kugel augenblicklich zur Ruhe und die letzte Kugel schwingt nach oben, ohne dass sich die Kugelreihe selbst in Bewegung gesetzt hätte. Die letzte Kugel schwingt zurück und stößt ihrerseits gegen die Kugelreihe, worauf die erste Kugel ausgelenkt wird. Dies geht mehrmals hin und her, klick-klack, klick-klack, … Ein Versuch auf der Luftkissenbahn erklärt es.

**Versuch 1:** Bei zwei Gleitern werden an den Stirnseiten Federbügel aufgesteckt, sodass sie *elastische Stöße* ausführen können, d. h. sich nach einem Zusammenstoß voneinander wegbewegen. Von den beiden Gleitern, die die gleiche Masse $m$ haben, ruht der eine auf der Schiene, während der andere angestoßen wird und mit der Geschwindigkeit $v$ gegen den ruhenden stößt.
*Beobachtung:* Nach dem Stoß bewegt sich der zuvor ruhende Gleiter mit $v$ und der stoßende Gleiter ruht.
*Deutung:* Durch das Anstoßen hat der erste Gleiter etwas erhalten, was in der Physik als **Impuls** (impulsus, lat.: Anstoß) bezeichnet wird. Beim Stoß wird dieser Impuls auf den ruhenden Gleiter übertragen.
*Fortsetzung:* Werden zwei Gleiter ruhend hintereinandergestellt, so hat nach dem Stoß der hintere die Geschwindigkeit $v$, während der mittlere in Ruhe bleibt. Bei genauem Beobachten lässt sich erkennen, wie sich der mittlere Gleiter beim Anstoß ein klein wenig bewegt. Indem er dadurch den dritten Gleiter anstößt, bewegt er sich um die kleine Auslenkung wieder zurück.
*Ergebnis:* Beim Kugelstoßversuch wird der Impuls der ankommenden Kugel durch aufeinanderfolgende elastische Stöße von einer Kugel zur nächsten bis zur letzten Kugel weitergegeben. ◂

Um mehr über die physikalische Größe *Impuls* zu erfahren, sollen *unelastische Stöße* durchgeführt werden, bei denen die Gleiter nach dem Stoß zusammenbleiben.

**Versuch 2:** Für den unelastischen Stoß wird an den Stirnseiten der Gleiter Knetmasse angebracht. Wie zuvor stößt ein Gleiter mit der Geschwindigkeit $v$ gegen einen ruhenden Gleiter. Die Massen der Gleiter von

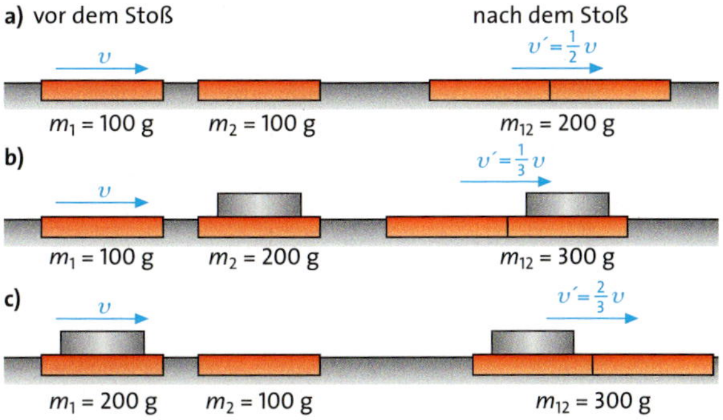


**33.1** Unelastische Stöße eines bewegten Gleiters gegen einen ruhenden Gleiter bei unterschiedlichen Massenverhältnissen

$m_1 = m_2 = m = 100$ g können durch eine Zusatzmasse $\Delta m = 100$ g verdoppelt werden. Drei Versuche mit folgenden Massen werden durchgeführt:

**a)** $m_1 = m$ $m_2 = m$ (**Abb. 33.1a**)
**b)** $m_1 = m$ $m_2 = 2m$ (**Abb. 33.1b**)
**c)** $m_1 = 2m$ $m_2 = m$ (**Abb. 33.1c**)

*Beobachtung:* Im Vergleich zum bewegten Gleiter vor dem Stoß hat sich für die beiden Gleiter nach dem Stoß
**a)** die Masse verdoppelt, die Geschwindigkeit halbiert;
**b)** die Masse verdreifacht, die Geschwindigkeit gedrittelt;
**c)** die Masse um den Faktor $\frac{3}{2}$ vergrößert, die Geschwindigkeit um den Faktor $\frac{2}{3}$ verkleinert.

*Ergebnis:* Das Produkt aus Masse $m$ und Geschwindigkeit $v$ ist vor und nach dem Stoß das Gleiche. ◂

Wird das Produkt aus Masse $m$ und Geschwindigkeit $v$ als Impuls (Symbol $p$) eines Körpers definiert, so folgt, dass bei den durchgeführten Versuchen der Impuls des Körpers vor dem Stoß gleich dem Impuls nach dem Stoß ist. Dieses Prinzip der Impulserhaltung ist allgemeingültig, es wird in → 3.1 ausführlich behandelt.

> Der **Impuls** $p$ eines sich mit der Geschwindigkeit $v$ bewegenden Körpers der Masse $m$ ist $p = m\,v$.
> Die Einheit des Impulses ist $[p] = [m\,v] = 1\ \mathrm{kg\,m/s}$.

### Aufgaben

1. Bei einem Unfall stößt ein Kleinlaster ($m_1 = 1850$ kg) unelastisch gegen einen stehenden PKW ($m_2 = 850$ kg). Berechnen Sie die Geschwindigkeit $v'$ nach dem Stoß.
2. Bei Newtons Cradle schwingen zwei Kugeln weg, wenn zu Beginn zwei Kugeln gemeinsam angehoben und losgelassen werden. Erklären Sie dies.
3. In 2.2 wurde ein Versuch zur dynamischen Massenbestimmung durchgeführt. Erklären Sie das Ergebnis $m_1/m_2 = -v_2/v_1$ mithilfe des Impulses.

# 2.4 Die Newton'schen Axiome

Im Jahr 1686 formulierte NEWTON in seinem Werk *„Philosophiae naturalis principia mathematica"* erstmals die Grundgesetze der Mechanik, die als sogenannte *Axiome* als gültig vorausgesetzt und nicht weiter begründet werden. Aus ihnen können alle weiteren Aussagen durch rein logisches Schließen hergeleitet und durch Experimente überprüft werden.
Im Bereich der makroskopischen Physik und bei Geschwindigkeiten, die wesentlich kleiner als die Lichtgeschwindigkeit sind, haben sich die Newton'schen Axiome bewährt. Bei größeren Geschwindigkeiten müssen sie aber durch die *Relativitätstheorie* und im atomaren Bereich durch die *Quantenphysik* ersetzt werden.

## 2.4.1 Das erste Newton'sche Axiom

Nach dem Galilei'schen Trägheitsprinzip bewegt sich ein Körper gleichförmig oder bleibt in Ruhe, d. h. sein Impuls bleibt konstant, solange er keinen äußeren Einwirkungen unterliegt. „Äußere Einwirkungen", die die Geschwindigkeit bzw. den Impuls eines Körpers ändern, sind Wechselwirkungen zwischen ihm und seiner Umgebung.

NEWTONS Gedanke war es, die Wechselwirkung zwischen Körpern und ihrer Umgebung unter dem Begriff **Kraft** zusammenzufassen und diese an ihrer Wirkung zu messen. Dazu erweiterte er das Galilei'sche Trägheitsprinzip mit der Feststellung, dass ein Körper, auf den *keine* Kraft ausgeübt wird, sich nach dem Trägheitsprinzip verhält und dass sich daher weder der Betrag noch die Richtung seiner Geschwindigkeit ändert.

**Erstes Newton'sches Axiom (Trägheitsprinzip):**
Ein Körper verharrt im Zustand der Ruhe oder der gleichförmigen Bewegung, solange keine äußeren Kräfte auf ihn wirken.

Ist ein Körper kräftefrei, dann bleibt seine Geschwindigkeit und damit auch sein Impuls (einschließlich $p = 0$) konstant. Umgekehrt kann keinesfalls aus einer konstanten Geschwindigkeit bzw. aus der Konstanz des Impulses geschlossen werden, dass keine Kräfte auf den Körper wirken: Ist die Summe der äußeren Kräfte null, so bewegt sich der Körper, als wäre er kräftefrei.

Unter Verwendung des Impulsbegriffs lautet NEWTONS erstes Axiom:

Der Impuls eines Körpers bleibt konstant, solange keine äußeren Kräfte auf den Körper wirken.

## 2.4.2 Das zweite Newton'sche Axiom

Von einer Kraft haben wir aufgrund unserer körperlichen Erfahrung eine unmittelbare Vorstellung. Wir fühlen auch, ob für eine Tätigkeit mehr und wozu weniger Kraft nötig ist. Zum Aufheben und Tragen eines Gegenstandes wird ebenso Kraft benötigt wie zum Joggen oder Fahrradfahren.
Wir wissen, dass wir Kraft benötigen, um die Geschwindigkeit eines Körpers zu erhöhen, um einen bewegten Körper abzubremsen oder ihm eine andere Bewegungsrichtung zu geben. Die zu einer Geschwindigkeitsänderung nötige Kraft ist dabei von der Masse des Körpers abhängig. Es geht daher um eine *Änderung des Impulses* des Körpers. So überträgt z. B. der Athlet beim Kugelstoßen der Kugel mit seiner Muskelkraft einen Impuls. Ist die Kraft groß, so ist auch die bewirkte Impulsänderung groß.

**Versuch 1:** Ein Gleiter auf einer Luftkissenfahrbahn wird über eine Rolle durch die Gewichtskraft auf ein Wägestück beschleunigt (**Abb. 35.1**). Die Auswertung der Messungen der Geschwindigkeit zeigt **Abb. 35.2**.
In einer zweiten Messung wird die beschleunigende Gewichtskraft verdoppelt, wobei die insgesamt beschleunigte Masse (Gleiter und Wägestück) konstant gehalten wird.
*Ergebnis:* Bei der Beschleunigung eines Körpers durch eine konstante Gewichtskraft wächst die Geschwindigkeit proportional zur Zeit an, d. h. die Beschleunigung ist konstant. **Abb. 35.2** zeigt ferner, dass eine doppelt so große Kraft einen doppelt so großen Anstieg der Geschwindigkeit verursacht, also eine doppelt so große Beschleunigung. ◄

Der Versuch zeigt, dass bei konstanter Masse $m$ die Kraft $F$ zur Beschleunigung $a$ proportional ist:

$$F \sim a \quad \text{bei} \quad m = \text{konstant}$$

Mit derselben Versuchsanordnung wird bei konstanter Gewichtskraft die Abhängigkeit der Beschleunigung von der Masse $m$ (Gesamtmasse des Gleiters und des Wägestücks) untersucht. Eine Versuchsreihe ergibt, dass bei konstanter Kraft $F$ die Beschleunigung $a$ umgekehrt proportional zur Masse $m$ ist:

$$a \sim 1/m \quad \text{bei} \quad F = \text{konstant}$$

Wird also bei konstanter Kraft $F$ die Masse des zu beschleunigenden Körpers verdoppelt bzw. verdreifacht, so sinkt die Beschleunigung auf die Hälfte bzw. auf ein Drittel. Das bedeutet, dass bei konstanter Kraft $F$ das Produkt aus Beschleunigung $a$ und Masse $m$ ebenfalls

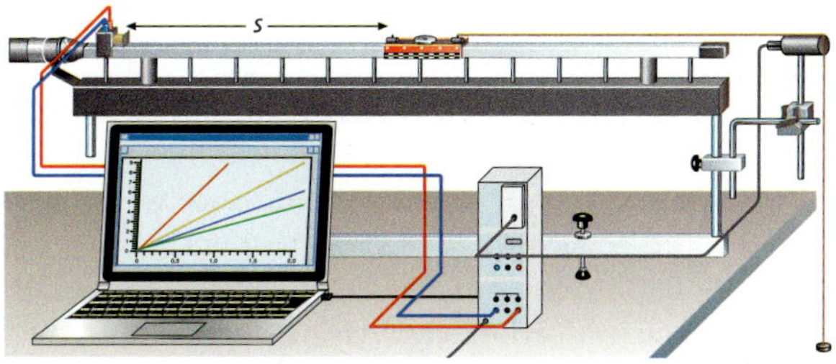


35.1 Ein Gleiter wird von einem Wägestück beschleunigt. Während des Vorgangs wirkt eine unveränderliche Kraft auf den Gleiter. Die Geschwindigkeit des Gleiters wird mithilfe des Computers registriert.

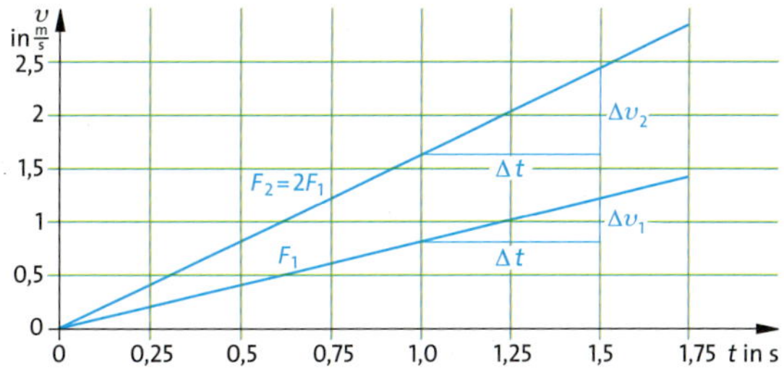


35.2 Bei konstanter Zugkraft $F$ wächst die Geschwindigkeit proportional zur Zeit, die Beschleunigung ist konstant. Eine doppelt so große Kraft ruft bei gleicher Masse eine doppelt so große Beschleunigung hervor.

konstant ist. Diese Erkenntnis führt zur Definition der Kraft als Produkt aus Masse und Beschleunigung, der sogenannten *Grundgleichung der Mechanik*. In einprägsamer Kurzform:
*„Kraft gleich Masse mal Beschleunigung"*

**Grundgleichung der Mechanik:**
Die Kraft $F$, die einem Körper der Masse $m$ die Beschleunigung $a$ erteilt, ist das Produkt aus der Masse $m$ und der Beschleunigung $a$:
$F = m\,a$

Ist $F$ in der Zeit $\Delta t$ konstant, folgt aus $F = m\,a$ auch $F = m\,\Delta v/\Delta t$, da die Änderung der Geschwindigkeit $\Delta v$ proportional zur Zeit $\Delta t$ ist. Der Quotient $m\,\Delta v/\Delta t$ beschreibt die Änderung des Impulses der Masse $m$:

$$F = m\,a = m\frac{\Delta v}{\Delta t} = \frac{\Delta(m\,v)}{\Delta t} = \frac{\Delta p}{\Delta t}$$

Diese Gleichung gilt jedoch nur für den Fall, dass die Masse $m$ des Körpers unveränderlich ist. Auf diesem Zusammenhang zwischen Kraft und zeitlicher Impulsänderung beruht die von NEWTON stammende *Definition der Kraft*:

**Zweites Newton'sches Axiom (Aktionsprinzip):**
Die Kraft $\vec{F}$ ist der Quotient aus der Impulsänderung $\Delta\vec{p}$ und der Zeit $\Delta t$, in der diese Änderung erfolgt:

$$F = \frac{\Delta p}{\Delta t} \quad \text{oder vektoriell} \quad \vec{F} = \frac{\Delta\vec{p}}{\Delta t}$$

Die Kraft ist ein *Vektor*, der in die Richtung der Impulsänderung weist.
Die Kraft ist eine abgeleitete Größe, für die zu Ehren NEWTONS die Einheit Newton (1 N) eingeführt ist:

$$[F] = 1\,\frac{\text{kg}\,\text{m}}{\text{s}^2} = 1\,\text{N}$$

Beim Bogenschießen wird der Pfeil durch die gespannte Sehne beschleunigt, beim Flipperautomaten die Kugel durch eine gespannte Feder. In beiden Fällen ist die Kraft während der Beschleunigungsphase nicht konstant. In solchen Fällen kann, analog zu den Überlegungen bei der Momentangeschwindigkeit (→ 1.2.2), auch für *veränderliche Kräfte* geschlossen werden, dass die zur Zeit $t_1$ wirkende Kraft der Steigung der Tangente im Zeit-Geschwindigkeit-Diagramm im Punkt $P(t_1|v_1)$ entspricht. Mit mathematischen Methoden, die schon bei der Berechnung von Bewegungen angewandt wurden (→ S. 18), kann eine auch auf zeitlich veränderliche Kräfte anwendbare Definition gegeben werden.

**Definition der Kraft:** $F = \lim\limits_{\Delta t \to 0} \frac{\Delta p}{\Delta t} = \frac{\mathrm{d}p}{\mathrm{d}t} = \dot{p}$
Die Kraft ist die erste Ableitung des Impulses nach der Zeit.

In der Newton'schen Definition der Kraft ist zugelassen, dass sich nicht nur die Geschwindigkeit $v$ ändert, sondern auch die Masse $m$. Dies geschieht z. B. beim Raketenantrieb durch den Ausstoß der Verbrennungsgase. Die zeitliche Impulsänderung $\Delta p/\Delta t = \Delta(m\,v)/\Delta t$ kann sowohl durch eine zeitliche Geschwindigkeitsänderung $\Delta v/\Delta t$ als auch durch eine zeitliche Massenänderung $\Delta m/\Delta t$ zustande kommen.

## Aufgaben

1. Ein PKW ($m = 900$ kg) erfährt eine Beschleunigung $a = 4{,}5\ \text{m/s}^2$. Berechnen Sie die Kraft, die dabei von den Rädern auf den Wagen übertragen wird.
2. Ein Junge bringt einen Ball der Masse $m = 0{,}3$ kg in der Zeit $\Delta t = 0{,}2$ s auf die Geschwindigkeit $v = 8$ m/s. Berechnen Sie, welche (durchschnittliche) Kraft er auf den Ball ausübt.
3. Ein Zug der Gesamtmasse $m = 600$ t erreicht beim Anfahren von der Haltestelle aus auf der Strecke von 2,45 km die Geschwindigkeit 120 km/h. Berechnen Sie die konstante Kraft, mit der die Lokomotive den Zug zieht.
4. Ein Auto fährt bei einem Unfall gegen eine Wand. Schätzen Sie ab, welche Kräfte dabei der Sicherheitsgurt aushalten muss.

### 2.4.3 Das dritte Newton'sche Axiom

Kräfte zwischen Körpern treten nie einzeln, sondern immer paarweise auf. Dies zeigt ein Versuch mit Skateboards (**Abb. 36.1**). Immer ist die Kraft, die von der Person auf der einen Seite ausgeübt wird, entgegengesetzt gleich groß der von der anderen Seite ausgeübten Kraft. Das gilt auch für abstoßende Kräfte. Es gilt:

$$\vec{F}_1 = -\vec{F}_2$$

**Versuch 1:** Auf einer Luftkissenfahrbahn werden zwei Gleiter, zwischen denen eine Feder gespannt ist, durch einen Faden zusammengehalten (**Abb. 36.2**).
*Beobachtung:* Wird die Verbindung gelöst, so erhalten beide Gleiter durch die sich entspannende Feder während der gleichen Zeit entgegengesetzt gerichtete Kraftstöße. Danach bewegen sich die Gleiter mit konstanter Geschwindigkeit auseinander.
*Ergebnis:* Die Impulse sind, nachdem sich die Feder zwischen den Gleitern entspannt hat, betragsmäßig gleich groß. In Vektorschreibweise ausgedrückt gilt daher:

$$\vec{p}_1 = -\vec{p}_2 \blacktriangleleft$$

**36.1** Unabhängig davon, ob sich die Personen auf beiden Seiten anziehen oder abstoßen, immer sind Kraft und Gegenkraft entgegengesetzt gleich.

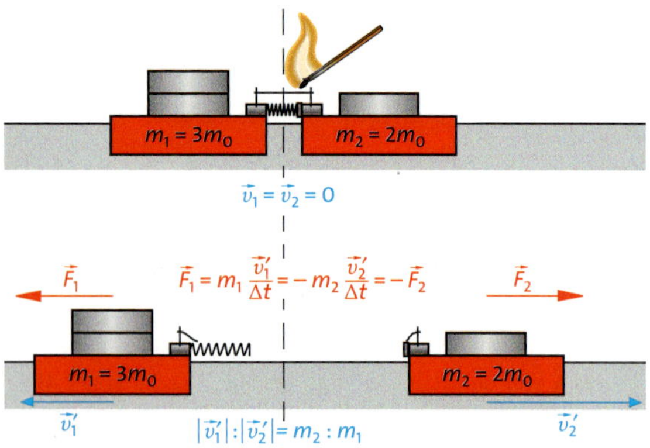


**36.2** Wird der Faden zwischen beiden Gleitern durchgebrannt, so übt die Feder, die sich nun entspannt, auf beide Gleiter gleich große, aber entgegengerichtete Kräfte aus: Die Impulse sind entgegengesetzt gleich.

Während des Versuchs ändern sich die Impulse der Gleiter von null auf $\vec{p}_1$ bzw. auf $\vec{p}_2$. Auch die *Impulsänderungen* $\Delta\vec{p}_1 = \vec{p}_1$ und $\Delta\vec{p}_2 = \vec{p}_2$ sind betragsmäßig gleich groß, haben aber entgegengesetzte Richtungen:

$$\Delta\vec{p}_1 + \Delta\vec{p}_2 = 0$$

Da beide Impulsänderungen in der gleichen Zeit $\Delta t$ vor sich gehen, ergibt sich nach Division durch $\Delta t$:

$$\frac{\Delta\vec{p}_1}{\Delta t} = -\frac{\Delta\vec{p}_2}{\Delta t}$$

Da $\vec{F}_1 = \frac{\Delta\vec{p}_1}{\Delta t}$ bzw. $\vec{F}_2 = \frac{\Delta\vec{p}_2}{\Delta t}$ gilt (→ 2.4.2), folgt:

$$\vec{F}_1 = -\vec{F}_2$$

Die Erkenntnis, dass zu jeder Kraft (*actio*) auf einen Körper stets eine betragsmäßig gleich große Gegenkraft (*reactio*) auf einen anderen Körper existiert, formulierte NEWTON als drittes Axiom („*actio gleich reactio*"):

> **Drittes Newton'sches Axiom (Reaktionsprinzip):**
> Übt der Körper A die Kraft $\vec{F}_A$ auf den Körper B aus (actio), so übt auch B auf A die Gegenkraft $\vec{F}_B$ aus (reactio), die entgegengesetzt gleich der ersten Kraft ist: $\vec{F}_A = -\vec{F}_B$.

Die beiden Kräfte $\vec{F}_A$ und $\vec{F}_B$ werden als **Wechselwirkungskräfte** bezeichnet. Wechselwirkungskräfte greifen immer an zwei verschiedenen Körpern an.

#### Beispiele für Wechselwirkungskräfte

- Jeder Körper wird von der Erde mit der Gewichtskraft $F_G = m\,g$ angezogen. Umgekehrt zieht jeder Körper mit entgegengesetzt gleicher Kraft $\vec{F} = -\vec{F}_G$ die Erde an. Angriffspunkt der Gewichtskraft ist der Schwerpunkt des Körpers, Angriffspunkt der Gegenkraft der Schwerpunkt (Mittelpunkt) der Erde (**Abb. 37.1a**).
- Stemmt man sich mit den Füßen gegen den Startblock (**Abb. 37.1b**), so üben die Füße eine Kraft $\vec{F}_{St}$ auf den Startblock aus. Eine gleich große, entgegengesetzt gerichtete Kraft $\vec{F}_S$ wirkt vom Startblock auf die Füße.
- Beim Zusammenstoß zweier Autos sind die Kräfte, die beide Wagen erfahren, entgegengesetzt gleich groß, und zwar unabhängig von den möglicherweise unterschiedlichen Massen und Geschwindigkeiten der Wagen, die zusammenstoßen (**Abb. 37.1c**).

*Wechselwirkungskräfte* dürfen nicht mit *Kompensationskräften* verwechselt werden. Die Wechselwirkungskräfte greifen nie am selben Körper an. Jedoch kann eine Kraft durch eine **Kompensationskraft,** die *am selben Körper in entgegengesetzter Richtung* angreift, aufgehoben, d. h. kompensiert werden.

### Kraftmessung

Die Definition der Kraft als Impulsänderung $\Delta p$ in der Zeit $\Delta t$ geht davon aus, dass eine auf einen Körper wirkende Kraft diesen beschleunigt. Der Quotient aus Impulsänderung und Zeit ist gleich der auf diesen Körper wirkenden Kraft. Das Verfahren der Kraftmessung durch den Quotienten $\Delta p/\Delta t$ wird als *dynamisches Messverfahren* bezeichnet.

> Im **dynamischen Messverfahren** wird eine Kraft durch den Quotienten $\Delta p/\Delta t$ aus der Impulsänderung $\Delta p$ und der zugehörigen Zeit $\Delta t$ oder durch das Produkt aus Masse und Beschleunigung $m\,a$ gemessen:
> $F = \frac{\Delta p}{\Delta t}$ oder $F = m\,a$

Wirkt eine Gewichtskraft $F_G$ auf eine fest aufgehängte Schraubenfeder, so verformt bzw. dehnt sich die Feder so lange, bis die durch die Dehnung erzeugte Spannkraft der Feder $F_S$ der Gewichtskraft $F_G$ das Gleichgewicht hält. Die auf die Feder wirkende Gewichtskraft $F_G$ und die auf den Körper wirkende Federkraft $F_S$ sind Wechselwirkungskräfte, die im Gleichgewichtszustand entgegengesetzt gleich groß sind.

> Im **statischen Messverfahren** wird eine Kraft $F$ z. B. durch die von ihr erzeugte Verlängerung $s$ einer Feder gemessen. Dabei hält die Federkraft $F_S$ der zu messenden Kraft $F$ das Gleichgewicht. Kraft $F$ und Federkraft $F_S$ sind Kompensationskräfte.

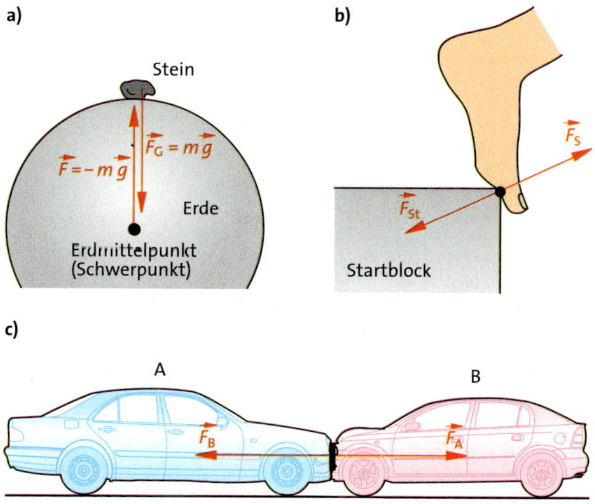


**37.1** Wechselwirkungskräfte: **a)** Die Erde zieht den Stein mit gleich großer Kraft an wie der Stein die Erde. **b)** Der Schwimmer übt auf den Startblock die gleich große Kraft aus wie der Startblock auf den Schwimmer. **c)** Beim Zusammenstoß übt jedes Auto auf das andere eine gleich große Kraft aus.

## 2.4.4 Anwendungen der Newton'schen Axiome

Auf der Grundgleichung der Mechanik beruht die gesetzlich festgelegte Definition der Krafteinheit 1 Newton: Die Krafteinheit 1 Newton (N) ist gleich der konstanten Kraft, die einen Körper der Masse 1 kg in der Zeit 1 s aus der Ruhe auf die Geschwindigkeit 1 m/s beschleunigt.

Die Kraft $\vec{F}$ und die Beschleunigung $\vec{a}$ sind Vektoren und haben beide dieselbe Richtung. Die Richtung der Kraft $\vec{F}$ muss nicht die Richtung der Geschwindigkeit $\vec{v}$ sein, sie kann z. B. wie bei der Bewegung eines Körpers auf einer Kreisbahn senkrecht zum Geschwindigkeitsvektor stehen (→ 1.3.2 und 2.6).

Die **Grundgleichung der Mechanik** $\vec{F} = m\,\vec{a}$ ist eine der wichtigsten Beziehungen der Physik. Sie gibt den Zusammenhang zwischen der Kraft, der Beschleunigung eines Körpers und seiner Masse an und lässt verschiedene Anwendungen zu:

- Sind die wirkende Kraft $F$ und die Beschleunigung $a$ eines Körpers bekannt, so kann die Masse durch $m = F/a$ bestimmt werden.
*Beispiel:* Die Massen $m$ von Elementarteilchen (Elektron, Proton usw.) sind aus der Messung ihrer Beschleunigung $a$ durch bekannte Kräfte $F$ bestimmt worden.
- Sind die auf einen Körper wirkende Kraft $F$ und dessen Masse $m$ bekannt, so ergibt sich seine Beschleunigung zu $a = F/m$.
*Beispiel:* Bei einem Flugzeug sind die Schubkraft $F$ und das Startgewicht $m$ bekannt, die Beschleunigung $a$ kann daraus berechnet werden. Damit ergibt sich dann auch die Länge der benötigten Startbahn.
- Aus der beobachteten Beschleunigung $a$, die ein Körper bekannter Masse $m$ erfährt, kann auf die wirkende Kraft $F = m\,a$ geschlossen werden.

Beispiel **Gewichtskraft:** Im freien Fall (→ 1.2.4) fällt ein Körper der Masse $m$ mit der ortsabhängigen konstanten Beschleunigung $a = g$. Folglich wirkt nach der Grundgleichung auf ihn ständig eine ortsabhängige Kraft $F = m\,g$, nämlich die Gewichtskraft $F_G = m\,g$.

> Die ortsabhängige **Gewichtskraft** $F_G$, die auf einen Körper der Masse $m$ wirkt, ist das Produkt aus seiner Masse $m$ und der Fallbeschleunigung $g$ am Beobachtungsort: $F_G = m\,g$.

Die Grundgleichung $F = m\,a$ enthält als *Sonderfall* das *Trägheitsprinzip* (→ S. 30): Wenn auf einen Körper keine äußeren Kräfte wirken oder aber die Summe der äußeren Kräfte null ist, so ist mit der (Gesamt-) Kraft $F$ auch die Beschleunigung $a$ null, d. h. die Geschwindigkeit ändert sich nicht oder ist ebenfalls null.

## Aufgaben

**1.** Ein PKW mit der Masse $m = 600$ kg wird auf einer Strecke von 50 m durch die konstante Kraft $F = 900$ N abgebremst. Berechnen Sie die Anfangsgeschwindigkeit.

***2.** Ein PKW ($m = 1000$ kg) fährt bergan auf einer Straße mit dem Steigungswinkel $\alpha = 10°$. Berechnen Sie (ohne Berücksichtigung von Reibungskräften) die Kraft, die der Motor erzeugt, wenn das Auto bergan fährt
**a)** mit konstanter Geschwindigkeit;
**b)** mit einer (konstanten) Beschleunigung von $0{,}2\ \text{m/s}^2$.
**c)** Ermitteln Sie die Kraft, mit der das Auto in beiden Fällen auf die Straße drückt. Untersuchen Sie, wie sich diese Kraft verändert, wenn das Auto unter den Bedingungen a) und b) bergab fährt.

***3.** Im Aufbau nach **Abb. 35.1** wird ein Gleiter der Masse $m = 200$ g durch ein angehängtes Gewichtsstück von $\Delta m = 10$ g beschleunigt. Bestimmen Sie die Beschleunigung $a$.

***4.** Über eine feste Rolle läuft eine Schnur, an deren beiden Enden zwei Körper mit den Massen $m_1$ und $m_2$ ($m_1 < m_2$) gehängt werden. Beschreiben Sie den Bewegungsvorgang, der eintritt, wenn diese Anordnung freigegeben wird.

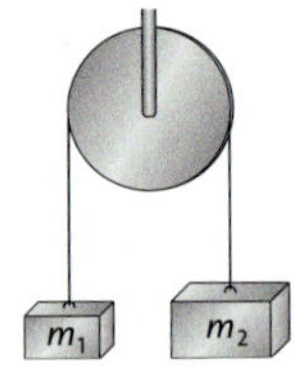


***5.** Ein PKW ($m = 720$ kg) wird durch eine (konstante) Bremskraft $F = 4{,}37$ kN auf einem Weg $s = 68$ m auf die Hälfte seiner Geschwindigkeit abgebremst.
**a)** Berechnen Sie die Geschwindigkeit, aus der er abgebremst wurde.
**b)** Ermitteln Sie, wie lange der Bremsvorgang gedauert hat.

***6.** Ein PKW ($m = 900$ kg) soll auf einer Strecke von $l = 150$ m von der Geschwindigkeit $v_1 = 10$ m/s auf die Geschwindigkeit $v_2 = 40$ m/s beschleunigt werden. Bestimmen Sie die (konstante) Beschleunigung, die beschleunigende Kraft und die Dauer des Vorgangs.

**7.** Erläutern Sie, warum für einen Menschen hohe Beschleunigungen unmittelbar gefährlich sind, nicht aber hohe Geschwindigkeiten. Vergleichen Sie verschiedene Sportarten im Hinblick auf eine Gefährdung durch hohe Beschleunigungen.

**8.** Ein Verkehrsflugzeug (50 t) hebt nach dem Start bei einer Geschwindigkeit von 240 km/h ab, die Startbahn ist 1,2 km lang.
**a)** Berechnen Sie, wie lange der Startvorgang bei konstanter Beschleunigung dauert.
**b)** Schätzen Sie ab, wie viel Zuladung noch mitgenommen werden kann, wenn die Startbahn um 50 % länger ist.

**9.** Ein Aufzug von 1,5 t Masse wird aus der Ruhe auf einer Strecke von 2,0 m auf eine Geschwindigkeit von 3,0 m/s bzw. −3,0 m/s beschleunigt. Berechnen Sie die Kraft, mit der das Seil am Fahrgastkorb zieht.

**10.** Ein Fußballspieler tritt beim Elfmeter so heftig gegen den Ball ($m = 420$ g), dass er für die 11 m bis zum Tor nur 0,4 s benötigt. Der Beschleunigungsvorgang kann dabei als gleichmäßig auf einer 0,5 m langen Strecke angenommen werden.
**a)** Berechnen Sie, mit welcher durchschnittlichen Kraft der Spieler gegen den Ball tritt.
**b)** Der Torwart ($m = 80$ kg) springt hoch und fängt den Ball innerhalb von 0,015 s. Ermitteln Sie, wie sich der durch den Ball übertragene Impuls auswirkt.
**c)** Statt zu fangen, entschließt sich der Torwart zu einer Faustabwehr. Berechnen Sie, welche Kraft dazu nötig ist, wenn der Ball in 0,01 s zurückgeschlagen wird und dann eine Geschwindigkeit von 13 m/s hat.

**11.** Ein mit Helium gefüllter Luftballon befindet sich an der Decke einer Straßenbahn. Begründen Sie, warum sich der Ballon entgegen der Fahrtrichtung bewegt, wenn die Bahn bremst.

**12.** Beobachten Sie die Libelle einer Wasserwaage, wenn diese ruckartig zur Seite bewegt wird. Erklären Sie Ihre Beobachtungen.

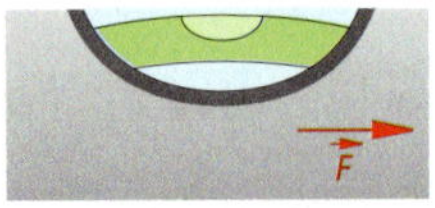


**13.** Eine Schwimmerin ($m = 60$ kg) drückt sich beim Start mit einer Kraft von $F = 1$ kN für 0,1 s vom Startblock ab. Berechnen Sie, welche Geschwindigkeit sie dadurch erreicht.

**14.** Erläutern Sie, warum ein Stuntman aus einem fahrenden Zug nie gegen die Fahrtrichtung abspringt.

**15.** Zeigen Sie an verschiedenen Beispielen, wie die Trägheit eines Autofahrers zu Verletzungen bei einem Unfall führen kann. Erklären Sie, in welchen Fällen Sicherheitsgurte, Kopfstützen und Airbags davor schützen können.

**16.** Wenn eine Straßenbahn vor dem Halten allmählich abbremst, erfahren die Fahrgäste im Moment des Anhaltens einen Ruck nach hinten.
Erklären Sie diese Beobachtung.

***17.** Ein Schüler behauptet: „Ein Pferd zieht einen Pflug mit der Kraft $F$. Nach dem dritten Newton'schen Axiom ist die Reaktionskraft, die vom Boden auf den Pflug wirkt, $-F$. Da die Summe beider Kräfte Null ist, kann das Pferd den Pflug nicht bewegen." Beurteilen Sie diese Überlegung.

**18.** Der Lügenbaron Münchhausen erzählte, dass er sich, als er mit seinem Pferd in den Sumpf geraten war, selbst an seinem Haarschopf herausgezogen habe.
Überprüfen Sie das Lügenmärchen unter Verwendung physikalischer Begriffe.

**19.** Untersuchen Sie was passiert, wenn ein schwerer Ball zusammen mit einem auf ihm liegenden leichteren zu Boden fällt. Begründen Sie Ihre Beobachtung.

**20.** Ein voll besetztes Kanu legt am Bootssteg an. Erläutern Sie, warum zuerst das Boot mit dem Steg fest verbunden werden sollte, bevor der erste Bootsfahrer an das Ufer springt.

**21.** Ein Kartoffelsack besteht aus morschem Material. Begründen Sie, warum man ihn dann lieber langsam und nicht schnell anheben sollte.

**22.** In einem ruhenden Aufzug steht jemand auf einer Personenwaage, die 75 kg angezeigt. Beim Anfahren zeigt die Waage 82 kg an. Bestimmen Sie die Fahrtrichtung und die Beschleunigung.

**Exkurs**

## NEWTONS Axiome

Sir Isaac NEWTON war Professor in Cambridge. Er gehört zu den bedeutendsten Naturwissenschaftlern der Geschichte. Sein Wirken ist gekennzeichnet von grundlegenden Ideen auf vielen verschiedenen Gebieten der Physik und der Mathematik: Optik, Dynamik, Himmelsmechanik, Differentialrechnung und andere mehr.

Im Jahr 1687 erschien NEWTONS Buch *„Philosophiae naturalis prinicipia mathematica"*. Es begründete unser heutiges naturwissenschaftliches Weltbild. Mehr als 200 Jahre lang war es das wichtigste Standardwerk der Physik. In diesem Werk hat NEWTON die Grundgesetze der Mechanik erstmals formuliert:

- Das Beschleunigungsgesetz $F = m\,a$ mit dem Trägheitssatz als Sonderfall.
- Das Wechselwirkungsgesetz *actio = reactio.*
- Gesetze über die Vektoraddition von Kräften.

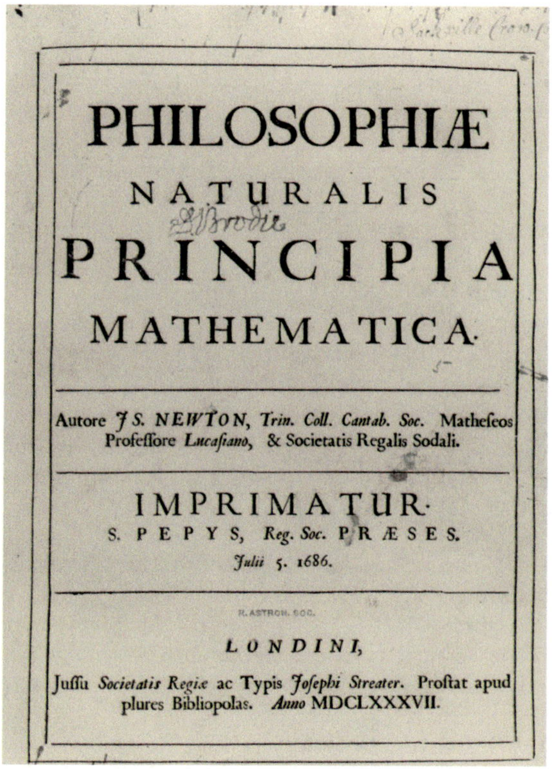
PHILOSOPHIÆ
NATURALIS
PRINCIPIA
MATHEMATICA.

Autore J S. NEWTON, Trin. Coll. Cantab. Soc. Matheseos Professore Lucasiano, & Societatis Regalis Sodali.

IMPRIMATUR.
S. PEPYS, Reg. Soc. PRÆSES.
Julii 5. 1686.

LONDINI,
Jussu Societatis Regiæ ac Typis Josephi Streater. Prostat apud plures Bibliopolas. Anno MDCLXXXVII.

Diese Grundgesetze werden nicht weiter begründet, sie werden als gültig vorausgesetzt (Axiome). Wie der Titel des Buches schon verrät, sind sie mathematisch formuliert, die mechanischen Vorgänge werden nicht nur beschrieben sondern auch berechnet. Man nennt sie daher auch die *Newton'schen Axiome der Mechanik*. Aus diesen können alle weiteren Aussagen durch rein logisches Schließen hergeleitet werden. Die Axiome selbst dürfen keine Widersprüche enthalten oder zu solchen führen. Außerdem müssen Axiome in der Physik der beobachteten Wirklichkeit entsprechen. Das wird durch Experimente gewährleistet, mit denen auch die Folgerungen aus den Axiomen immer wieder überprüft werden.

Im Bereich der makroskopischen Physik haben sich die Newton'schen Axiome dabei sehr gut bewährt. Im Bereich der Lichtgeschwindigkeit und in der Atom- und Kernphysik sind aber Widersprüche aufgetreten. Dort werden sie durch die *Relativitätstheorie* und die *Quantenmechanik* erweitert und verfeinert.

NEWTON hat die Axiome sehr allgemein formuliert (abstrakt) und von einzelnen Beispielen losgelöst. Sie enthalten keine Hinweise auf konkrete Körper wie Stein, Schiff, Planet oder auf Stoffe wie etwa Wasser. Aber sie beziehen sich auf Begriffe, die an Körpern gemessen werden können (Masse, Geschwindigkeit, …). Die Bedeutung dieses Gedankengebäudes der Physik liegt daher in der Allgemeingültigkeit, die in den Axiomen angelegt ist. Sie sind die Grundlage der quantitativen Betrachtungen, die in der Physik verfolgt werden. Alle bisherigen Bemühungen, Naturbeschreibungen auf Empfindungen (Qualitäten) aufzubauen, sind bisher weitgehend gescheitert.

Mit dem Axiomensystem von NEWTON wird angenommen, dass die gleiche Ursache stets die gleiche Wirkung hervorruft. Dadurch ist jeder mechanische Vorgang in seinem Ablauf für alle Zeiten festgelegt. Dies wird als der *Determinismus* der klassischen Physik bezeichnet.

Die Annahme, dass auch jede Wirkung auf einer Ursache beruhen muss, wird das *Kausalitätsprinzip* genannt. Beide Prinzipien gelten in der modernen Physik, der Quantenmechanik und der Relativitätstheorie, nur noch eingeschränkt.
In der heutigen Sprache können die drei Axiome folgendermaßen formuliert werden:

**Erstes Axiom (Trägheitsprinzip):**
Ein Körper verharrt im Zustand der Ruhe oder der gleichförmigen Bewegung, solange keine Kraft von außen auf ihn wirkt.
Oder: Der Impuls eines Körpers bleibt konstant, solange …

**Zweites Axiom (Grundgleichung der Mechanik):**
Die zeitliche Änderung des Impulses $\Delta\vec{p}/\Delta t$ ist mit der wirkenden Kraft in Betrag und Richtung identisch. (Bei konstanter Masse gilt: $\vec{F} = m\,\vec{a}$.)

**Drittes Axiom (Reaktionsprinzip):**
Übt der Körper A die Kraft $\vec{F}_A$ auf den Körper B aus (actio), so übt B auf A die Gegenkraft $\vec{F}_B$ aus (reactio), die entgegengesetzt gleich der Kraft $\vec{F}_A$ ist:

$$\vec{F}_A = -\vec{F}_B$$

## 2.5 Haftkräfte und Reibungskräfte

Haftkräfte und Reibungskräfte treten dort auf, wo sich Körper berühren. Haftkräfte, oft Haftreibungskräfte genannt, sind von großer Bedeutung, weil ohne sie das Gehen und ein Antrieb mit Rädern nicht möglich wäre. Auch Nägel und Schrauben, Keilriemen und Kupplungen halten nur, weil es Haftkräfte gibt. Reibungskräfte treten auf, wenn sich berührende Körper gegeneinander bewegen, was zu Materialverschleiß und Energieumwandlung in Wärmeenergie führt.

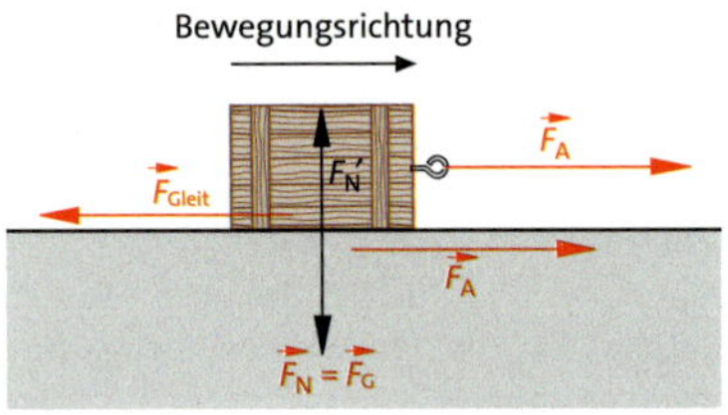


**40.1** Die Antriebskraft $\vec{F}_A$ und ihre Gegenkraft, die Gleitreibungskraft $\vec{F}_{Gleit}$, sind nur von der Normalkraft $\vec{F}_N$ abhängig.

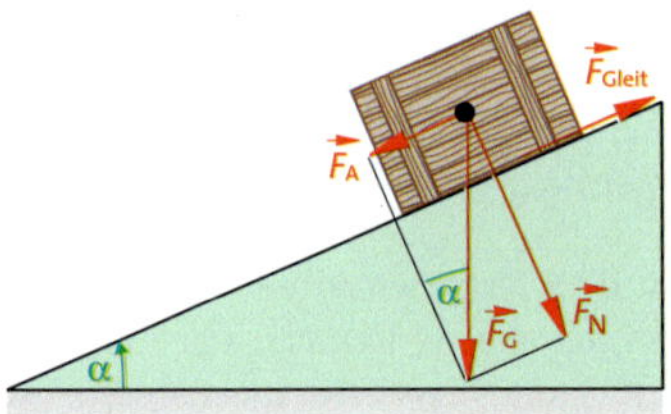


**40.2** Bestimmung der Reibungskoeffizienten: Der Neigungswinkel $\alpha$ wird so eingestellt, dass der Klotz gerade zu gleiten beginnt (Gleitreibungskraft).

| | | $f_{Haft}$ | $f_{Gleit}$ |
|---|---|---|---|
| Stahl auf Stahl | trocken | 0,15–0,5 | 0,1–0,4 |
| | gefettet | 0,1 | 0,01 |
| Stahl auf Teflon | | 0,04 | 0,04 |
| Holz auf Holz | | 0,5 | 0,3 |
| Ski auf Schnee | | 0,1–0,3 | 0,04–0,2 |
| Reifen auf Straße | trocken | 0,7–0,9 | 0,5–0,8 |
| | nass | 0,1–0,8 | |
| | vereist | 0,1–0,4 | |

**40.3** Tabelle einiger Haftreibungszahlen $f_{Haft}$ und Gleitreibungszahlen $f_{Gleit}$

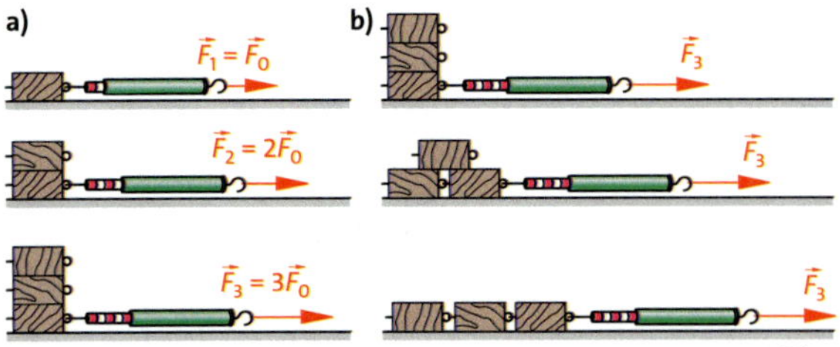


**40.4** Versuch zur Gleitreibungskraft: Die Gleitreibungskraft $\vec{F}_{Gleit}$ ist **a)** proportional der Normalkraft $\vec{F}_N$, aber **b)** unabhängig von der Größe der Berührungsfläche und der Geschwindigkeit.

**Versuch 1:** Auf einer ebenen Platte wird einem Holzklotz mit glatter Unterfläche der Impuls $p_0$ erteilt, sodass er gleitet. Nach der Zeit $\Delta t$ kommt der Klotz zur Ruhe. Sein Impuls hat sich dabei um $\Delta p = (0 - p_0)$ geändert, auf den Klotz hat die Gleitreibungskraft $F_{Gleit} = \Delta p / \Delta t = -p_0 / \Delta t$ gewirkt. ◂

Wird ein Körper durch die Antriebskraft $F_A$ gleichförmig gleitend gezogen (**Abb. 40.1**), so übt er auf die Unterlage eine Kraft $F_A$ aus. Die Unterlage übt ihrerseits auf den Körper eine entgegengesetzt gleich große Wechselwirkungskraft, die *Gleitreibungskraft* $F_{Gleit}$, aus. Sie ist proportional zur *Normalkraft* $F_N$, die senkrecht auf die Unterlage wirkt.
Um einen ruhenden Körper in eine gleitende Bewegung zu versetzen, wird eine Kraft benötigt, die die Haftung an der Unterlage überwindet. Die Haftkraft $F_{Haft}$ ist kleiner oder gleich der maximalen Haftkraft $F_{Haft\,max}$: $F_{Haft} \leq F_{Haft\,max}$.
Solange die Antriebskraft $F_A$ die maximale Haftkraft $F_{Haft\,max}$ nicht übersteigt, bleibt der Körper in Ruhe. Ist der Körper in Bewegung, so muss die Antriebskraft $F_A$ bei konstanter Gleitgeschwindigkeit lediglich die kleinere Gleitreibungskraft $F_{Gleit}$ kompensieren.

**Versuch 2:** Die maximale Haftkraft $F_{Haft\,max}$ und die Gleitreibungskraft $F_{Gleit}$ werden an einer schiefen Ebene bestimmt (**Abb. 40.2**). Der Neigungswinkel $\alpha$ wird so lange erhöht, bis sich der Körper gerade in Bewegung setzt. Dann ist die Hangabtriebskraft $F_A$ entgegengesetzt gleich der maximalen Haftreibungskraft $F_{Haft\,max}$. Gleitet der Körper bei verringertem Neigungswinkel nach einem Stoß mit konstanter Geschwindigkeit hinab, so ist die **Hangabtriebskraft $F_A$** gleich der Gleitreibungskraft $F_{Gleit}$. ◂

Die Gleitreibungskraft hängt nur von der Beschaffenheit der sich berührenden Flächen sowie von der Normalkraft $F_N$ ab (**Abb. 40.4**). Die Gleitreibungskräfte versucht man meistens herabzusetzen, z. B. durch Schmiermittel zwischen beweglichen Maschinenteilen.

Die **maximale Haftkraft $F_{Haft\,max}$** und die **Gleitreibungskraft $F_{Gleit}$** sind direkt proportional zur Normalkraft $F_N$, mit der ein Körper auf seine Unterlage drückt:
$F_{Haft\,max} = f_{Haft}\,F_N$ bzw. $F_{Gleit} = f_{Gleit}\,F_N$
Die **Haftreibungszahl $f_{Haft}$** und die **Gleitreibungszahl $f_{Gleit}$** hängen nur von der Beschaffenheit der Berührflächen zwischen Körper und Unterlage ab.
Die Gleitreibungskraft $F_{Gleit}$ ist unabhängig von der Geschwindigkeit eines Körpers.

## Aufgaben

1. Ein Schlepper zieht vier gleiche hintereinander gekoppelte Lastkähne (gleiche Masse, gleicher Widerstand bei der Fahrt durch das Wasser) mit der Kraft $F = 2000$ N.
   **a)** Berechnen Sie jeweils die Kraft, die das Seil zwischen den verschiedenen Kähnen belastet.
   **b)** Untersuchen Sie, ob sich eine Änderung ergibt, wenn der Schlepper den Schleppzug beschleunigt statt ihn mit konstanter Geschwindigkeit zu ziehen.
2. Auf einer schiefen Ebene aus Holz (Neigungswinkel $\alpha = 30°$) ruht ein Holzklotz mit der Gewichtskraft $F_G = 2{,}0$ N, an dem zusätzlich parallel zur schiefen Ebene nach oben eine Kraft $F$ angreift.
   **a)** Ermitteln Sie das Intervall, in dem die Kraft $F$ liegen muss, damit der Klotz auf der Unterlage haften bleibt.
   **b)** Vergleichen Sie die Ergebnisse für $\alpha = 20°$ mit denen für $\alpha = 30°$.
3. Berechnen Sie die Kraft, mit der der Motor eines Schleppliftes einen Skifahrer ($m = 70$ kg) einen 30° steilen Hang hinaufzieht.
4. Für ein Auto ($m = 1$ t) mit Hinterradantrieb ($f_{Haft} = 0{,}7$) betrage die Normalkraft auf die Hinterachse die Hälfte der Gesamtnormalkraft. Berechnen Sie die maximale Beschleunigung beim Anfahren auf ebener Straße.
5. Erläutern Sie, warum heute alle neuen Autos ein Anti-Blockier-System haben, das das Blockieren der Räder beim Bremsen verhindert.
6. Aus einem Ratgeber: „Beim Gehen auf vereisten Wegen alte Socken über die Schuhe ziehen!“
   Beurteilen Sie, ob das wirklich hilft. Nennen Sie andere Hilfsmittel, um auf vereisten Wegen nicht auszurutschen.
7. Ein Auto kommt auf verschneiter Straße bei einer Steigung von 4 % nicht mehr weiter, weil die Räder durchdrehen. Berechnen Sie den maximalen Reibungskoeffizienten.
8. Überprüfen Sie, ob schwerere Menschen schneller werden als leichtere, wenn sie sich mit dem Rad den Berg herunterrollen lassen.

*9. Erklären Sie, warum ein Besenstiel, der waagerecht auf die beiden Zeigefinger der ausgestreckten Arme gelegt wird, stets im Gleichgewicht bleibt, wenn die Hände langsam aufeinander zu bewegt werden.

10. Schätzen Sie die Verlängerung des Bremsweges ab, wenn eine Straße nicht mehr trocken, sondern nass ist.
11. Untersuchen Sie die Bedeutung der Haft- und Gleitreibung beim Spielen von Streichinstrumenten (Violine, Cello) und erklären Sie die Verwendung von Kolophonium für den Bogen.

## Exkurs

### Zerlegung einer Kraft in Teilkräfte

Kräfte sind vektorielle Größen. Sie lassen sich im Kräfteparallelogramm zu einer Resultierenden addieren. Es ist aber auch möglich, Kräfte anzugeben, deren Addition die gegebene Kraft ergibt. Diese Summanden sind dann die Teilkräfte, in die die gegebene Kraft zerlegt wurde. Sind die gesuchten Teilkräfte parallel zu den Koordinatenachsen, so heißen sie „Komponenten des Vektors“. Das Bestimmen dieser Summanden wird als **Zerlegen eines Vektors** in Komponenten bezeichnet. In der **Abb. oben** kann die Gewichtskraft $\vec{F}_G$ durch die Kraft $\vec{F}$ der mittleren Feder kompensiert werden. Sie kann aber auch durch die Kräfte $\vec{F}_1$ und $\vec{F}_2$ gemeinsam ausgeglichen werden. Durch Verschieben der beiden Umlenkrollen kann die Richtung der Teilkräfte und damit auch der Winkel $\alpha$ zwischen ihnen verändert werden, was dann auch die Beträge der Teilkräfte beeinflusst.
Mit dem Cosinussatz lässt sich die Größe der Resultierenden $\vec{F}$ berechnen ($\alpha = \sphericalangle(\vec{F}_1; \vec{F}_2)$):

$$F = \sqrt{F_1^2 + F_2^2 + 2\,F_1\,F_2 \cos\alpha}$$

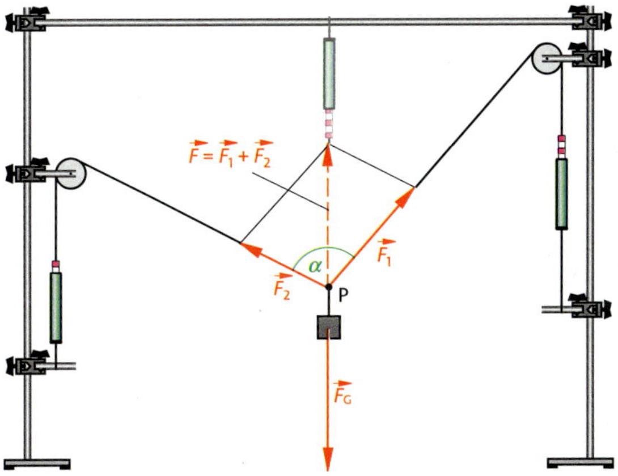


In der **Abb. unten** ist dargestellt, wie die Gewichtskraft $\vec{F}_G$ der Kiste in Teilkräfte zerlegt wird, die physikalisch von besonderer Bedeutung sind: in die Normalkraft (senkrecht zur Unterlage, Anpresskraft) und in die Hangabtriebskraft (parallel zur Unterlage). Die Normalkraft $F_N = F_G \cos\alpha$ wird durch die Wechselwirkungskraft $F$ der Unterlage kompensiert. Die Hangabtriebskraft $F_H = F_G \sin\alpha$ erzeugt beim Herabgleiten die Wechselwirkungskraft $F_{Gleit}$, eine Reibungskraft, die die Hangabtriebskraft teilweise oder ganz kompensiert.

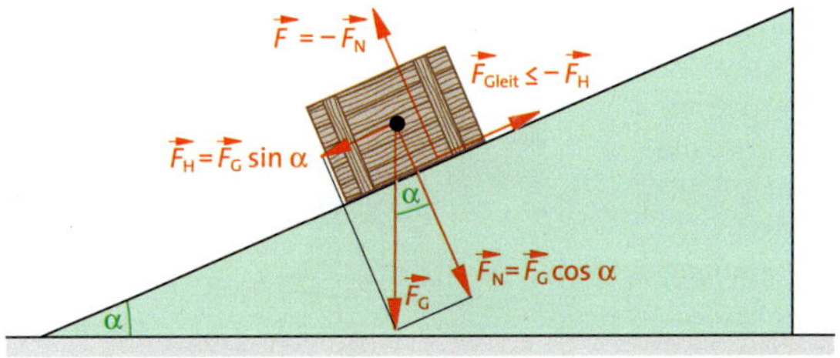

## 2.6 Zentripetalkraft

Der Hammerwerfer, der die Kugel nach einer mehrfachen Drehung fortschleudert, übt während des Drehens auf die Kugel eine Kraft aus, zum einen, um sie auf ihrer Bahn zu beschleunigen, und zum anderen, um sie auf der Kreisbahn zu halten. Diese Kraft ist zu den Händen des Hammerwerfers hin gerichtet und nicht zum Zentrum der Drehung (**Abb. 42.1**).

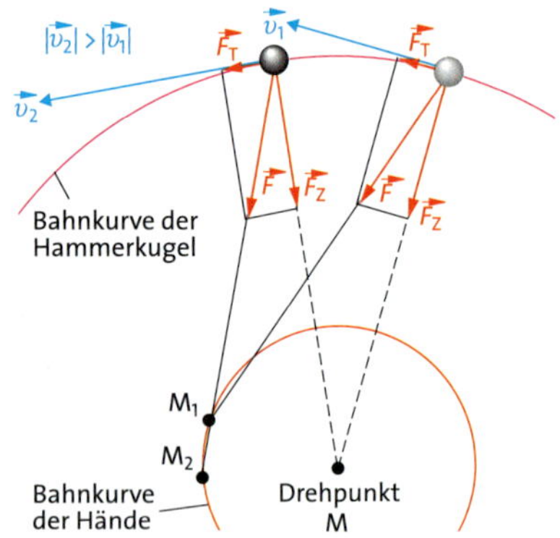


**42.1** Beim Hammerwurf wird die antreibende Kraft $\vec{F}$ in die beiden Komponenten Zentripetalkraft $\vec{F}_Z$ und die tangentiale Kraft $\vec{F}_T$ zerlegt.

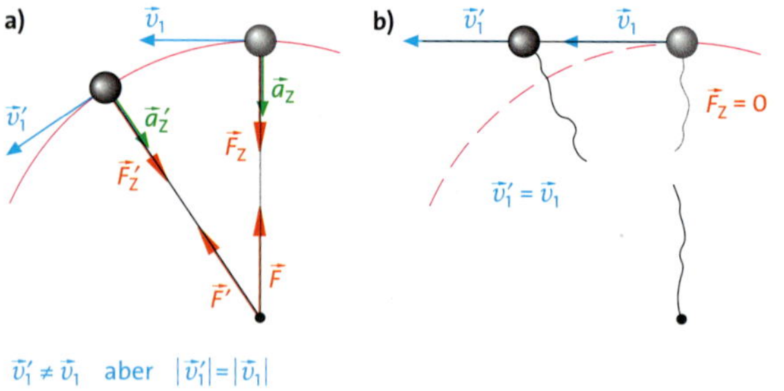


**42.2 a)** Die Zentripetalkraft $\vec{F}_Z$ der gleichförmigen Kreisbewegung ist zum Zentrum hin gerichtet. **b)** Ist die Zentripetalkraft plötzlich null, so bewegt sich der Körper nach dem Trägheitsgesetz in tangentialer Richtung weiter.

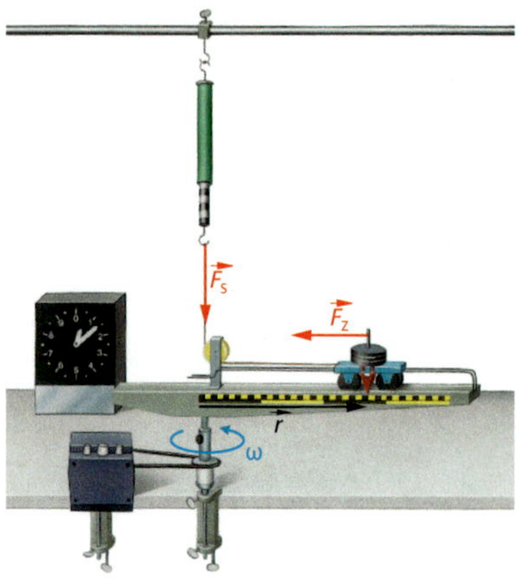


**42.3** Zentralkraftgerät. Am Kraftmesser wird die Zentripetalkraft abgelesen. Die Zentripetalkraft $F_Z$ und die Spannkraft $F_s$ sind Wechselwirkungskräfte.

Wenn sich ein Körper gleichförmig auf einer Kreisbahn bewegt, ändert sich fortlaufend die Richtung seiner Geschwindigkeit und damit auch sein Impuls. Dies wird durch eine radial zum Kreiszentrum gerichtete Kraft bewirkt, durch die **Zentripetalkraft** (**Abb. 42.2 a**). Der Ausdruck „zentripetal" ist von petere (lat.: streben nach) abgeleitet: „Die Kraft, die zum Zentrum strebt".

Die Untersuchung der gleichförmigen Kreisbewegung (→ 1.3.2) ergibt für die Zentripetalbeschleunigung

$$a_Z = \omega^2 r = v^2/r \quad \text{oder} \quad \vec{a}_Z = -\omega^2 \vec{r}.$$

Der Betrag der Zentripetalbeschleunigung bleibt konstant, aber ihre Richtung ändert sich ständig. Sie zeigt immer zum Zentrum der Kreisbahn entgegengesetzt zum Radiusvektor. Das wird in der Vektorgleichung durch das Minuszeichen ausgedrückt.

Nach der Grundgleichung der Mechanik $F = m\,a$ folgt daraus für die Zentripetalkraft

$$F_Z = m\,\omega^2 r = m\,v^2/r \quad \text{oder} \quad \vec{F}_Z = -m\,\omega^2 \vec{r}.$$

**Versuch 1:** Die Gleichung für die Zentripetalkraft wird bestätigt, indem die Kraft $F_Z$ in Abhängigkeit vom Bahnradius $r$, von der Winkelgeschwindigkeit $\omega$ und von der Masse $m$ des Wagens gemessen wird (**Abb. 42.3**).
*Ergebnis:* Der Versuch zeigt:

**1.** $F_Z \sim m$, wenn $\omega$ und $r$ konstant bleiben,
**2.** $F_Z \sim \omega^2$, falls $m$ und $r$ konstant sind,
**3.** $F_Z \sim r$, wenn $\omega$ und $m$ konstant sind.

Einsetzen von Messwerten ergibt $F_Z/(m\,\omega^2 r) = 1$. ◄

> Die zum Zentrum gerichtete **Zentripetalkraft,** die einen Körper der Masse $m$ bei konstanter Winkelgeschwindigkeit $\omega$ bzw. Bahngeschwindigkeit $v$ auf einer Kreisbahn mit dem Radius $r$ hält, ist
>
> $$F_Z = m\,\omega^2 r = m\,v^2/r \quad \text{oder} \quad \vec{F}_Z = -m\,\omega^2 \vec{r}.$$

Hört die Wirkung der Zentripetalkraft auf, weil z. B. die Verbindung zum Drehzentrum gerissen ist, so behält der Körper nach dem Trägheitsgesetz seinen momentanen Impuls bei: Er bewegt sich mit der Bahngeschwindigkeit geradlinig tangential zur Kreisbahn weiter (**Abb. 42.2 b**).

Nicht geradlinige Bewegungen können abschnittsweise durch Kreisbewegungen angenähert werden, bei denen eine entsprechende Zentripetalkraft zum augenblicklichen Zentrum hin gerichtet ist. Ist, wie beim Hammerwerfer, bei konstantem Bahnradius die antreibende Kraft $\vec{F}$ auf einen Punkt $M_1$ gerichtet, der selbst auf einem Kreis um M wandert, so lässt sich die Kraft $\vec{F}$ in Teilkräfte zerlegen: in die Zentripetalkraft $\vec{F}_Z$ zum Kreiszentrum, die den Körper auf der Kreisbahn hält, und in die tangential wirkende Kraft $\vec{F}_T$, durch die sich die Bahngeschwindigkeit erhöht (**Abb. 42.1**).

Die Rolle einer Zentripetalkraft kann jede Kraft übernehmen, zum Beispiel die Zugkraft des Hammerwerfers oder die von der Trommelwand einer Wäscheschleuder auf die Wäschestücke ausgeübte Kraft. Bei der Kurvenfahrt eines Motorrades ist die Haftkraft auf die Räder die Zentripetalkraft. Ein Motorradfahrer erzeugt die zur Kurvenfahrt nötige Zentripetalkraft durch seine Schräglage (**Abb. 43.1**). Auf die Fahrbahn wirkt die Querkraft $F_Q$ und auf das Motorrad die betragsmäßig gleiche Haftkraft $F_Z$ („actio = reactio").

Zur Zentripetalkraft, die einen Körper auf der Kreisbahn hält, gibt es entsprechend dem 3. Newton'schen Axiom die zugehörige *Wechselwirkungskraft* in entgegengesetzter Richtung, die an einem anderen Körper angreift. Sie ist eine vom Zentrum aus gesehen radial nach außen gerichtete Kraft $\vec{F}'$, die der Zentripetalkraft $\vec{F}_Z$ entgegengesetzt ist (**Abb. 42.2 a**).

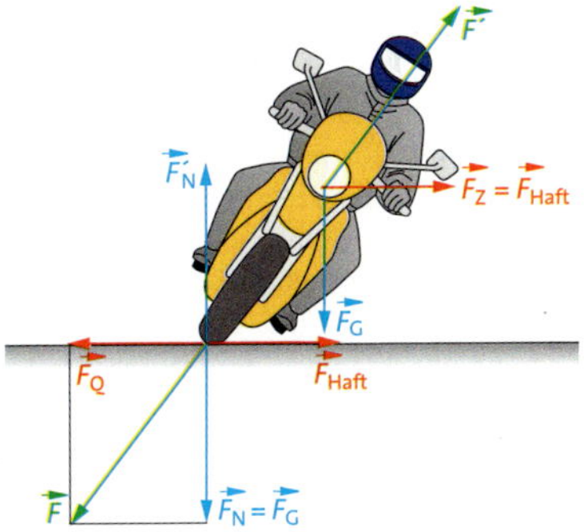


**43.1** Der Motorradfahrer erzeugt bei einer Kurvenfahrt durch seine Schräglage die auf die Fahrbahn wirkende Querkraft $F_Q$. Die Wechselwirkungskraft zu $F_Q$ ist die als Zentripetalkraft wirkende Haftkraft $F_Z$.

Die Wechselwirkungskraft zur Zentripetalkraft darf nicht mit der *Zentrifugalkraft* verwechselt werden (→ 2.7).
Die Zentripetalkraft gehört zu den **Zentralkräften.** Zentralkräfte sind auf einen festen Punkt gerichtet, in dem sich kein anderer Körper befinden muss, sie müssen keinen konstanten Betrag haben. Beispiele dafür sind die Gravitationskraft der Sonne auf die Erde bei deren jährlichem Umlauf oder die elektrische Kraft des Atomkerns auf das Elektron. Die Bahn, die ein Körper unter dem Einfluss einer Zentralkraft beschreibt, kann ein Kreis, aber auch eine Ellipse wie die Erdbahn sein.

## Aufgaben

**1.** Ein Körper ($m = 0{,}4$ kg) wird an einer 0,8 m langen Schnur 80-mal in der Minute auf einem Kreis, der in einer waagerechten Ebene liegt, herumgeschleudert. Berechnen Sie
**a)** die Zentripetalkraft;
**b)** die Umdrehungszahl, bei der die Schnur reißt, wenn ihre Zugfestigkeit mit 500 N angegeben ist.

**2.** Ein Körper bewegt sich mit der Geschwindigkeit $v$ auf einer Kreisbahn mit dem Radius $r$. Untersuchen Sie, wie sich die Zentripetalbeschleunigung ändert, wenn die Geschwindigkeit bzw. der Radius verdoppelt werden.

**3.** Begründen Sie, dass sich kein Körper exakt rechtwinklig um eine Ecke bewegen kann.

***4.** Ein Körper ($m = 0{,}1$ kg) wird an einer Schnur ($l = 0{,}5$ m) auf einem Kreis herumgeschleudert, dessen Ebene senkrecht zur Erdoberfläche steht.
**a)** Bestimmen Sie, wie groß die Winkelgeschwindigkeit und die Drehzahl pro Minute mindestens sein müssen, damit der Körper im oberen Punkt seiner Bahn nicht herunterfällt.
**b)** Berechnen Sie die Reißfestigkeit (in N) der Schnur.

***5.** Untersuchen Sie die Abhängigkeit der Zentripetalkraft von der geografischen Breite aufgrund der täglichen Drehung der Erde um ihre Achse auf einen mit ihr fest verbundenen Körper ($m = 70$ kg).

***6.** Ein Schnellzug durchfährt mit der Geschwindigkeit $v = 120$ km/h eine Kurve vom Radius $r = 2500$ m. Berechnen Sie die Überhöhung $ü$ (in mm) der äußeren Schiene (Spurweite $w = 1435$ mm), damit beide Schienen gleich belastet werden.

**7.** Eine Straßenkurve mit dem Radius 300 m sei nicht überhöht, sodass ein Auto ($m = 900$ kg) in der Kurve allein durch die Haftkraft zwischen Reifen und Straße gehalten wird. Berechnen Sie die Höchstgeschwindigkeit, mit der ein Auto die Kurve auf **a)** trockener ($f_{Haft} = 0{,}8$), **b)** nasser ($f_{Haft} = 0{,}5$) und **c)** vereister ($f_{Haft} = 0{,}1$) Straße durchfahren kann.

**8.** Ein PKW ($m = 1300$ kg) fährt mit konstanter Geschwindigkeit $v = 40$ km/h über eine gewölbte Brücke. Der Radius des Brückenbogens beträgt $R = 50$ m. Bestimmen Sie die Normalkraft des PKW auf die Brückenmitte und die Geschwindigkeit, bei der der PKW abheben würde.

***9.** Ein Fadenpendel (Masse $m$, Pendellänge $l$) wird so angestoßen, dass sich das Pendel mit der Winkelgeschwindigkeit $\omega$ auf einem Kreis bewegt. Pendelfaden und Drehachse bilden den Winkel $\alpha$. Zu jeder Winkelgeschwindigkeit $\omega$ gehört ein fester Winkel $\alpha$.
**a)** Berechnen Sie die Zentripetalkraft $F_Z$ und zeigen Sie, dass $\cos\alpha = g/(\omega^2 l)$ gilt.
**b)** Berechnen Sie Winkelgeschwindigkeit, Bahngeschwindigkeit und die Zugkraft auf den Pendelfaden ($l = 0{,}6$ m), wenn das Kreispendel ($m = 2$ kg) einen Winkel $\alpha = 15°$ mit der Drehachse bildet.

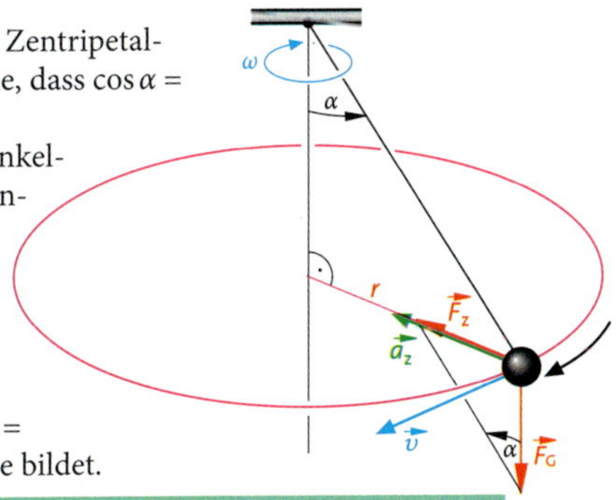

## 2.7 Scheinkräfte und Inertialsysteme

Ein Beobachter, der sich mit größerer Geschwindigkeit auf einer kreisförmigen Bahn bewegt, nimmt eine auf seinen Körper wirkende, zum momentanen Zentrum hin gerichtete (Zentripetal-)Kraft wahr. Da er sich *in Bezug* auf seine unmittelbare Umgebung, z.B. den Bus, in dem er die Kurve durchfährt, in Ruhe befindet, schließt er, dass diese (Zentripetal-)Kraft durch eine radial nach außen gerichtete Kraft, die sogenannte *Zentrifugalkraft*, kompensiert wird. Von entscheidender Bedeutung für diesen Schluss auf die Existenz der Zentrifugalkraft ist der *Bezug* auf seine unmittelbare Umgebung und dass diese Umgebung eine beschleunigte Bewegung ausführt.

Die Zentrifugalkraft gehört zu den sogenannten *Scheinkräften* oder *Trägheitskräften*, die nur in beschleunigten Bezugssystemen auftreten. Dies sind keine *Inertialsysteme*, also keine Bezugssysteme, in denen das Trägheitsprinzip (→ 2.1) bzw. das 1. Newton'sche Axiom gilt.

Die folgenden Versuche werden in zwei verschiedenen Bezugssystemen betrachtet, in einem (unbeschleunigten) *Inertialsystem* und in einem *beschleunigten Bezugssystem.*

**Versuch 1:** Auf einem Fahrtisch liegt eine Kugel der Masse $m$. Der Tisch wird nach rechts mit konstanter Beschleunigung $a$ bewegt. Den Vorgang verfolgen die Beobachterin A im Inertialsystem des unbeschleunigten Physikraums und der Beobachter B im beschleunigten Bezugssystem des Tisches (**Abb. 44.1**).
① *Beobachterin A* stellt fest: Während der Tisch nach rechts beschleunigt wird, bleibt die Kugel relativ zum Physikraum in Ruhe. Es wirkt keine Kraft auf die Kugel, d.h. es gilt das 1. Newton'sche Axiom (**Abb. 44.1 a**).
② *Beobachter B* stellt fest: Die Kugel wird von ihm weg beschleunigt, obwohl keine von einem anderen Körper ausgeübte Kraft feststellbar ist. Das 1. Newton'sche Axiom gilt nicht (**Abb. 44.1 b**). ◂

**Versuch 2:** Der Versuch 1 wird wiederholt, wobei die Kugel der Masse $m$ jedoch mit einem Federkraftmesser am Tisch befestigt ist.
① *Beobachterin A* stellt fest: Während der Beschleunigung zeigt der Kraftmesser eine Kraft $F = m\,a$ an, die die Kugel zusammen mit dem Tisch beschleunigt (**Abb. 44.1 c**).
② *Beobachter B* stellt fest: Der Kraftmesser zeigt eine Kraft $F = m\,a$ an. Da die Kugel relativ zu ihm in Ruhe bleibt, schließt er auf die Existenz einer entgegengesetzt gerichteten Kraft $F_T$, die die Kraft $F$ kompensiert (**Abb. 44.1 d**). ◂

Das beobachtete Verhalten der Kugel beruht auf ihrer Trägheit. Wird im beschleunigten Bezugssystem angenommen, dass eine Kraft $F_T = -m\,a$ auf die Kugel wirkt, so gilt auch in diesem System das 1. Newton'sche Axiom.

**Versuch 3:** Auf einer Kreisscheibe, die sich mit konstanter Winkelgeschwindigkeit $\omega$ dreht, wird eine mitrotierende Kugel mit einem Kraftmesser gehalten. Wieder beurteilen die Beobachter A und B den Vorgang (**Abb. 45.1**).
① *Beobachterin A* erkennt am Kraftmesser, dass ständig eine Kraft, die Zentripetalkraft $F_Z$, auf die Kugel wirkt, die für deren Kreisbewegung verantwortlich ist (**Abb. 45.1 a**).
② *Beobachter B* erkennt am Kraftmesser, dass auf die Kugel eine Kraft $F_Z$ zum Mittelpunkt hin wirkt. Er sieht aber, dass in seinem System die Kugel in Ruhe ist. Soll auch in seinem Bezugssystem das 1. Newton'sche Axiom gelten, so muss er auf eine betragsmäßig gleiche Kompensationskraft schließen, die *Zentrifugalkraft* oder *Fliehkraft* $F'_Z = m\,\omega^2\,r$, die radial nach außen wirkt. (**Abb. 45.1 b**). ◂

Alle Versuche zeigen, dass in einem (nicht beschleunigten) Inertialsystem die Vorgänge so ablaufen, wie sie nach den Newton'schen Axiomen erwartet werden. Soll im beschleunigten Bezugssystem ebenfalls das 1. Newton'sche Axiom gelten, so müssen zusätzlich Scheinkräfte oder Trägheitskräfte eingeführt werden.

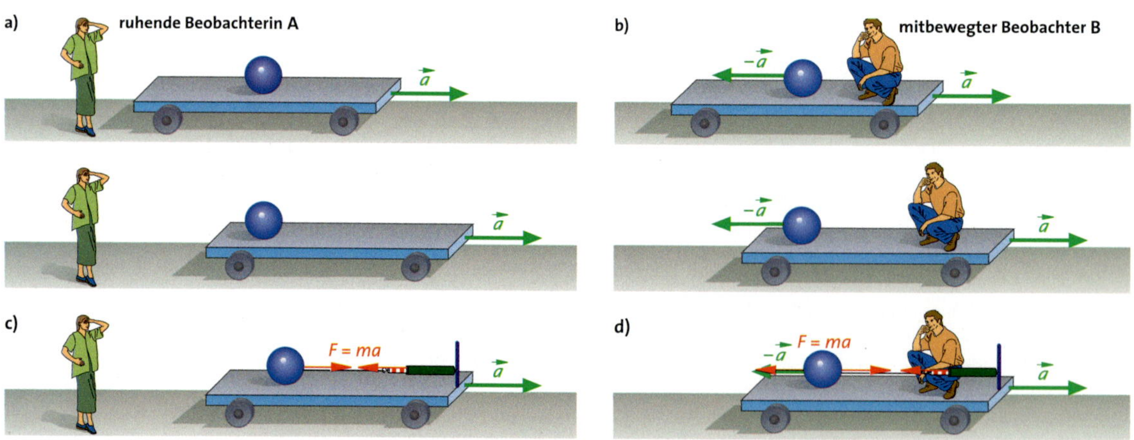


**44.1 a)** Für die ruhende Beobachterin im Inertialsystem bleibt die Kugel in Ruhe; auf die Kugel wirkt keine Kraft.
**b)** Für den Beobachter im beschleunigten Bezugssystem wird die Kugel beschleunigt; er schließt auf die Existenz einer Kraft. **d)** Da im beschleunigten Bezugssystem die Kugel relativ zu ihm in Ruhe bleibt, wenn sie durch den Federkraftmesser mit dem Wagen verbunden ist, schließt er auf die Existenz einer entgegengesetzt gerichteten Kraft.

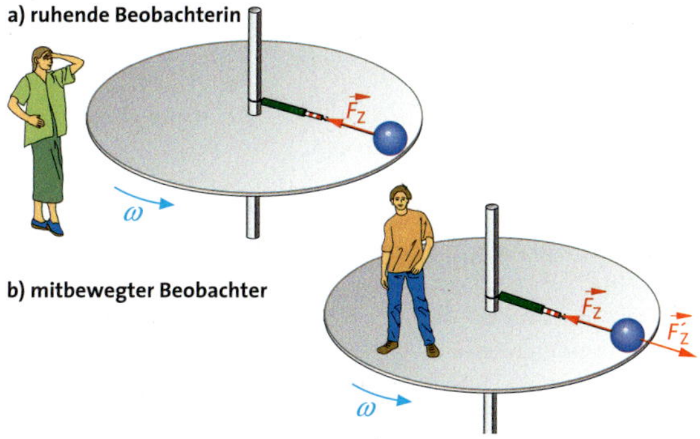


**45.1 a)** Im Inertialsystem wirkt auf die rotierende Kugel die Zentripetalkraft $F_Z$. **b)** Im beschleunigten Bezugssystem der rotierenden Scheibe ruht die Kugel. Daher schließt der mitrotierende Beobachter auf die Existenz einer Zentrifugalkraft $F'_Z$, also einer Trägheitskraft.

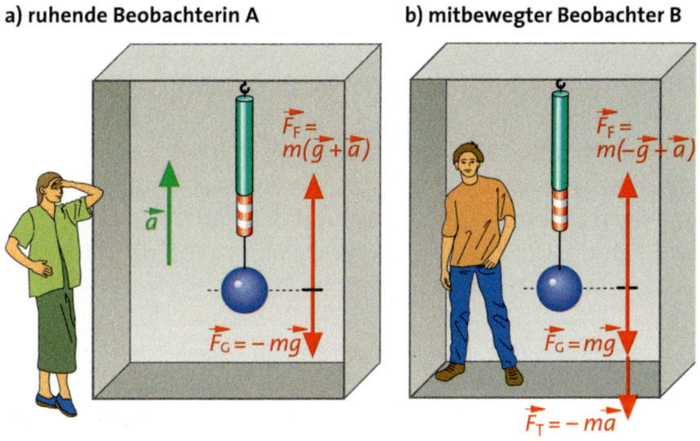


**45.2 a)** Die Beobachterin im Inertialsystem schließt, dass beim Beschleunigen des Fahrstuhls auf die mitbeschleunigte Kugel die Kraft $\vec{F} = m\vec{a}$ wirkt. **b)** Der mitbeschleunigte Beobachter schließt auf die Existenz einer Trägheitskraft $\vec{F}_T = -m\vec{a}$.

Nach dem 3. Newton'schen Axiom gibt es zu jeder Kraft auf einen Körper eine Gegen- oder Wechselwirkungskraft auf einen *anderen* Körper. Zu der Trägheitskraft $F_T = -m\,a$, die im beschleunigten System bei den Versuchen 1 und 2 festgestellt wird, wie auch zu der Zentrifugalkraft $F'_Z = m\,\omega^2 r$ im beschleunigten System der Kreisscheibe gibt es keine Gegenkraft auf einen anderen Körper.

> In beschleunigten Bezugssystemen werden zur Beschreibung des Verhaltens von Körpern **Scheinkräfte** oder **Trägheitskräfte** eingeführt. Für Schein- oder Trägheitskräfte gilt das 3. Newton'sche Axiom nicht.

Für den Besucher eines Karussells ist die Zentrifugalkraft ebenso existent wie für den Autofahrer bei der Kurvenfahrt. Beim plötzlichen Anfahren oder Bremsen erfährt der Autofahrer die Trägheitskräfte ebenso wie der Benutzer eines Fahrstuhls (**Abb. 45.2**). Alle werden beschleunigt und schließen daher auf die Existenz einer Trägheitskraft $F_T = -m\,a$.

### GALILEI-Transformation und Inertialsysteme

In einem Inertialsystem gelten die Newton'schen Axiome. Wenn ein Inertialsystem $I_A$ bekannt ist, so gibt es unendlich viele weitere Inertialsysteme I, die sich mit konstanter Geschwindigkeit gegenüber $I_A$ bewegen.

Bewegt sich das Bezugssystem $I_A$ mit konstanter Geschwindigkeit $\vec{v}$ gegenüber dem Bezugssystem $I_B$, so gilt zwischen den Ortsvektoren eines Körpers in den Bezugssystemen die sogenannte **Galilei-Transformation** $\vec{s}_B = \vec{s}_A + \vec{v}\,t$. Durch Differenzieren ergibt sich für die Geschwindigkeiten des Körpers $\dot{\vec{s}}_B = \dot{\vec{s}}_A + \vec{v}$ bzw. $\vec{v}_B = \vec{v}_A + \vec{v}$ und für die Beschleunigungen $\dot{\vec{v}}_B = \dot{\vec{v}}_A$ bzw. $\vec{a}_B = \vec{a}_A$. Also ist im System $I_A$ die Kraft $\vec{F}_A = m\,\vec{a}_A$ auf den Körper gleich der Kraft $\vec{F}_B = m\,\vec{a}_B$ im System $I_B$.

> In allen Inertialsystemen gelten die Gesetze der klassischen Newton'schen Mechanik. Alle Inertialsysteme sind gleichwertig, d. h. alle Vorgänge laufen in ihnen in der gleichen Weise ab.

## Aufgaben

**1.** Ein Fahrzeug durchfährt eine Kurve mit der konstanten Geschwindigkeit $v = 90$ km/h. Ein Kraftmesser, an dem eine Kugel ($m = 500$ g) hängt, zeigt während der Kurvenfahrt die Kraft $F = 6{,}0$ N an.
Beschreiben Sie den Vorgang im Inertialsystem und im mitrotierenden System und berechnen Sie den Kurvenradius.

**2.** In einem Fahrstuhl steht ein Mann auf einer Personen(Feder-)waage. Sie zeigt beim Anfahren des Fahrstuhls $F = 950$ N, beim Halten $F = 880$ N an.
**a)** Bestimmen Sie die Fahrtrichtung des Fahrstuhls.
**b)** Berechnen Sie die Beschleunigung.
**c)** Bestimmen Sie die Anzeige der Waage, wenn der Fahrstuhl mit einer betragsmäßig gleichen Beschleunigung anhält.

***3.** In einer Halbkugelschale liegt eine kleine Kugel. Wird die Halbkugelschale in schnelle Rotation versetzt, so stellt sich die kleine Kugel in einer bestimmten Höhe je nach der Rotationsgeschwindigkeit ein. Bestimmen Sie diese Höhe, indem Sie berücksichtigen, dass die resultierende Kraft dann senkrecht zur Kugelebene steht. Lösen Sie die Aufgabe im Inertialsystem und im mitrotierenden System.

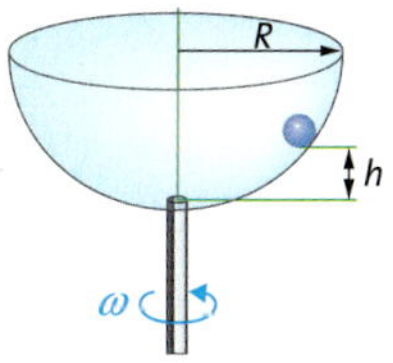


***4.** Ein Körper wird mit der Geschwindigkeit $v_0$ unter dem Winkel $\alpha$ zur Horizontalen abgeworfen. Bestimmen Sie das Bezugssystem, von dem aus die Bewegung
**a)** als freier Fall;
**b)** als waagerechter Wurf;
**c)** als senkrechter Wurf erscheint.

***5.** In einem Inertialsystem $I_A$, das sich mit der Geschwindigkeit $\vec{v}$ gegenüber dem Inertialsystem $I_B$ bewegt, gilt der Impulserhaltungssatz $m_1\,\vec{v}_1 + m_2\,\vec{v}_2 = m_1\,\vec{v}'_1 + m_2\,\vec{v}'_2$. Zeigen Sie durch Anwenden der Galilei-Transformation, dass der Impulserhaltungssatz auch im System $I_B$ gilt.

**Exkurs**

## Die rotierende Erde – ein beschleunigtes Bezugssystem

Da die Erde sich dreht, ist sie kein Inertialsystem, sondern ein beschleunigtes Bezugssystem, in dem Trägheitskräfte auftreten. Dies ist zum einen die *Zentrifugalkraft* und zum anderen die *Corioliskraft*, so genannt nach ihrem Entdecker Gaspard Gustave CORIOLIS (1792–1843).

Die **Corioliskraft** bewirkt bei Bewegungen im beschleunigten Bezugssystem eine Ablenkung senkrecht zur Richtung der Geschwindigkeit. Das Zustandekommen dieser Ablenkung zeigt die folgende Abbildung.

Bezugssystem ①

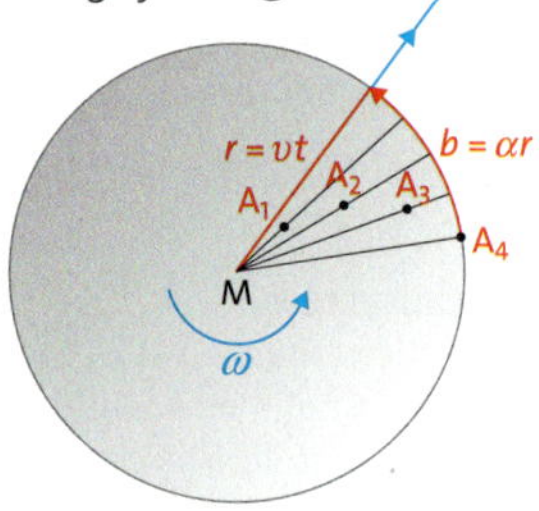


Bezugssystem ②

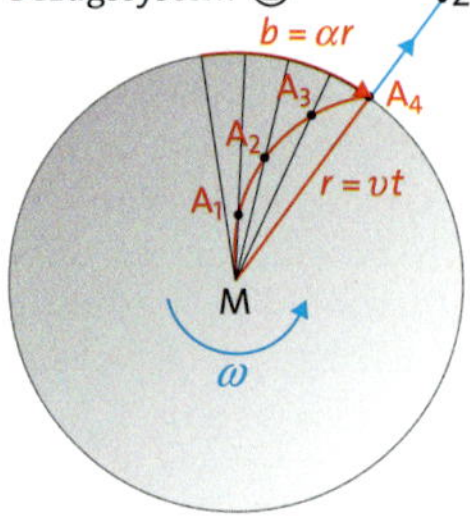


Bewegt sich ein Körper in einem ruhenden Bezugssystem ① geradlinig mit der Geschwindigkeit $v$ vom Punkt M zu einem festen Punkt Z, so hat er nach der Zeit $t$ die Strecke $r = v\,t$ zurückgelegt. Während dieser Zeit dreht sich das Bezugssystem ② mit der Winkelgeschwindigkeit $\omega$ um den Winkel $\alpha = \omega\,t$, und der Punkt $A_4$ des Bezugssystems ② liegt auf der Linie MZ. Relativ zum rotierenden Bezugssystem ② hat der Körper also zusätzlich den Bogen $b = r\alpha = v\,t\,\omega\,t = v\,\omega\,t^2$ zurückgelegt. Wird diese Bewegung gedeutet als gleichmäßig beschleunigte Bewegung mit der Gleichung $b = \frac{1}{2} a_C t^2$, so ergibt ein Vergleich die Coriolisbeschleunigung $a_C = 2\,v\,\omega$. Die Corioliskraft auf einen Körper mit der Masse $m$ ist dann $F_C = 2\,m\,v\,\omega$. Die Punkte $A_1$, $A_2$ und $A_3$ liegen jeweils nach $\frac{1}{4}t$, $\frac{1}{2}t$ und $\frac{3}{4}t$ auf der Linie MZ. Die Bahn des Körpers im rotierenden System ist eine Kurve. Für einen Beobachter im rotierenden Bezugssystem ② erscheint die gekrümmte Bahn durch die Corioliskraft senkrecht zur Geschwindigkeit verursacht.

Die Corioliskraft ist eine Trägheitskraft, die in rotierenden Bezugssystemen auftritt. Sie wirkt senkrecht zur Richtung der Relativgeschwindigkeit eines Körpers im bewegten Bezugssystem. Auf der Nordhalbkugel der Erde bewirkt sie eine Rechtsablenkung, auf der Südhalbkugel eine Linksablenkung.

Die Wirkung der Corioliskraft zeigt sich auf der Erde in der Ablenkung von Wind- und Wasserströmungen. Die in das äquatoriale Tiefdruckgebiet auf der Nordhalbkugel einströmende Luft wird durch Rechtsablenkung zum Nordost-Passat. Auf der Südhalbkugel erfährt die zum Äquator strömende Luft in entsprechender Weise eine Linksablenkung, sodass sie zum Südost-Passat wird. Dies erklärt sich in folgender Weise: Die Lufthülle über einem Ort der Breite $\varphi$ der Erdoberfläche rotiert mit derselben Geschwindigkeit wie der Ort. Die Bahngeschwindigkeit der Orte der Breite $\varphi$ ist $v = \omega\,r = \omega\,R_E \cos\varphi$, wobei $\omega$ die Winkelgeschwindigkeit der Erde ist. Die Bahngeschwindigkeit nimmt also vom Äquator zum Pol hin ab. Luftpakete, die aufgrund eines Druckgefälles auf der Nordhalbkugel von Norden nach Süden strömen, haben eine kleinere Bahngeschwindigkeit als die überströmten Orte. Sie bleiben also hinter diesen zurück, was die Rechtsablenkung ergibt. Für Luftmassen, die von Süden nach Norden strömen, die eine größere Bahngeschwindigkeit als die überströmten Orte haben und daher diesen vorauseilen, ergibt sich ebenfalls eine Rechtsablenkung.

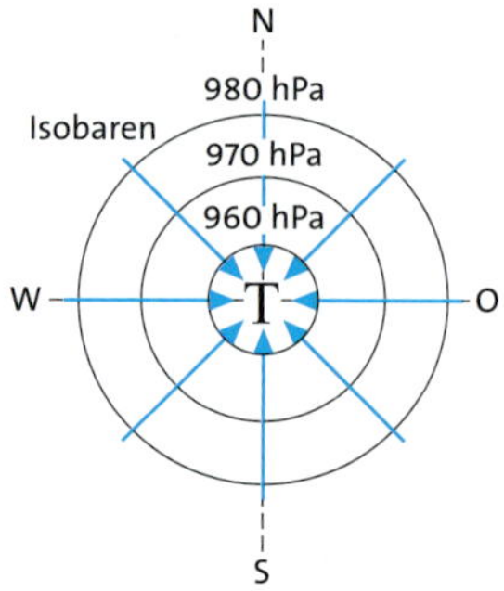


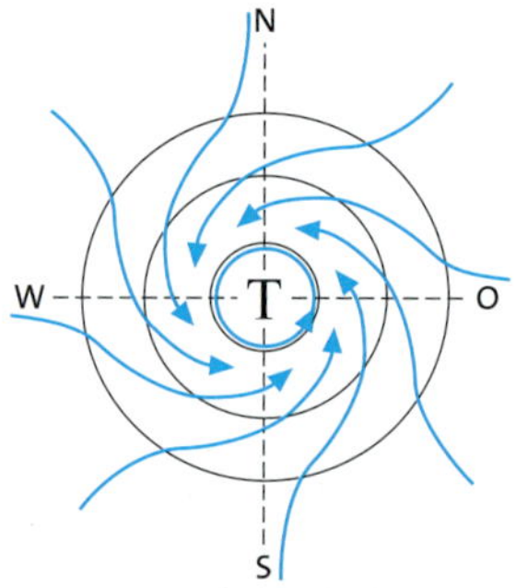

Die Abbildungen zeigen, wie durch eine Rechtsablenkung der Luftmassen beim Einströmen in ein Tiefdruckgebiet auf der Nordhalbkugel ein linksdrehender Zyklon entsteht.

Die Drehung der Erde wurde von FOUCAULT im Jahre 1850 im Pariser Pantheon eindrucksvoll mit einem 67 m langen Pendel und einem 28 kg schweren Pendelkörper nachgewiesen. Auf den schwingenden Pendelkörper scheint die Corioliskraft zu wirken, die an einem Ort auf der Erde mit der geografischen Breite $\varphi$ den Betrag $F_C = 2\,m\,v\,\omega \sin\varphi$ hat. Die Abbildung zeigt die prinzipielle Bahn des Pendels, wenn der Pendelkörper die Pendelbewegung beginnt:

**a)** ausgelenkt

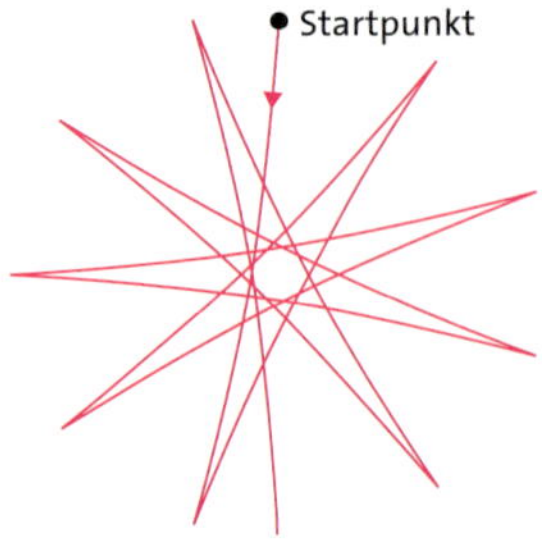


**b)** aus der Ruhelage heraus

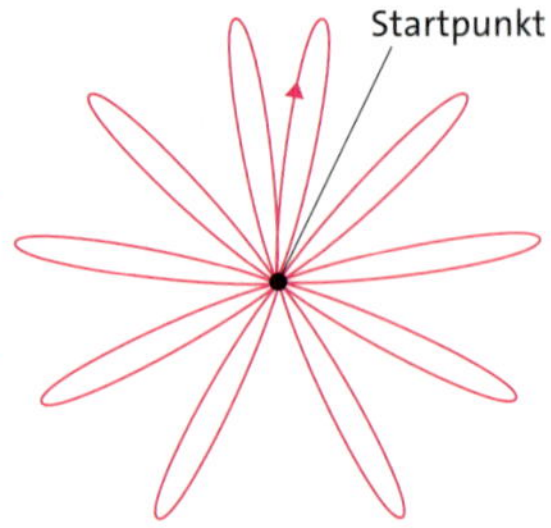

# Wissenstest Dynamik

**1.** Berechnen Sie die Antriebskraft einer Lokomotive, die einem Zug ($m$ = 700 t) die Beschleunigung $a$ = 0,2 m/s² erteilt.

**2.** Auf einen Sportwagen ($m$ = 900 kg) wirkt beim Beschleunigen eine Kraft von 1,5 kN. Berechnen Sie, in welcher Zeit der Wagen dadurch von 0 km/h auf 100 km/h beschleunigen kann.

**3.** Stößt man einen Hammer mit dem Stiel nach unten auf den Boden, so wird der Hammerkopf auf den Stiel gekeilt. Erklären Sie diesen Vorgang.

**4.** Erklären Sie, warum ein laufender Mensch, der stolpert, stets in Richtung seiner Bewegung fällt, während ein auf Eis ausrutschender Mensch immer nach hinten fällt.

**5.** Die bei der Beschleunigung einer Last am Kran auftretenden Kräfte werden durch einen Zuschlag von 2,5 % zur Last kalkuliert. Ermitteln Sie, welche Beschleunigung dadurch berücksichtigt wird.

**6.** Eine Kugel der Masse 2 kg bewegt sich mit der Geschwindigkeit $v$ = 10 m/s. Bestimmen Sie ihren Impuls.

**7.** Bei der Klassenfahrt mit dem Reisebus verlangt der Fahrer, dass alle auf ihren Plätzen sitzen sollten, niemand sollte herumlaufen oder im Gang stehen. Untersuchen Sie, ob die Anweisungen des Busfahrers auch physikalische Gründe haben und bewerten Sie seine Anweisungen.

**8.** Ein Boot der Masse 30 kg treibt auf einem See. Ein Junge (45 kg) springt mit 3 m/s in das Boot. Bestimmen Sie die Geschwindigkeit des Bootes nach dem Sprung.

**9.** Überprüfen Sie, wie sich der Bremsweg ändert, wenn der Vorgang unter sonst gleichen Bedingungen auf dem Mond stattfindet.

**10.** Ein Eisstock ($m$ = 5 kg) wird mit $v$ = 10 m/s abgestoßen, er gleitet auf dem Eis 50 m weit. Berechnen Sie für diesen Vorgang die Gleitreibungszahl.

**11.** Ein Torwart ($m$ = 70 kg) springt hoch und fängt den Ball ($m$ = 450 g, $v$ = 30 m/s). Berechnen Sie die Geschwindigkeit, mit der beide zusammen nach hinten fliegen. Untersuchen Sie, ob sich diese Geschwindigkeit ändert, wenn sich der Torwart zu einer Faustabwehr entschließt und den Ball nicht fängt.

**12.** Berechnen Sie die Anzahl der Umdrehungen pro Minute eines Fahrradreifens (Durchmesser 711 mm = 28 Zoll) bei einer Geschwindigkeit von $v$ = 18 km/h.

**13.** Aus der Gleichung $F = m v^2/r$ folgt, dass $F$ antiproportional zu $r$ ist; nach der Gleichung $F = m \omega^2 r$ sind sie aber proportional zueinander. Erklären Sie dies.

**14.** Berechnen Sie die Bahngeschwindigkeit durch die Erdrotation je einer Person am Äquator und in Kassel.

**15.** Eine Festplatte dreht sich mit 5400 Umdrehungen pro Minute. Der äußere Rand hat einen Abstand von 5 cm von der Mitte. Berechnen Sie die Bahngeschwindigkeit eines Punktes in diesem Abstand.

**16.** Eine Spielzeugautobahn enthält ein Looping mit 50 cm Durchmesser. Ermitteln Sie die Geschwindigkeit, mit der ein Fahrzeug den höchsten Punkt durchfahren muss, um nicht herunterzufallen.

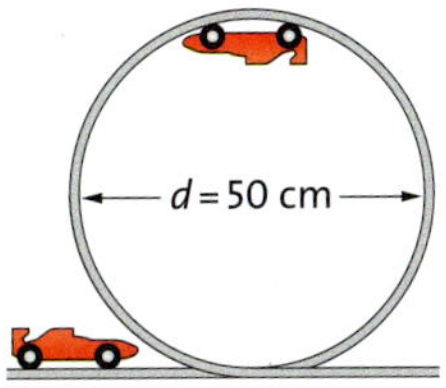


**17.** Eine Waschmaschine ($d$ = 450 mm) schleudert mit 1200 Umdrehungen pro Minute. Berechnen Sie die Kraft, mit der ein Wassertropfen ($m$ = 1 g) dabei nach außen gedrückt wird.

**18.** Begründen Sie, dass ein Auto in einer nicht überhöhten Kurve bei zu hoher Geschwindigkeit aus der Kurve getragen wird. Überprüfen Sie, ob diese zulässige Höchstgeschwindigkeit auf der Innen- und der Außenbahn der Kurve identisch ist, wenn alle anderen Bedingungen gleich sind.

**19.** Bei einem Kettenkarussell sind alle Sitze jeweils an vier jeweils 5 m langen Ketten in einem Abstand von 4 m von der Drehachse aufgehängt.
**a)** Skizzieren Sie das Karussell und die während einer Fahrt auf den Mitfahrer ($m$ = 50 kg) wirkenden Kräfte. Beschreiben Sie die Beziehungen dieser Kräfte zueinander.
**b)** Bei einer Fahrt werden die Ketten um 40° ausgelenkt. Berechnen Sie dafür die Zeit für eine Umdrehung des Karussells und die Zugkraft in den Ketten.

**20.** Zur Vorbereitung auf Raumflüge trainieren Raumfahrer mithilfe großer Zentrifugen. Hier setzen sie sich durch Rotation einem sehr starken Andruck aus. Sie sitzen etwa 9 m vom Drehpunkt der Zentrifuge entfernt in einer Kabine. Berechnen Sie die Umdrehungszahl, mit der die Kabine rotieren muss, damit ein Andruck von 8 $g$ (das Achtfache der Fallbeschleunigung auf der Erde) entsteht.

**21.** Die untenstehende Abbildung zeigt zwei gleiche Sanduhren auf einer Tafelwaage.
**a)** Begründen Sie, dass die Waage im Gleichgewicht ist, während der Sand in der rechten Sanduhr aus dem oberen in den unteren Teil fließt.
**b)** Treffen Sie eine Voraussage über die Anzeige einer sehr empfindliche Tafelwaage zu Beginn des Versuchs (noch kein Sand am Boden) und am Ende (noch Sand im Fallen).

# 3 ERHALTUNGSSÄTZE

Der bekannteste Erhaltungssatz ist der Energieerhaltungssatz. Er galt ursprünglich nur für die Mechanik, z. B. bei der Schwingung eines Pendels. Um 1850 wurde die Wärmeenergie als neue Energieform erkannt und in der Folge weitere Energieformen wie die elektrische Energie, die chemische Energie sowie die Energie der Strahlung, sodass der Satz von der Energieerhaltung heute die gesamte Physik umfasst. In der Mechanik gilt für den Impuls ebenfalls ein Erhaltungssatz. Neben der grundlegenden erkenntnistheoretischen Bedeutung haben Erhaltungssätze einen wichtigen praktischen Nutzen, indem mit ihnen *Bilanzierungsrechnungen* durchgeführt werden können. Ohne den Ablauf eines Vorgangs im Detail zu kennen, können allein auf der Grundlage der Erhaltung bestimmter Größen Berechnungen über den Ausgang eines Prozesses durchgeführt werden.

## 3.1 Die Impulserhaltung

Der Impuls ist die grundlegende physikalische Größe der Mechanik. Die zeitliche Änderung des Impulses eines Körpers ist die auf ihn wirkende Kraft $F = \Delta p/\Delta t$ (→ 2.4). Wechselwirken Körper miteinander, ändern sich im Allgemeinen ihre Impulse. Haben die Körper keine Wechselwirkung mit anderen Körpern, so bilden sie ein *abgeschlossenes System.*

Ein **abgeschlossenes System** ist eine Anordnung von Körpern, die nur untereinander wechselwirken, auf die also keine Kräfte von außen wirken.

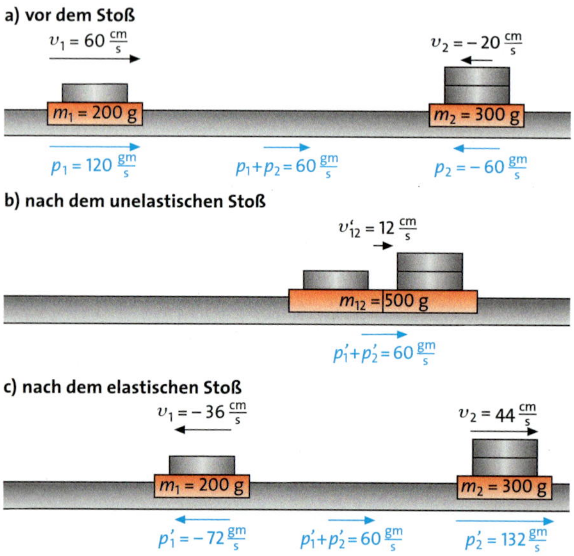


**52.1** Unelastischer und elastischer Stoß zweier Gleiter

### 3.1.1 Stöße längs einer Geraden

Zwei auf der Luftkissenschiene zusammenstoßende Gleiter (→ 2.3) bilden ein abgeschlossenes System.

**Versuch 1 – Unelastischer und elastischer Stoß:** Zwei Gleiter mit unterschiedlichen Massen $m_1$ und $m_2$ stoßen auf der Luftkissenschiene einmal *unelastisch* und einmal *elastisch* zusammen (**Abb. 52.1**). Beim unelastischen Stoß wird an den Stirnflächen der Gleiter Knetmasse angebracht, beim elastischen Stoß werden Stahlfedern

**Impulssummen**

| **a) vor dem Stoß** | |
|---|---|
| $p_1 = m_1 v_1$<br>$= 200\,\text{g} \cdot 60\,\text{cm/s}$<br>$= 120\,\text{gm/s}$ | $p_2 = m_2 v_2$<br>$= 300\,\text{g} \cdot (-20)\,\text{cm/s}$<br>$= -60\,\text{gm/s}$ |
| $p_1 + p_2 = 120\,\text{gm/s} - 60\,\text{gm/s} = \mathbf{60}\,\text{gm/s}$ | |
| **b) nach dem unelastischen Stoß** | |
| $p'_1 + p'_2 = (m_1 + m_2)\,v'_{12} = 500\,\text{g} \cdot 12\,\text{cm/s}$<br>$= \mathbf{60}\,\text{gm/s}$ | |
| **c) nach dem elastischen Stoß** | |
| $p'_1 = m_1 v'_1$<br>$= 200\,\text{g} \cdot (-36)\,\text{cm/s}$<br>$= -72\,\text{gm/s}$ | $p'_2 = m_2 v'_2$<br>$= 300\,\text{g} \cdot 44\,\text{cm/s}$<br>$= 132\,\text{gm/s}$ |
| $p'_1 + p'_2 = -72\,\text{gm/s} + 132\,\text{gm/s} = \mathbf{60}\,\text{gm/s}$ | |

**52.2** Impulssummen bei den Versuchen in **Abb. 52.1**

aufgesteckt. Zur Geschwindigkeitsmessung sind auf den Gleitern Streifen der Breite $\Delta s = 1$ cm angebracht, mit denen beim Durchgang durch Lichtschranken die Zeiten $\Delta t$ vor und nach dem Stoß ermittelt werden. Die Geschwindigkeiten vor den Stößen werden mit $v_1$ und $v_2$ und nach den Stößen mit $v_1'$ und $v_2'$ bezeichnet.

*Ergebnis:* **Abb. 52.1** gibt die Messwerte wieder. Da die Wegachse konventionell nach rechts gerichtet ist, haben Geschwindigkeiten und Impulse nach rechts positive, nach links negative Werte. Für die zufälligen Anfangsgeschwindigkeiten $v_1$ und $v_2$ wurden einfache Zahlenwerte gewählt.

*Auswertung:* Sowohl beim unelastischen (**Abb. 52.1 b**) als auch beim elastischen Stoß (**Abb. 52.1 c**) ist die Summe der Impulse $p_1 + p_2$ vor dem Stoß gleich der Summe der Impulse $p_1' + p_2'$ nach dem Stoß (**Tab. 52.2**). ◄

**Impulserhaltungssatz:**
Beim Stoß zweier Körper längs einer Geraden ist die Summe der Impulse vor dem Stoß gleich der Summe der Impulse nach dem Stoß.

**Unelastischer Stoß:**
$p_1 + p_2 = p_{12}'$ bzw. $m_1 v_1 + m_2 v_2 = (m_1 + m_2)\, v_{12}'$

**Elastischer Stoß:**
$p_1 + p_2 = p_1' + p_2'$ bzw. $m_1 v_1 + m_2 v_2 = m_1 v_1' + m_2 v_2'$

## Antrieb durch Rückstoß

Tintenfische können ruckartig durch das Wasser schwimmen. Dies geschieht durch einen aus einer *Muskeldüse* nach hinten ausgestoßenen Wasserstrahl. Es ist das gleiche Antriebsprinzip, das bei Strahltriebwerken und Raketenmotoren genutzt wird. Durch das Ausstoßen heißer Gase kommt es wegen der Impulserhaltung zu einem *Rückstoß*, der das Flugzeug oder die Rakete vorantreibt. Während Strahltriebwerke Luft ansaugen, führen Raketen den gesamten Treibstoff einschließlich des flüssigen Sauerstoffs mit sich. Ein optimaler Raketentreibstoff ist flüssiger Wasserstoff, der mit flüssigem Sauerstoff zu Wasser verbrennt. Aufgrund der hohen Temperaturen bei der Verbrennung werden Ausströmgeschwindigkeiten $w$ bis zu 3,6 km/s erreicht.

Hat eine Rakete zu einem bestimmten Zeitpunkt $t$ die Masse $m$ und die Geschwindigkeit $v$, so ist der Impuls des abgeschlossenen Systems aus Rakete und Treibstoff:

$$p_{\text{System}} = m\,v$$

Während der kurzen Zeitspanne $\Delta t$ wird verbrannter Treibstoff der Masse $\Delta m$ mit der auf den Raum bezogenen Geschwindigkeit $-w + v$ ausgestoßen. Die Geschwindigkeit der Rakete erhöht sich dadurch um $\Delta v$ auf $v + \Delta v$, sodass sich der Impuls des Systems zum Zeitpunkt $t + \Delta t$ wie folgt berechnet (**Abb. 53.1**):

$$\begin{aligned} p_{\text{System}} &= (m - \Delta m)\,(v + \Delta v) + \Delta m\,(-w + v) \\ &= m\,v + m\,\Delta v - \Delta m\,v - \Delta m\,\Delta v - \Delta m\,w + \Delta m\,v \\ &= m\,v + m\,\Delta v - \Delta m\,w \end{aligned}$$

Der Term $\Delta m\,\Delta v$ kann als Produkt zweier kleiner Größen vernachlässigt werden. Wegen der Impulserhaltung folgt aus den beiden Gleichungen

$$m\,\Delta v - \Delta m\,w = 0.$$

Die Division durch $\Delta t$ liefert die *Schubkraft*

$$F_{\text{Schub}} = m\,(t)\,\frac{\Delta v}{\Delta t} = w\,\frac{\Delta m}{\Delta t};$$

$\Delta m / \Delta t$ ist der *Massestrom* der mit der Geschwindigkeit $w$ aus der Rakete austretenden Verbrennungsgase.

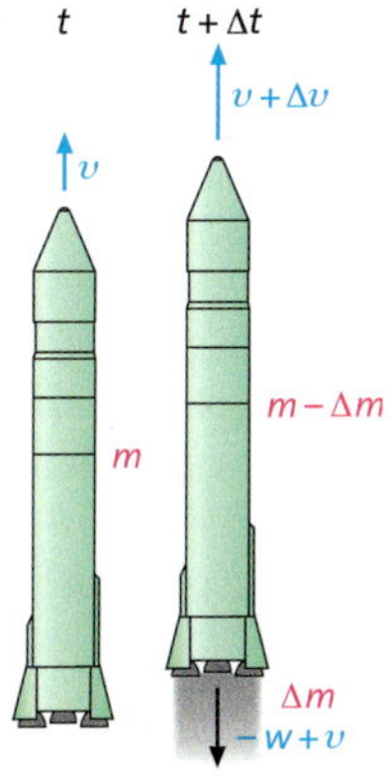


**53.1** Raketenantrieb

Die **Raketengleichung** gibt die Beschleunigung $a$ einer Rakete an:

$$a = \frac{F_{\text{Schub}}}{m\,(t)} = \frac{w}{m\,(t)}\,\frac{\Delta m}{\Delta t}$$

Beim Start der Rakete ist der nach oben wirkenden Schubkraft die Gewichtskraft der Rakete $F_G = -m\,g$ entgegengerichtet. Damit lautet die Raketengleichung:

$$a = \frac{F_{\text{Schub}} - F_G}{m\,(t)} = \frac{w}{m\,(t)}\,\frac{\Delta m}{\Delta t} - g$$

Die erste Stufe der Saturnrakete, mit der im Jahr 1969 die Apollomission zum Mond durchgeführt wurde, hatte den Massefluss $\Delta m / \Delta t = 15$ t/s. Mit dem Treibstoff Kerosin betrug die Ausströmgeschwindigkeit $w = 2{,}8$ km/s. Die Schubkraft berechnet sich damit zu $F_{\text{Schub}} = 42$ MN. Wegen der hohen Startmasse von $m = 3000$ t ergibt sich aus der Raketengleichung eine Startbeschleunigung von $a = (14 - 10)\ \text{m/s}^2 = 4\ \text{m/s}^2$, die aber wegen der abnehmenden Masse zunehmend größer wird.

## Aufgaben

1. Zwei Gleiter mit den Massen $m_1 = 200$ g und $m_2 = 100$ g haben die Geschwindigkeiten $v_1 = 20$ cm/s und $v_2 = -80$ cm/s. Berechnen Sie die Geschwindigkeit der beiden Gleiter nach einem unelastischen Stoß.
2. Ein stehender Güterwagen ($m_1 = 20$ t) wird durch einen anderen Güterwagen ($m_2 = 30$ t) mit $v_2 = 5$ km/h unelastisch angestoßen. Berechnen Sie die gemeinsame Geschwindigkeit $v'$ der beiden Wagen nach dem Stoß.
3. Berechnen Sie mit der Raketengleichung iterativ die Geschwindigkeit $v\,(t + \Delta t) = v\,(t) + a\,(t)\,\Delta t$, wenn nach 2,5 min die erste Stufe der Saturnrakete leergebrannt ist. Rechnen Sie mit dem Zeitintervall $\Delta t = 10$ s.

## 3.1.2 Stöße im Schwerpunktsystem

Der Schwerpunkt eines Körpers oder eines Systems aus mehreren Körpern ist derjenige Punkt, der sich so bewegt, als ob die gesamte Masse im Schwerpunkt vereinigt wäre und alle äußeren Kräfte ausschließlich dort angriffen. Um die Koordinate $x_S$ des Schwerpunkts S der beiden Kugeln mit den Massen $m_1$ und $m_2$ in **Abb. 54.1** zu ermitteln, denke man sich die Kugeln durch eine masselose Stange verbunden. Wird die Anordnung im Schwerpunkt S unterstützt, so herrscht Gleichgewicht.
In **Abb. 54.1** rufen nach dem Hebelgesetz die beiden Gewichtskräfte $F_1 = m_1 g$ und $F_2 = m_2 g$ um den Koordinatenursprung D zusammen das gleiche *Drehmoment*

$$M_1 + M_2 = F_1 x_1 + F_2 x_2 = m_1 g x_1 + m_2 g x_2$$

hervor, wie das Drehmoment $M_S = (m_1 + m_2) g x_S$ der im Schwerpunkt vereint gedachten Massen. Aus $M_1 + M_2 = M_S$ folgt $(m_1 + m_2) g x_S = m_1 g x_1 + m_2 g x_2$ und daraus für die Koordinate des Schwerpunkts:

$$x_S = \frac{m_1 x_1 + m_2 x_2}{m_1 + m_2}$$

Bewegen sich die Körper längs der $x$-Achse mit den Geschwindigkeiten $v_1$ und $v_2$, so bewegt sich der Schwerpunkt mit der Geschwindigkeit $v_S$. In der Zeit $\Delta t$ legen die Körper die Strecken $\Delta x_1 = v_1 \Delta t$, bzw. $\Delta x_2 = v_2 \Delta t$ und der Schwerpunkt die Strecke $\Delta x_S = v_S \Delta t$ zurück. Es gilt

$$x_S + \Delta x_S = \frac{m_1 (x_1 + \Delta x_1) + m_2 (x_2 + \Delta x_2)}{m_1 + m_2}. \text{ Daraus folgt}$$

$$x_S + v_S \Delta t = \frac{m_1 (x_1 + v_1 \Delta t) + m_2 (x_2 + v_2 \Delta t)}{m_1 + m_2}$$

$$= \frac{m_1 x_1 + m_2 x_2}{m_1 + m_2} + \frac{m_1 v_1 + m_2 v_2}{m_1 + m_2} \Delta t.$$

Der Vergleich beider Seiten liefert eine Gleichung für die Geschwindigkeit $v_S$ des Schwerpunkts

$$v_S = \frac{m_1 v_1 + m_2 v_2}{m_1 + m_2}.$$

Die Summe im Zähler ist die Summe der Impulse $m_1 v_1 + m_2 v_2 = p_1 + p_2$, die nach dem Impulserhaltungssatz konstant, also vor und nach dem Stoß gleich ist. Damit ist die Geschwindigkeit des Schwerpunkts eines abgeschlossenen Systems konstant (**Abb. 55.2**).

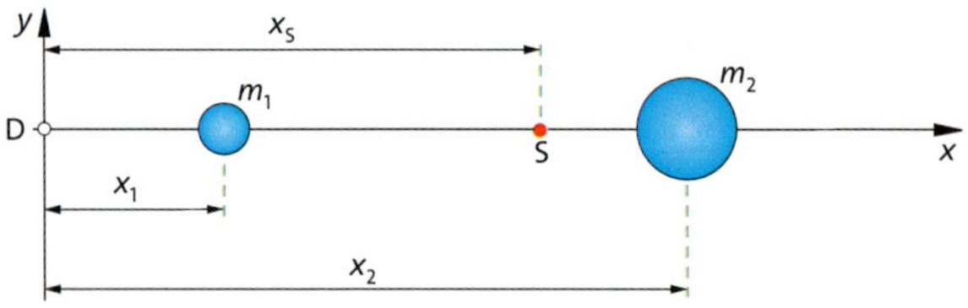


**54.1** Schwerpunkt S zweier Körper mit den Massen $m_1$ und $m_2$

**Schwerpunktsatz:**
Die Geschwindigkeit $v_S$ des Schwerpunkts eines abgeschlossenen Systems ist konstant und ändert sich durch innere Wechselwirkungen nicht.
Vor und nach dem Stoß zweier Körper bewegt sich der Schwerpunkt S mit der konstanten Geschwindigkeit:

$$v_S = \frac{m_1 v_1 + m_2 v_2}{m_1 + m_2}$$

### Der elastische Stoß im Schwerpunktsystem

Die Bewegungen von Körpern werden in Bezug auf ein vorher festgelegtes Koordinatensystem beschrieben. Bezugssysteme, in denen das Galilei'sche Trägheitsprinzip gilt, heißen **Inertialsysteme** (→ 2.1). In einem Inertialsystem bleibt der Impuls eines Körpers konstant, solange keine Kraft auf ihn einwirkt.
Nach dem **Galilei'schen Relativitätsprinzip** sind alle Inertialsysteme, also alle Bezugssysteme, die sich relativ zueinander mit konstanter Geschwindigkeit bewegen, gleichberechtigt. Das bedeutet, dass ein in einem Inertialsystem gültiges Gesetz, wie z. B. der Impulserhaltungssatz, auch in jedem anderen Inertialsystem gilt. Mithilfe dieses Prinzips können die Geschwindigkeiten zweier Körper nach einem elastischen Stoß berechnet werden, wie die folgenden Überlegungen zeigen.

In einem Bezugssystem $I_A$ gilt für den elastischen Stoß der Impulserhaltungssatz $m_1 v_1 + m_2 v_2 = m_1 v_1' + m_2 v_2'$. Bei gegebenen Werten für die Massen der Körper und die Geschwindigkeiten vor dem Stoß können die beiden unbekannten Geschwindigkeiten $v_1'$ und $v_2'$ nach dem Stoß nicht aus dieser einen Gleichung berechnet werden. Darum wird der Stoßvorgang in einem Bezugssystem $I_B$ beschrieben, und zwar im **Schwerpunktsystem** dieser beiden Körper, das sich längs der Geraden mit der Geschwindigkeit $v_S$ gegenüber dem Bezugssystem $I_A$ bewegt.
Wenn die Geschwindigkeiten im Schwerpunktsystem $I_B$ mit dem Buchstaben $u$ bezeichnet werden, gelten zwischen den Bezugssystemen für die Geschwindigkeiten $v$ in $I_A$ und $u$ in $I_B$ die folgenden einfachen *Transformationsgleichungen:*

$$u = v - v_S \quad \text{bzw.} \quad v = u + v_S \quad \text{mit} \quad v_S = \frac{m_1 v_1 + m_2 v_2}{m_1 + m_2}$$

Das Schwerpunktsystem bewegt sich mit der konstanten Geschwindigkeit $v_S$ des Schwerpunkts. Da der Schwerpunkt in diesem System ruht, ist die Summe der Impulse aller Körper null: Im Schwerpunktsystem haben demnach die beiden Gleiter Impulse von gleichem Betrag mit unterschiedlichen Vorzeichen. Die

Gleiter bewegen sich entweder aufeinander zu oder voneinander weg oder ruhen beide. Werden die Impulse im Schwerpunktsystem mit $p(u_1)$ und $p(u_2)$ bzw. $p(u_1')$ und $p(u_2')$ bezeichnet, so gilt $p(u_1) + p(u_2) = 0$ und damit $p(u_1) = -p(u_2)$.
Beim Stoß kehren sich die Vorzeichen um, da sich die Gleiter nun nicht mehr aufeinander zu, sondern voneinander weg bewegen (**Abb. 55.1**). Im *ideal elastischen Fall* sind die Beträge der Impulse vor dem Stoß gleich denen nach dem Stoß:
$p(u_1') = -p(u_1)$ bzw. $p(u_2') = -p(u_2)$.
Daraus folgt unmittelbar, dass die Geschwindigkeiten beim Stoß ihr Vorzeichen umkehren:
$u_1' = -u_1$ und $u_2' = -u_2$.
Die Transformation dieser Geschwindigkeiten in das ursprüngliche Bezugssystem mit $v' = u' + v_S$ ergibt für die Geschwindigkeiten $v_1'$ und $v_2'$:

$$v_1' = u_1' + v_S = -u_1 + v_S = -(v_1 - v_S) + v_S = -v_1 + 2\,v_S$$
$$v_2' = -v_2 + 2\,v_S$$

Damit ist die Berechnung der Geschwindigkeiten nach dem Stoß gelungen. Möglich ist dies aufgrund der Symmetrie der Impulse im Schwerpunktsystem.

Beim **ideal elastischen Stoß** berechnen sich die Geschwindigkeiten nach dem Stoß zu
$v_1' = -v_1 + 2\,v_S$ und $v_2' = -v_2 + 2\,v_S$,
wobei $v_S$ die Schwerpunktgeschwindigkeit ist:
$$v_S = \frac{m_1 v_1 + m_2 v_2}{m_1 + m_2}$$

Zwischen den Grenzfällen *ideal elastischer Stoß* und *unelastischer Stoß* gibt es in der Realität eine von der Elastizität der Stoßpartner bestimmte kontinuierliche Folge von *real elastischen Stößen*. Real sind die Beträge der Impulse nach der Wechselwirkung kleiner als vorher. Da die Impulssumme im Schwerpunktsystem auch im real elastischen Fall null ist, werden die Impulsbeträge um den gleichen Faktor $e$ mit $0 < e < 1$ kleiner (**Abb. 55.1**). Der Faktor $e$ heißt **Stoßzahl.**

Für die Impulse im Schwerpunktsystem gilt
$p(u_1') = -e\,p(u_1)$ und $p(u_2') = -e\,p(u_2)$,
für die Geschwindigkeiten
$u_1' = -e\,u_1$ und $u_2' = -e\,u_2$.
Mit $v' = u' + v_S$ folgt für $v_1'$ ($v_2'$ gilt entsprechend):

$$v_1' = u_1' + v_S = -e\,u_1 + v_S = -e(v_1 - v_S) + v_S$$
$$= -e\,v_1 + (e+1)\,v_S$$

Beim **real elastischen Stoß** berechnen sich mit der **Stoßzahl *e*** die Geschwindigkeiten nach dem Stoß zu
$v_1' = -e\,v_1 + (e+1)\,v_S$ bzw. $v_2' = -e\,v_2 + (e+1)\,v_S$.
Es gilt $e = -u_1'/u_1 = -u_2'/u_2$ mit $0 < e < 1$.

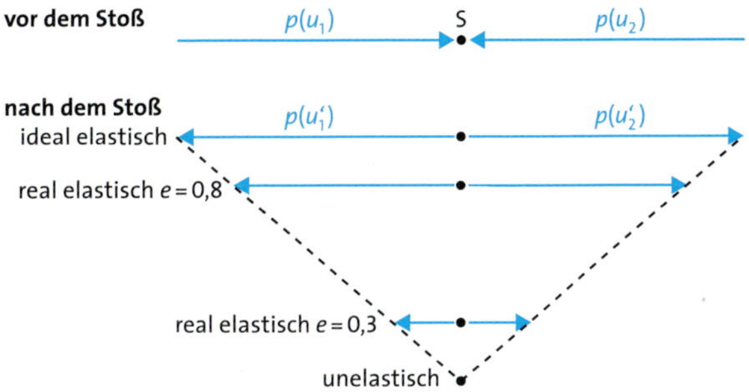

**55.1** Impulse im Schwerpunktsystem

**55.2** Ein Astronaut bei Außenarbeiten an der Raumstation ISS. Raumstation und Astronaut bilden ein abgeschlossenes System, dessen Schwerpunktbewegung um die Erde durch Bewegungen der Astronauten nicht beeinflusst wird.

## Aufgaben

1. Zwei Gleiter mit den Massen $m_1 = 200$ g und $m_2 = 100$ g haben vor einem Stoß die Geschwindigkeiten $v_1 = 20$ cm/s und $v_2 = -80$ cm/s.
   **a)** Berechnen Sie die Geschwindigkeit des Schwerpunkts.
   **b)** Berechnen Sie die Geschwindigkeiten nach einem unelastischen und einem ideal elastischen Stoß.
   **c)** Ermitteln Sie für den ideal elastischen Stoß die Geschwindigkeiten und die Impulse im Schwerpunktsystem.
2. Zwei Gleiter bewegen sich vor einem unelastischen Stoß mit den Geschwindigkeiten $v_1 = 12$ cm/s und $v_2 = 4$ cm/s und nach dem Stoß mit $v_{12}' = 7$ cm/s. Ermitteln Sie das Massenverhältnis $m_1/m_2$.
3. Ein Kind (Masse $m_K = 49$ kg) steht auf einem Wagen (Masse $m_W = 22$ kg), der auf horizontaler Straße mit der Geschwindigkeit $v_W = 1{,}5$ m/s fährt. Das Kind springt in Fahrtrichtung von dem Wagen und stößt sich dabei so ab, dass es die Geschwindigkeit $v_K' = 2{,}3$ m/s hat. Berechnen Sie die Geschwindigkeit $v_W'$ des Wagens nach dem Absprung.
4. Bei einem real elastischen Stoß fährt ein Wagen der Masse $m_1 = 16$ kg mit $v_1 = 4$ m/s gegen einen mit $v_2 = 3$ m/s vorausfahrenden Wagen der Masse $m_2 = 9$ kg. Nach dem Stoß hat der vorausfahrende Wagen die Geschwindigkeit $v_2' = 4$ m/s. Ermitteln Sie die Stoßzahl $e$ und geben Sie die Geschwindigkeit des ersten Wagens nach dem Stoß an.

## 3.1.3 Stöße in der Ebene

In der Ebene bewegen sich Körper im Allgemeinen in unterschiedliche Richtungen und haben daher Geschwindigkeitsvektoren $\vec{v}$, deren Richtungen verschieden sind. Gleiches gilt für Impulse, denn Impulse sind Vektoren, die sich als Produkt aus dem Vektor $\vec{v}$ und der *skalaren Größe* Masse $m$ berechnen: $\vec{p} = m\vec{v}$

In der Ebene kann ein Impuls $\vec{p}$ in zwei Komponenten $p_x$ und $p_y$ zerlegt werden, die die Richtungen der senkrecht zueinander stehenden Ortsachsen $s_x$ und $s_y$ haben. Erfährt ein Körper mit dem Impuls $\vec{p}$ aufgrund einer Wechselwirkung die Impulsänderung $\Delta\vec{p}$, so gilt für den neuen Vektor $\vec{p}\,'$ die Vektoraddition: $\vec{p}\,' = \vec{p} + \overrightarrow{\Delta p}$. Diese Vektorgleichung ist so zu verstehen, dass die Additionen der Komponenten in $x$- und $y$-Richtung unabhängig voneinander ausgeführt werden $p_x + \Delta p_x = p'_x$ bzw. $p_y + \Delta p_y = p'_y$, und die so berechneten Summen die Komponenten $p'_x$ und $p'_y$ des Vektors $\vec{p}\,'$ bilden.

Damit erfasst die Vektoraddition ein Grundprinzip der Natur, das sogenannte **Superpositionsprinzip.** Gilt ein Gesetz, z. B. der Satz von der Impulserhaltung, in *einer* Raumrichtung (→ 3.1.1), so gilt das Gesetz in jeder der drei Richtungen des Raums, und zwar *unabhängig* voneinander. In der Ebene bzw. im Raum gelten die Gesetze entsprechend der Vektorrechnung.

Für Impulse in der Ebene bedeutet dies, dass aus den Impulserhaltungsgesetzen längs der $x$- und der $y$-Achse

$$p_{x1} + p_{x2} = p'_{x1} + p'_{x2} \quad \text{und} \quad p_{y1} + p_{y2} = p'_{y1} + p'_{y2}$$

eine Vektorgleichung für die Impulserhaltung in der Ebene folgt.

**Vektorielle Impulserhaltung:**
$\vec{p}_1 + \vec{p}_2 = \vec{p}\,'_1 + \vec{p}\,'_2$

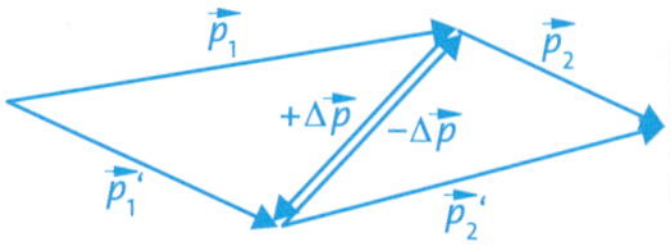


Die vektorielle Impulserhaltung in der Ebene bzw. im Raum folgt aus der Superposition der Impulserhaltungen parallel zu den Koordinatenachsen.

Die vektorielle Impulserhaltung kann mit der stroboskopischen Aufnahme des Stoßes zweier Kugeln bestätigt werden.

**Abb. 56.1a** zeigt die stroboskopische Aufnahme eines Stoßes zwischen zwei Kugeln unterschiedlicher Masse und Geschwindigkeit, die beide am oberen Rand in das Bild eintreten. Aus den in der Legende angegebenen Daten lassen sich die Impulse berechnen.

**Abb. 56.1b** zeigt die Bewegungsrichtungen der Kugeln und – auf den Richtungen abgetragen – die Impulse der Kugeln vor und nach dem Stoß. Aus der Abbildung ergibt sich, dass die vektorielle Summe der Impulse vor und nach dem Stoß gleich ist: $\vec{p}_1 + \vec{p}_2 = \vec{p}\,'_1 + \vec{p}\,'_2$.

**Abb. 56.1c** zeigt die Bahnen der beiden Kugeln. Auf den Verbindungsstrecken von gleichzeitigen Aufnahmen der Kugeln wurde dem Massenverhältnis entsprechend der Schwerpunkt eingetragen. Der geradlinige Verlauf der Schwerpunktbahn mit Punkten in gleichen Abständen vor und nach dem Stoß zeigt, dass sich der Schwerpunkt entsprechend dem Schwerpunktsatz (→ 3.1.2) auch in der Ebene gleichförmig bewegt.

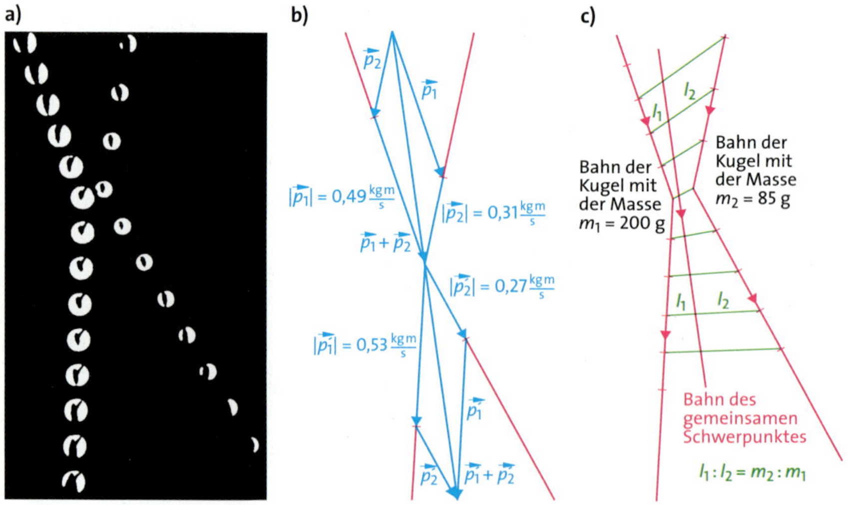


**56.1 a)** Stroboskopische Aufnahme eines elastischen Stoßes zweier Kugeln, die von oben in das Bild eintreten. Die Masse der großen Kugel beträgt $m_1$ = 0,200 kg, die Masse der kleinen $m_2$ = 0,085 kg. Die Blitzfrequenz ist 30 $s^{-1}$, der Abbildungsmaßstab ist 1:20.
**b)** Die Impulse haben dieselben Richtungen wie die Geschwindigkeiten und addieren sich vektoriell.
**c)** Der gemeinsame Schwerpunkt zweier Kugeln bewegt sich unabhängig von der Wechselwirkung in Richtung der Impulssumme. Der Schwerpunkt teilt die Verbindungsstrecke der Kugeln im umgekehrten Verhältnis der Massen der Kugeln.

## Schiefer elastischer Stoß gegen eine Wand

Ein Beispiel, bei dem die Vektoreigenschaft des Impulses berücksichtigt werden muss, ist der schiefe elastische Stoß eines Körpers gegen eine Wand. Jeder Impulsvektor kann in zwei Komponenten zerlegt werden, in eine Komponente parallel und in eine Komponente senkrecht zur Wand. Durch diese beiden Vektoren ist eine Ebene, die sogenannte Einfallsebene, definiert, die senkrecht zur Wand steht. Diese Ebene ist die Zeichenebene in **Abb. 57.1**.

Aus dem Impulserhaltungssatz folgt, dass die Komponente des Impulses $p_{par}$ parallel zur Wand beim Stoß unverändert bleibt: $p_{par} = p'_{par}$. Für die senkrechte Impulskomponente gilt $p_{senk} = -p'_{senk}$, was auf der gegenüber der Masse des stoßenden Körpers sehr viel größeren Masse der Wand beruht.

Das bedeutet, dass auch nach der Reflexion der Vektor des Impulses $p'$ bzw. der Geschwindigkeit $v'$ in der oben definierten Einfallsebene liegt. Für den Einfallswinkel $\alpha$ gilt $\tan\alpha = |p_{par}|/|p_{senk}|$, für den Reflexionswinkel $\tan\beta = |p'_{par}|/|p'_{senk}|$. Wegen der Beziehungen zwischen den Impulskomponenten folgt $\alpha = \beta$, d.h. der Einfallswinkel ist gleich dem Ausfallswinkel. Für den elastischen Stoß eines Körpers auf eine Wand gilt das Reflexionsgesetz, das dem Reflexionsgesetz der Optik entspricht.

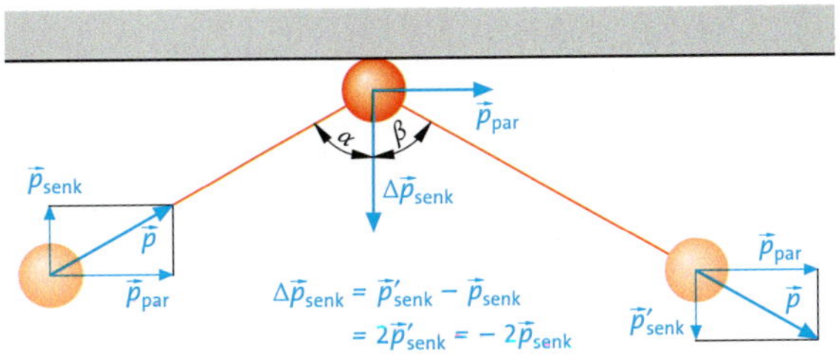


**57.1** Schiefer elastischer Stoß gegen eine Wand. Die Zeichenebene ist die Einfallsebene. Wegen $p_{senk} = -p'_{senk}$ gilt das Reflexionsgesetz: $\tan\alpha = |p_{par}|/|p_{senk}| = \tan\beta = |p'_{par}|/|p'_{senk}|$.

## Aufgaben

**1.** In der Stroboskop-Aufnahme (30 Blitze pro Sekunde) kommt eine Kugel von unten und stößt nicht zentral gegen eine ruhende Kugel von gleicher Masse $m = 173$ g, die nach rechts oben weg rollt (die zunächst ruhende Kugel ist mehrfach belichtet und erscheint daher heller).

**a)** Ermitteln Sie die Geschwindigkeiten der Kugeln vor und nach dem Stoß. Der Abbildungsmaßstab ergibt sich aus der Größe der Kugeln, die einen Durchmesser von 6 cm haben (es ist nicht notwendig, dass der Abbildungsmaßstab sehr genau ermittelt wird).

**b)** Berechnen Sie die Beträge der Impulse und stellen sie die Impulse in einem Vektordiagramm dar. Zeigen Sie grafisch, dass die vektorielle Impulserhaltung gilt.

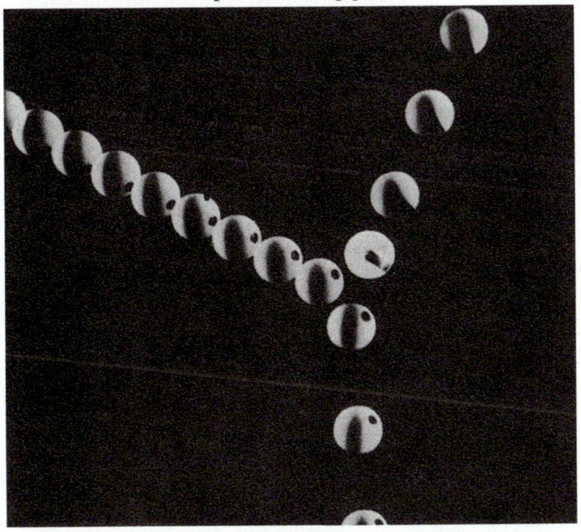

**2.** Eine Explosion zersprengt einen Stein in drei Teile. Zwei Stücke ($m_1 = 1{,}0$ kg, $m_2 = 2{,}0$ kg) fliegen rechtwinklig zueinander mit $v_1 = 12$ m/s bzw. mit $v_2 = 8{,}0$ m/s weg. Das dritte Stück fliegt mit $v_3 = 40$ m/s weg. Ermitteln Sie aus einem Diagramm die Richtung der Geschwindigkeit und die Masse des dritten Stücks.

**3.** Ein Satellit bewegt sich horizontal mit der Geschwindigkeit $v_1 = 8$ km/s relativ zur Erde. Er soll eine Ladung in horizontaler Richtung rückwärts ausstoßen, sodass diese senkrecht auf die Erde fällt. Satellit und Ladung wiegen 450 kg, die Ladung allein beträgt 50 kg.

**a)** Berechnen Sie die Geschwindigkeit, mit der die Ladung relativ zum Satelliten ausgestoßen werden muss.

**b)** Berechnen Sie die Geschwindigkeit, die der Satellit nach dem Ausstoßen der Ladung relativ zur Erde besitzt.

**4.** Zwei Wagen von gleicher Masse ($m_1 = m_2 = 2$ kg) bewegen sich gemeinsam mit der Geschwindigkeit $v = 0{,}5$ m/s. Nachdem eine Feder sie auseinandergedrückt hat, fährt einer von ihnen mit $v'_1 = 0{,}7$ m/s.

**a)** Geben Sie die Geschwindigkeit des Schwerpunkts nach dem Einwirken der Feder an.

**b)** Ermitteln Sie die Geschwindigkeit des zweiten Wagens.

**5.** Ein Junge ($m = 60$ kg) springt während der Fahrt von einem mit $v_W = 2{,}0$ m/s rollenden Wagen ($m_W = 20$ kg) ab.
Beim Auftreffen auf den Boden

**a)** bewegt sich der Junge mit der gleichen Geschwindigkeit wie der Wagen;

**b)** hat er relativ zum Boden die Geschwindigkeit $v = 0$;

**c)** bewegt er sich mit der doppelten Geschwindigkeit, die der Wagen anfangs hatte.

Diskutieren Sie die unterschiedlichen Fälle und geben Sie jeweils die Geschwindigkeit des Wagens nachher an.

## 3.2 Die Energieerhaltung

Leben ist auf der Erde nur möglich, weil mit der Sonnenstrahlung sehr viel Energie zur Erde gelangt, die größtenteils absorbiert wird. Die absorbierte Energie sorgt an der Erdoberfläche für eine mittlere Temperatur von 15 °C. Die vor 300 Millionen Jahren im Karbon von den Pflanzen mit der Photosynthese aufgenommene Energie ist in den fossilen Brennstoffen Kohle, Erdöl und Erdgas gespeichert und wird heute von uns genutzt. Die dabei ablaufenden thermodynamischen, mechanischen und elektrischen Prozesse unterliegen alle dem Gesetz der Energieerhaltung.

### 3.2.1 Die mechanische Energie

Die *Goldene Regel der Mechanik* ist ein Erfahrungssatz aus dem Alltag. Beispielsweise muss beim Radfahren am Berg eine bestimmte Kraft $F$ auf die Pedale ausgeübt werden. Um diese Kraft zu verkleinern, kann in einen niedrigeren Gang geschaltet werden. Nun kann mit kleinerer Kraft getreten werden, zum Ausgleich müssen die Pedale bei ihren zahlreicheren Umdrehungen jetzt aber einen längeren Weg zurücklegen, bis die Berghöhe erreicht ist. Beim Einsatz von Hebelwerkzeugen, Flaschenzügen oder hydraulischen Hebevorrichtungen tritt ebenfalls die „Goldene Regel" auf. Umgangssprachlich formuliert lautet sie: „Was an Kraft eingespart wird, muss an Weg zugelegt werden." Diese Regel führt zur Definition der Energie.

**Versuch 1:** Ein Körper von 0,6 kg hat eine Gewichtskraft von $F_G = 6$ N. Mit einem über eine feste Rolle gelegten Seil wird der Körper um die Höhe $\Delta h = 1{,}2$ m angehoben (**Abb. 58.1a**). An dem Seil muss mit der Kraft $F = 6$ N gezogen werden und das Seil ist um den Weg $s = 1{,}2$ m einzuholen. Nun wird an dem Körper eine lose Rolle angebracht (**Abb. 56.1b**). Da jetzt zwei Seilstücke den Körper tragen, halbiert sich die Seilkraft, sodass nur noch mit $F = 3$ N zu ziehen ist. Dafür sind nun aber zwei Seilstücke und damit die doppelte Länge $s = 2{,}4$ m einzuholen.

*Versuchsauswertung:* Das Produkt aus der aufzuwendenden Kraft $F$ und der Länge $s$ des einzuholenden Seils ist in beiden Fällen gleich:
$Fs = 6\text{ N} \cdot 1{,}2\text{ m} = 3\text{ N} \cdot 2{,}4\text{ m} = 7{,}2\text{ Nm}$. ◄

Kommt ein Flaschenzug mit 3 losen Rollen zum Einsatz, so halten 6 Seilstücke den Körper und die Seilkraft beträgt nur $F = 6\text{ N}/6 = 1$ N; dafür müssen 6 Seilstücke eingeholt werden, sodass der Weg $s = 6 \cdot 1{,}2\text{ m} = 7{,}2$ m beträgt. Dabei ist das Produkt aus Kraft und Weg stets gleich. Anhand dieser zahlenmäßigen Erfassung der Goldenen Regel kann die Energie definiert werden.

Wirkt auf einen bewegten Körper eine konstante Kraft $F$ längs des Weges $s$, so erhält der Körper die **mechanische Energie** $E = Fs$.
Die Einheit der Energie ist nach dem britischen Physiker James Prescott JOULE (1818–1889) benannt:
$[E] = [Fs] = 1\text{ Nm} = 1\text{ J}$ (Joule)

Historisch wird das Produkt $W = Fs$ als *Arbeit* bezeichnet. Dieser Begriff wird hier nicht verwandt, da er zusätzlich zu dem der Energie nicht notwendig ist.

Wirkt die Kraft $F$ nicht in Richtung des Weges $s$, sondern schließen $F$ und $s$ einen Winkel $\alpha$ ein, so kann der Kraftvektor in Komponenten zerlegt werden. Wird z. B. eine Kiste von einer Person mit einem Seil gezogen, so bewegt sich die Kiste parallel zum Boden, während die Kraft unter einem Winkel $\alpha$ schräg nach oben zieht (**Abb. 58.2**). Die auf die Kiste wirkende Kraft $\vec{F}$ kann in eine Komponente $F_s$ parallel zum Weg und eine Komponente $F_\perp$ senkrecht zum Weg zerlegt werden. Da $s_\perp = 0$ ist, wird durch die Komponente $F_\perp$ keine Energie übertragen, sondern nur durch die Komponente $F_s$ in Richtung des Weges die Energie $E = F_s s$. Die Komponente $F_s$ ist $F_s = F \cos\alpha$, sodass gilt:

$$E = F_s s = Fs \cos\alpha.$$

Die Sprechweise „längs des Weges" meint in der Regel nicht die Wegkoordinate $s$, sondern eine Wegstrecke

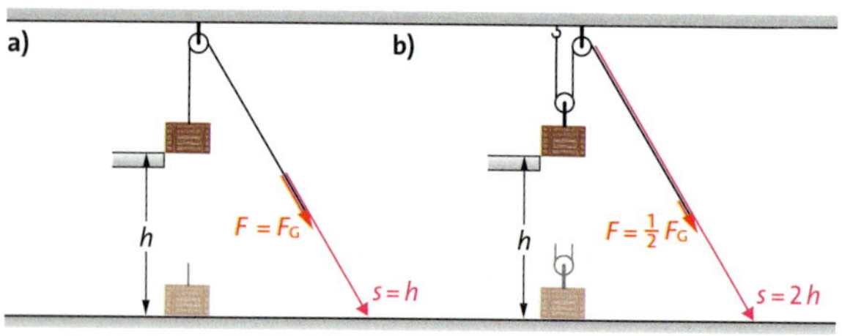


**58.1** Die lose Rolle halbiert die aufzuwendende Kraft $F$ und verdoppelt die einzuholende Seillänge $s$.

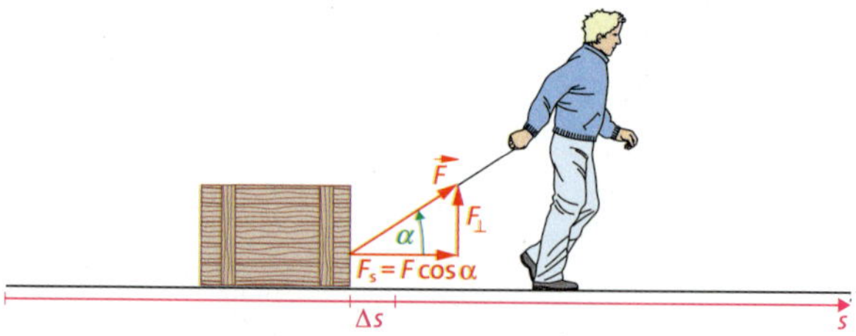


**58.2** Die an der Kiste angreifende Kraft $\vec{F}$ wird in eine Komponente parallel und eine senkrecht zum Weg zerlegt.

$\Delta s = s_2 - s_1$. In der Gleichung für die mechanische Energie wird daher $\Delta s$ statt $s$ geschrieben. Auch die längs der Wegstrecke $\Delta s$ aufgebrachte Energie ist dann ein Teilbetrag $\Delta E$.

> **Mechanische Energie:** Wirkt auf einen bewegten Körper die konstante Kraft $F_s = F \cos\alpha$ längs des Weges $\Delta s$, so erhält der Körper die Energie
> $\Delta E = F_s \Delta s = F \Delta s \cos\alpha$.

Erhält ein Körper mechanische Energie, so gibt ein anderer Körper diese Energie ab. In **Abb. 58.2** überträgt die ziehende Person Energie an die Kiste. Geliefert wird die Energie von den Muskeln des Manns, der die Energie aus der biologischen Verbrennung der Nahrung bezieht. Was geschieht mit der an die Kiste abgegebenen Energie? Durch Reibung mit dem Boden werden Boden und Kiste erwärmt: Mechanische Energie wird in *Wärmeenergie* umgewandelt, womit sich Kapitel 3.2.7 ausführlich befasst. Man spricht von *Energieverlust* und meint damit, dass mechanische Energie verloren geht.

## Die potentielle Energie der Gravitation

NEWTON hatte entdeckt, dass sich alle Körper aufgrund ihrer Masse wechselseitig mit einer Kraft anziehen, die er *Schwerkraft* oder *Gravitationskraft* nannte (gravis, lat.: schwer). Er erkannte auch, dass die Gewichtskraft $F_G$ eines Körpers von der Gravitation hervorgerufen wird.

Um einen Körper der Masse $m$ anzuheben, ist eine nach oben gerichtete Kraft $F$ nötig, die die Gewichtskraft $F_G$ ausgleicht: $F = -F_G$. Beim Anheben um die Höhendifferenz $\Delta h = h_2 - h_1$ erhält der Körper die Energie

$$\Delta E = F \Delta s = F \Delta h = F_G \Delta h \quad \text{(Abb. 59.1)},$$

wobei $F = |F_G|$ gesetzt wurde. Da der hochgezogene Körper die Energie nicht behält, stellt sich die Frage, wohin die abgegebene Energie geht. Der Körper und die Erde bilden aufgrund der gegenseitigen Gravitationsanziehung ein *System*, in dem Energie durch Vergrößern des Abstands gespeichert werden kann. Die einem Körper beim Hochheben zugeführte Energie $\Delta E$ wird im *System Erde – Körper* gespeichert. Sie wird als **potentielle Energie der Gravitation** $\Delta E_{pot} = \Delta E$ bezeichnet. Mit $F_G = m g$ folgt:

$$\Delta E_{pot} = F_G \Delta h = m g \Delta h$$

Bei der Bewegung nach unten wirkt die Gewichtskraft $F_G$ längs des Weges $\Delta h$, wobei die potentielle Energie $\Delta E_{pot} = F_G \Delta h$ an den Körper zurückgegeben wird. Was geschieht mit der zurückgegebenen Energie? Ist der Körper zum Beispiel am Seilende eines Flaschenzugs

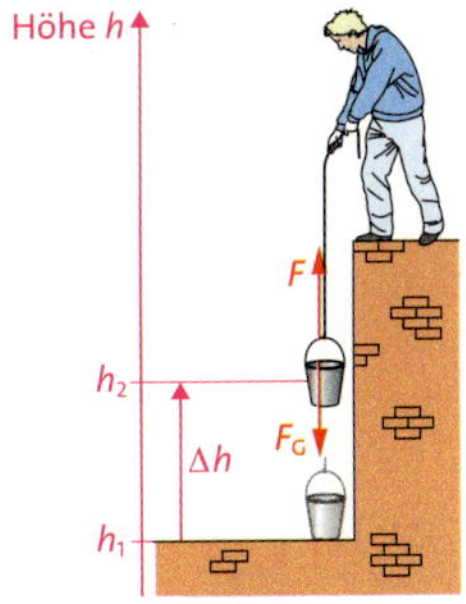


**59.1** Beim Hochziehen des Eimers um die Höhe $\Delta h = h_2 - h_1$ erhält der Eimer von der Person die mechanische Energie $\Delta E = F \Delta h$, die als potentielle Energie $\Delta E_{pot}$ im System Erde-Eimer gespeichert wird.

angebracht, so kann die potentielle Energie dazu genutzt werden, einen anderen Körper anzuheben. Rutscht ein Kind an einem Kletterseil herab, so wird die potentielle Energie in Wärmeenergie umgewandelt. Was mit der potentiellen Energie geschieht, wenn der Körper frei fällt, beantwortet das folgende Kapitel.

> Beim Anheben eines Körpers der Masse $m$ um die Höhendifferenz $\Delta h$ wird im System Erde – Körper die **potentielle Energie der Gravitation** $\Delta E_{pot} = m g \Delta h$ gespeichert. Bei der Bewegung nach unten wird diese Energie dem Körper zurückgegeben.

Wird ein Körper von einem Kran schräg nach oben gezogen, so kann der Weg in eine vertikale Komponente $\Delta h$ und eine horizontale Komponente $\Delta s_{hor}$ zerlegt werden. Für die Bewegung längs des horizontalen Wegs braucht der Kran keine Kraft und wendet dafür auch keine Energie auf. Die potentielle Energie $E_{pot}$ ist unabhängig von einer möglichen horizontalen Bewegung.

## Aufgaben

1. Ein Traktor zieht einen Pflug mit der Kraft $F = 800$ N. Berechnen Sie die vom Traktor aufgewandte Energie, wenn ein Feld von 350 m Länge in 25 Bahnen gepflügt wird.
2. Berechnen Sie die Energie, die beim Ziehen einer Kiste aufzubringen ist, wenn die Kraft $F = 550$ N unter $\alpha = 28°$ wirkt (**Abb. 58.2**) und die Kiste 15 m weit bewegt wird.
3. Ein Wagen der Masse $m = 25$ kg wird um die Wegstrecke $\Delta s = 48$ m eine schiefe Ebene hinaufgezogen (Steigungswinkel $\alpha = 18°$). Berechnen Sie mithilfe einer Zeichnung die aufgewandte mechanische Energie. Zeigen Sie, dass die Goldene Regel auch an der schiefen Ebene gilt.
4. Bei einer Radtour bringt der Radfahrer unterschiedliche Antriebskräfte auf.

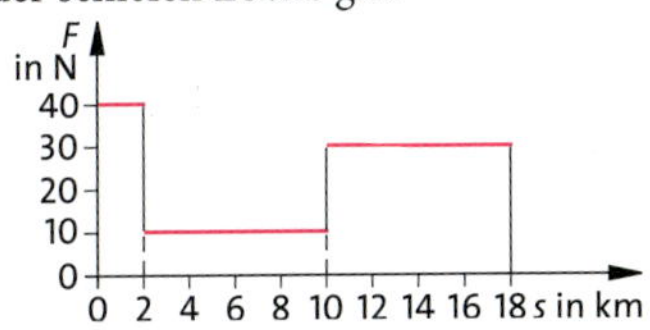


a) Berechnen Sie abschnittweise die mechanische Energie $\Delta E$ und geben Sie die insgesamt aufgewandte Energie an.
b) Erklären Sie, wieso die Flächeninhalte der Rechtecke in der Abbildung die Energiebeträge $\Delta E$ repräsentieren.

## 3.2.2 Die kinetische Energie

Ein frei fallender Körper wird von der Gewichtskraft $F_G$ gleichmäßig beschleunigt (**Abb. 60.1**). Nach der Fallzeit $t$ hat ein aus der Ruhe fallender Körper die Geschwindigkeit $v = g t$ erreicht und die Fallstrecke $s = g t^2/2$ zurückgelegt (→ 1.2.4).

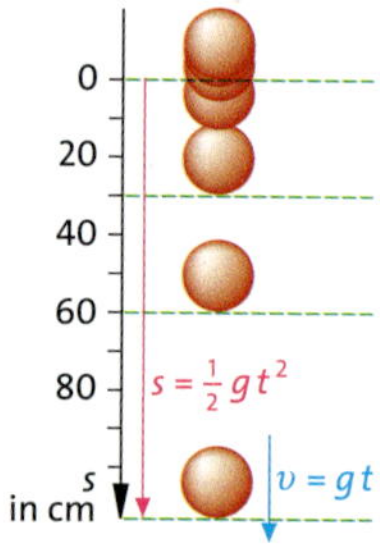


**60.1** Gesetze des freien Falls

Indem die Gewichtskraft $F_G$ längs der Fallstrecke $s$ auf den Körper mit der Masse $m$ wirkt, erhält er die mechanische Energie $\Delta E = F_G s = m g s$, die dem System Erde – Körper entnommen wird (→ 3.2.1). Da der frei fallende Körper außer mit der Erde mit keinem anderen Körper wechselwirkt, kann die zugeführte Energie nicht abgegeben werden, sondern bleibt an den Körper gebunden. Sie wird als *kinetische Energie* $E_{kin}$ (kinema, griech.: Bewegung) bezeichnet.

Mit den oben angegebenen Fallgesetzen ergibt sich:

$$E_{kin} = F_G s = (m g)\left(\frac{1}{2} g t^2\right) = \frac{1}{2} m (g t)^2 = \frac{1}{2} m v^2$$

Die Gleichung $E_{kin} = \frac{1}{2} m v^2$ gilt nicht nur für einen frei fallenden Körper, sondern für jeden Körper der Masse $m$, der in irgendeiner Weise auf die Geschwindigkeit $v$ beschleunigt wird.

> Die **kinetische Energie** eines Körpers der Masse $m$, der sich mit der Geschwindigkeit $v$ bewegt, ist
>
> $$E_{kin} = \frac{1}{2} m v^2.$$

### Impuls und Energie

Ein mit der Geschwindigkeit $v$ bewegter Körper lege in einer als klein angenommenen Zeitspanne $\Delta t$ die Wegstrecke $\Delta s = v\,\Delta t$ zurück. Wirkt auf den Körper die Kraft $F$ in Richtung des Weges, so erfährt der Körper eine Impulsänderung $\Delta p$ und eine Energieänderung $\Delta E$:

$$\Delta p = F\,\Delta t \quad \text{und} \quad \Delta E = F\,\Delta s$$

Auflösen der ersten Gleichung nach $F = \Delta p/\Delta t$ und Einsetzen in die zweite Gleichung ergibt

$$\Delta E = F\,\Delta s = \frac{\Delta p}{\Delta t}\Delta s = v\,\Delta p.$$

Die als *Impuls-Energie-Relation* bezeichnete Gleichung $\Delta E = v\,\Delta p$, verknüpft den Impuls mit der Energie. Sie sagt aus, dass jede Impulsänderung $\Delta p$ eines Körpers mit einer Energieänderung $\Delta E$ verbunden ist. Daher wird der Impuls als *Energieträger* der Mechanik bezeichnet. Bei gleicher Impulsänderung $\Delta p$ wächst die übertragene Energie $\Delta E$ proportional zur momentanen Geschwindigkeit $v$ des Körpers.

> Nach der **Impuls-Energie-Relation** $\Delta E = v\,\Delta p$ geht mit jeder Impulsänderung $\Delta p$ eine Energieänderung $\Delta E$ einher. Die kinetische Energie ist an den Impuls als **Energieträger** gebunden.

Mit der Impuls-Energie-Relation $\Delta E = v\,\Delta p$ kann die Gleichung für die kinetische Energie unabhängig von einer speziellen Beschleunigung hergeleitet werden: Wird ein Körper aus der Ruhe beschleunigt, so wächst sein Impuls nach der Gleichung $v = p/m$ (**Abb. 60.2**). Ist ein bestimmter Impuls $p$ erreicht, so soll die Impulszunahme $\Delta p$, die als nächste hinzugefügt wird, so klein sein, dass $v$ näherungsweise als konstant angesehen werden kann. Dann lässt sich die mit $\Delta p$ zugeführte Energie $\Delta E = v\,\Delta p$ als schmales Rechteck in **Abb. 60.2** darstellen. Nach dieser Überlegung kann die gesamte Fläche unter der Geraden $v = p/m$ in schmale Rechtecke zerlegt werden, wobei die Rechteckflächen wegen der Geschwindigkeitszunahme zunehmend größer werden. Werden die $\Delta p$ *beliebig klein*, so wird aus der Summe der Rechtecke eine Dreieckfläche unter der Geraden $v = p/m$, deren Flächeninhalt den exakten Wert der kinetischen Energie darstellt. Mit der Grundseite $p$ des Dreiecks und der zugehörigen Höhe $v$ berechnet sich die kinetische Energie zu

$$E_{kin} = \frac{1}{2} p v = \frac{1}{2} m v^2.$$

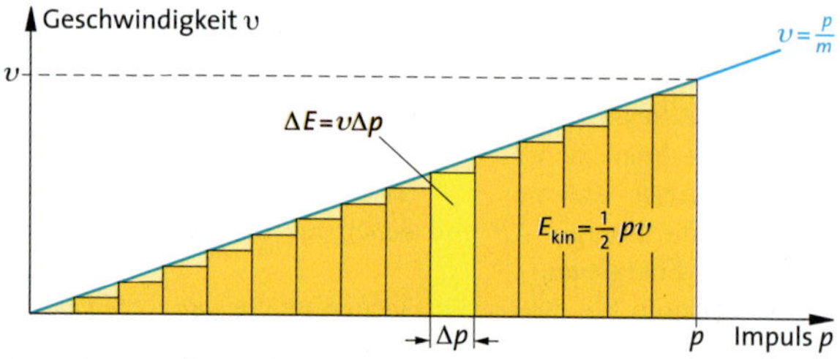


**60.2** Im $p$-$v$-Diagramm ist $E_{kin}$ eine Dreieckfläche.

### Aufgaben

1. Ein Ziegel der Masse $m = 5$ kg fällt bei einem Sturm von einem 20 m hohen Dach zu Boden.
   **a)** Bestimmen Sie die Energie, die dabei aufgrund der Gravitation auf den Ziegel übertragen wird.
   **b)** Berechnen Sie die Geschwindigkeit beim Aufschlag.
2. Ein PKW der Masse $m = 1450$ kg wird mit 70 % seiner Gewichtskraft über eine Strecke von $\Delta s = 50$ m gleichmäßig beschleunigt. Berechnen Sie die Energie und die Geschwindigkeit, die das Fahrzeug nach 50 m hat.

### 3.2.3 Die potentielle Federenergie

Die potentielle Gravitationsenergie $\Delta E_{pot}$ und die kinetische Energie $E_{kin}$ werden als *Energieformen* bezeichnet. Damit werden spezielle Zustände von Körpern oder Systemen beschrieben, in denen Energie gespeichert ist. Die *potentielle Federenergie* oder *Spannenergie* $E_S$ ist eine weitere Energieform der Mechanik.

> **Energieformen** beschreiben Zustände von Körpern. Diese Zustände sind durch bestimmte Energiewerte spezieller Energiespeicher charakterisiert.
> Die Energieformen der Mechanik sind die potentielle Energie der Gravitation $\Delta E_{pot}$, die kinetische Energie $E_{kin}$ und die potentielle Federenergie $E_S$.

Die Kraft $F$ beim Spannen einer Schraubenfeder ist in jedem Moment entgegengesetzt gleich der Federkraft $F_S$, sodass $F = -F_S$ ist (**Abb. 61.1**). Für die Feder gilt das Hooke'sche Gesetz $F = -F_S = D s$, wobei $D$ die Federkonstante ist und $s$ die vom entspannten Zustand aus gemessene Verlängerung der Feder.

Wird eine Feder vom entspannten Zustand ($s = 0$) um die Strecke $s$ verlängert, so wächst die Federkraft $F_S$ und damit die an der Feder ziehende Kraft $F$ proportional zum Weg $s$. Indem die Kraft $F$ längs des Weges $s$ wirkt, erhält die Feder Energie, die in der Feder als *potentielle Federenergie* oder *Spannenergie* $E_S$ gespeichert ist. Die Federenergie $E_S$ kann anhand eines Weg-Kraft-Diagramms berechnet werden (**Abb. 61.1**). Bei einer bestimmten Verlängerung $s$ soll die nachfolgende Verlängerung $\Delta s$ so klein sein, dass die Federkraft $F$ näherungsweise als konstant angesehen werden kann. Dann lässt sich die längs $\Delta s$ zugeführte Energie $\Delta E = F \Delta s$ als schmales Rechteck unter der Geraden $F = D s$ als Rechteck darstellen. Nach dieser Überlegung kann die gesamte Fläche unter der Geraden in schmale Rechtecke unterteilt werden, wobei die Rechteckflächen wegen der anwachsenden Kraft $F$ zunehmend größer werden. Werden die $\Delta s$ *beliebig klein*, so wird aus der Summe der Rechtecke eine Dreieckfläche unter der Geraden $F = D s$, deren Flächeninhalt den exakten Wert der in der Feder gespeicherten Energie $E_S$ darstellt. Mit der Dreieckseite $s$ und der Höhe $F$ berechnet sich damit die potentielle Federenergie zu

$$E_S = \frac{1}{2} F s = \frac{1}{2} D s s = \frac{1}{2} D s^2.$$

> Die **potentielle Federenergie** oder **Spannenergie** $E_S$ einer Feder mit der Federkonstanten $D$, die um die Auslenkung $s$ verlängert ist, beträgt
> $E_S = \frac{1}{2} D s^2.$

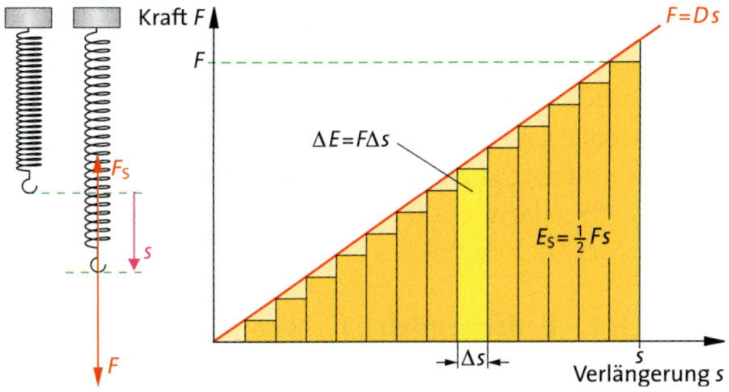


**61.1** Im Weg-Kraft-Diagramm wird die potentielle Federenergie von einer Dreieckfläche dargestellt.

## Aufgaben

1. Berechnen Sie die Energie, die erforderlich ist, um eine Schraubenfeder um 2 cm zu dehnen. Für die Feder gelte, dass ein Körper der Masse 4 kg, an die Feder gehängt, diese um 1,5 cm verlängert.
2. Eine Schraubenfeder wird durch eine Kraft $F = 0{,}6$ N um $s = 3{,}5$ cm gedehnt. Berechnen Sie die Energie, um die Feder um weitere 7,0 cm zu dehnen.
3. Eine Schraubenfeder erhält schrittweise durch Wägestücke der Masse $m$ die Dehnung $s$.

| *m* in g | 50 | 100 | 150 | 200 | 250 | 300 |
|---|---|---|---|---|---|---|
| *s* in cm | 1,6 | 3,15 | 4,8 | 6,3 | 7,85 | 9,35 |

   **a)** Ermitteln Sie die Federkonstante $D$ und berechnen Sie die Energie, die erforderlich ist, um die Feder auf die Endlänge zu dehnen.
   **b)** Berechnen Sie zu jeder Teilstrecke $\Delta s$ die Teilenergie $\Delta E$, die beim Auflegen eines neuen Wägestücks übertragen wird, und vergleichen Sie die Summe der Teilenergien mit dem Ergebnis aus a).
4. Eine vertikal aufgehängte Feder wird von einem Körper der Masse $m = 50$ g um $s = 12$ cm nach unten verlängert. Erklären Sie, warum dabei die Änderung der potentiellen Gravitationsenergie des Körpers nicht mit der in der Feder gespeicherten Energie übereinstimmt.
5. Eine lotrecht stehende Schraubenfeder wird durch eine daraufgelegte Kugel ($m = 50$ g) um $\Delta s = 2$ mm zusammengedrückt. Berechnen Sie die Höhe (vom oberen Rand der entspannten Feder aus gemessen), in die die Kugel fliegt, wenn die Feder um weitere 15 cm zusammengedrückt und dann plötzlich losgelassen wird.
6. Ein PKW der Masse $m = 950$ kg wird aus dem Stand beschleunigt.
   **a)** Berechnen Sie die kinetische Energie des PKW, wenn die Geschwindigkeit $v_1 = 50$ km/h erreicht ist.
   **b)** Am Ortsausgang wird der Wagen von 50 km/h auf $v_2 = 90$ km/h beschleunigt. Berechnen Sie die dazu erforderliche Energie. Bestimmen Sie die Geschwindigkeit, die der Wagen mit der gleichen Energie erreicht hätte, wenn er aus dem Stand beschleunigt worden wäre.
   **c)** Zeichnen Sie das Impuls-Geschwindigkeit-Diagramm für die Beschleunigung von 0 auf 90 km/h. Zeigen Sie, dass der Flächeninhalt unter der Geraden von $p_1$ bis $p_2$ der dabei übertragenen Energie entspricht.

### 3.2.4 Der Energieerhaltungssatz

Eine grundlegende Erkenntnis der Physik lautet: Energie kann weder erzeugt noch vernichtet werden. Für ein *abgeschlossenes System* (→ 3.1.1) bedeutet dies, dass die Summe aller darin enthaltenen Energieformen konstant ist. Dies sei am Beispiel des Federpendels gezeigt.

**Versuch 1 – Federpendel:** Der Pendelkörper mit der Masse $m = 50$ g wird an die entspannte Feder gehängt. Dadurch verlängert sich die Feder um $s_0 = 138$ mm und gelangt in die Gleichgewichtslage, in der sich die nach oben wirkende Federkraft $F_S$ und die nach unten wirkende Gewichtskraft $F_G = -F_S$ aufheben (**Abb. 62.1 a**). Das Pendel wird nun um $s_1 = 57$ mm nach unten ausgelenkt und losgelassen, sodass das Pendel nach oben schwingt. Beim Durchgang durch die Gleichgewichtslage unterbricht ein am Pendelkörper angebrachter Pappstreifen der Breite $\Delta s = 15{,}0$ mm eine Lichtschranke für $\Delta t = 30{,}4$ ms (**Abb. 62.1 b**). Damit kann die Geschwindigkeit $v_0$ berechnet werden:

$v_0 = \Delta s / \Delta t = 15{,}0 \text{ mm} / 30{,}4 \text{ ms} = 0{,}493 \text{ m/s}$. ◄

*Auswertung:* Bei der Pendelbewegung werden ständig die beteiligten Energieformen – potentielle Feder- oder Spannenergie, potentielle Energie der Gravitation und kinetische Energie – ineinander umgewandelt. Da das Federpendel ein abgeschlossenes System ist, bestehend aus Feder, Pendelkörper und Erde, hat das System in jedem Moment die gleiche Gesamtenergie $E$:

$$E = E_S + \Delta E_{pot} + E_{kin} = \text{konstant}.$$

Wird die Auslenkung $s$ von der Gleichgewichtslage $s_0$ aus nach unten gemessen, wobei $s_1$ die maximale Auslenkung ist, so berechnen sich die Energieterme wie folgt:

| | |
|---|---|
| potentielle Federenergie | $E_S = \frac{1}{2} D (s + s_0)^2$; |
| potentielle Gravitationsenergie | $\Delta E_{pot} = m g (s_1 - s)$; |
| kinetische Energie | $E_{kin} = \frac{1}{2} m v_s^2$; |

$v_s$ ist die Geschwindigkeit bei der Auslenkung $s$.

Die Gesamtenergie $E$ wird einmal für den Startpunkt und einmal für die Gleichgewichtslage aufgeschrieben:

1. Für $s = s_1$ (tiefster Punkt) sind die potentielle Gravitationsenergie und die kinetische Energie null. Für die Gesamtenergie $E = E_1$ im tiefsten Punkt gilt damit:

$$E_1 = \frac{1}{2} D (s_1 + s_0)^2$$

2. Für $s = 0$ (Gleichgewichtslage) sind alle drei Energieterme von null verschieden, sodass für die Gesamtenergie $E = E_2$ in der Gleichgewichtslage gilt:

$$E_2 = \frac{1}{2} m v_0^2 + \frac{1}{2} D s_0^2 + m g s_1$$

Werden die beiden Energieterme $E_1$ und $E_2$ gleichgesetzt, so folgt:

$$\frac{1}{2} D (s_1 + s_0)^2 = \frac{1}{2} m v_0^2 + \frac{1}{2} D s_0^2 + m g s_1$$

Nach dem Auflösen der Klammer hebt sich der Term $D s_0^2/2$ heraus und die Gleichung lautet:

$$\frac{1}{2} D s_1^2 + D s_1 s_0 = \frac{1}{2} m v_0^2 + m g s_1$$

Aus der Gleichgewichtsbedingung $F_G = -F_S$ folgt mit $F_G = m g$ und $F_S = -D s_0$ die Beziehung $m g = D s_0$. Damit vereinfacht sich die Gleichung zu

$$\frac{1}{2} D s_1^2 = \frac{1}{2} m v_0^2.$$

Für die Geschwindigkeit $v_0$ beim Durchgang durch die Gleichgewichtslage ergibt sich daraus:

$$v_0 = s_1 \sqrt{\frac{D}{m}} = s_1 \sqrt{\frac{g}{s_0}} = 0{,}057 \text{ m} \cdot \sqrt{\frac{9{,}81 \text{ m/s}^2}{0{,}138 \text{ m}}} = 0{,}481 \text{ m/s}$$

*Ergebnis:* Im Rahmen der Messgenauigkeit stimmt dieses theoretisch ermittelte Ergebnis mit dem Messwert $v_0 = 0{,}493$ m/s überein.

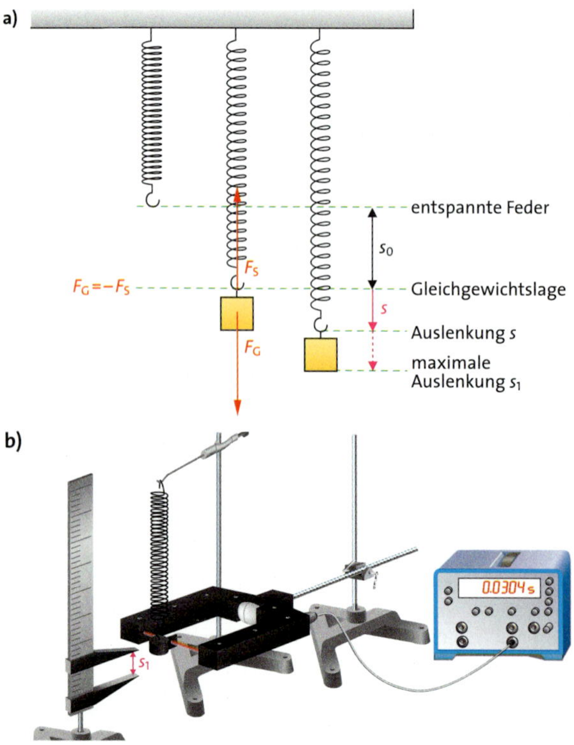


**62.1 a)** Auslenkung des Federpendels; **b)** Messung der Dunkelzeit beim Durchgang durch die Gleichgewichtslage

Die Untersuchungen der Energieumwandlungen beim freien Fall und am Federpendel führen zu folgenden Verallgemeinerungen:

1. Die Energie eines mechanischen Systems tritt in den einzelnen Zuständen in sich ändernden Anteilen als kinetische Energie, als potentielle Energie der Gravitation und als potentielle Energie der Feder auf. Werden die potentielle Energie der Gravitation und die potentielle Energie der Feder als *potentielle Energie* zusammengefasst, so kann formuliert werden:

> In der Mechanik tritt Energie in Form von potentieller und kinetischer Energie auf und kann von einer Form in die andere umgewandelt werden.

2. Wird von Energieverlusten durch Reibung und unelastische Verformung abgesehen, so ist bei Vorgängen in abgeschlossenen Systemen die Summe aus kinetischer und potentieller Energie konstant. In der Mechanik bleibt die Summe der Energien erhalten.

> **Energieerhaltungssatz der Mechanik:** In einem abgeschlossenen System ist zu jedem Zeitpunkt die Summe aus kinetischer und potentieller Energie konstant, solange die Vorgänge im System reibungsfrei ablaufen:
> $E_{kin}(t) + E_{pot}(t) = E_{gesamt}(t) = \text{konstant}$

## Aufgaben

1. Ein Gleiter der Masse $m = 200$ g bewegt sich auf einer Luftkissenfahrbahn, die auf einer Strecke von 1,00 m einen Höhenunterschied von 5 cm besitzt.
   **a)** Berechnen Sie die Hangabtriebskraft und die Beschleunigung des Gleiters.
   **b)** Bestimmen Sie mithilfe der Gesetze für die gleichmäßig beschleunigte Bewegung die Geschwindigkeit, wenn der Gleiter aus der Ruhe die Strecke $\Delta s = 1$ m zurückgelegt hat.
   **c)** Bestimmen Sie mit der Hangabtriebskraft die auf der Strecke $\Delta s = 1$ m auf den Gleiter übertragene Energie.
   **d)** Berechnen Sie die kinetische Energie mit der Endgeschwindigkeit und die potentielle Energie am Start in $h = 5$ cm Höhe. Vergleichen Sie die Energiewerte.
2. Ein Körper ($m = 25$ kg) wird reibungsfrei eine 5,0 m lange schiefe Ebene (Steigungswinkel $\alpha = 30°$) hinaufgezogen.
   **a)** Berechnen Sie die parallel zur Ebene wirkende Zugkraft und die mechanische Energie, die dabei aufgebracht wird.
   **b)** Berechnen Sie die Änderung der potentiellen Energie und zeigen Sie, dass die Goldene Regel der Mechanik auch bei der schiefen Ebene gilt.
   **c)** Berechnen Sie die Geschwindigkeit, die der Körper unten hat, wenn er reibungsfrei den Hang hinabgleitet.
   **d)** Unten soll eine Feder den Körper abfangen. Berechnen Sie, um welche Strecke s die Feder maximal zusammengedrückt wird, wenn die Federkonstante $D = 55$ kN/m ist.

## 3.2.5 Anwendungen der Energieerhaltung

Der Energieerhaltungssatz der Mechanik (→ 3.2.4) findet vielfältige Anwendung bei der Untersuchung von Bewegungen. Dabei können Fragen häufig einfach beantwortet werden, für die sonst aufwendig die Bewegungsgleichungen der Kinematik in Verbindung mit den Gesetzen der Dynamik aufgeschrieben werden müssten. Dies zeigen zwei Beispiele:

**Atwood'sche Fallmaschine**

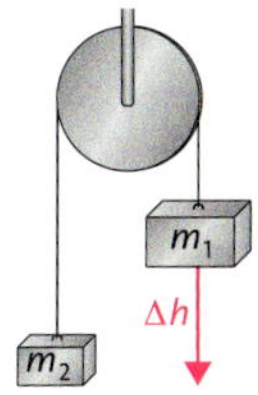


1784 wurde von George Atwood der folgende Versuchsaufbau vorgestellt. An den beiden Enden eines Seils, das über eine feste, masselos gedachte Rolle gelegt ist, sind zwei Gewichte mit den Massen $m_1$ und $m_2$ mit $m_1 > m_2$ befestigt. Frei beweglich fällt das schwerere Gewicht nach unten und zieht dabei das leichtere nach oben. Haben die beiden Gewichte aus der Ruhe die Strecken $\Delta h$ zurückgelegt, so hat die potentielle Gravitationsenergie des Systems um $\Delta E_{pot} = (m_1 - m_2) g \Delta h$ abgenommen. Diese Energie wird in kinetische Energie der beiden Gewichte umgewandelt: $E_{kin} = (m_1 + m_2) v^2/2$ Gleichsetzen der beiden Energieterme liefert die Geschwindigkeit $v$ nach Durchfallen der Höhe $\Delta h$:

$$v = \sqrt{2 g \Delta h \frac{m_1 - m_2}{m_1 + m_2}}$$

**Bungeejumping**

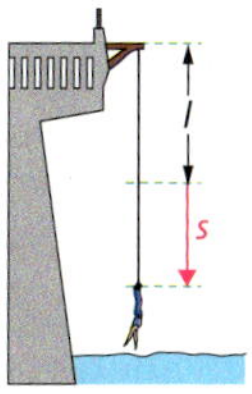


Eine Bungeespringerin beabsichtigt, von einer Brücke herabzuspringen. Das Bungeeseil hat im entspannten Zustand eine Länge von $l = 25$ m und der Abstand zur Wasseroberfläche beträgt 45 m. Wie hoch liegt der tiefste Punkt des an den Füßen befestigten Seils beim Sprung?
Im tiefsten Punkt ist die Spannenergie maximal und die kinetische Energie null. Die Lageenergie hat jedoch um einen Wert abgenommen, der proportional zur Summe aus der Seillänge $l$ und der Seilverlängerung $s$ ist: $\Delta E_{pot} = mg(l + s)$. Diese Energie ist im tiefsten Punkt in Spannenergie umgewandelt, wobei angenommen wird, dass für das Seil das Hooke'sche Gesetz gilt:

$$E_S = \frac{1}{2} D s^2, \text{ also } \frac{1}{2} D s^2 = mg(l + s)$$

Um die Seilverlängerung zu berechnen, werden die Masse $m = 60$ kg der Springerin und die Federkonstante $D = 160$ N/m für das Seil vorgegeben. Einsetzen dieser Werte und Auflösen der quadratischen Gleichung in $s$ ergibt $s = 17{,}7$ m. (Die negative Lösung hat keine reale Bedeutung.) Der tiefste Punkt des Seils liegt also 45 m − (25 m + 17,7 m) = 2,3 m über der Wasseroberfläche.

## 3.2.6 Leistung – Energiestromstärke

Für den Antrieb eines Autos liefert der Motor ständig mechanische Energie an das Getriebe. Die Wechselwirkung der Antriebsräder mit der Straße wandelt diese Energie in kinetische Energie des Fahrzeugs um. Fährt das Auto einen Berg hinauf, so wird es nicht schneller, weil zusätzlich zur Bewegung auf ebener Strecke die zugeführte Energie an das Gravitationssystem Auto–Erde abgegeben und dort als potentielle Energie gespeichert wird. Es gibt also einen ständigen Energiestrom vom Motor zum Auto und von dort zum System Auto–Erde. Solche Energieströme lassen sich anschaulich in *Energieflussdiagrammen* darstellen (**Abb. 66.1**). In der Abbildung ist berücksichtigt, dass ein Teil der kinetischen Energie durch die Reibung mit der Luft in Wärmeenergie umgewandelt wird und verloren geht. Für die Bergfahrt wurden etwa 40 % Verlust angenommen. Bei zunehmender Geschwindigkeit wächst die Reibungskraft mit dem Quadrat der Geschwindigkeit an, sodass der Verlust zunehmend größer wird und bei Erreichen der Höchstgeschwindigkeit 100 % beträgt.
Energiestrom bedeutet, dass eine bestimmte Energiemenge $\Delta E$ während einer Zeitspanne $\Delta t$ fließt. Die Stärke des Energiestroms wird durch den Quotienten $\Delta E/\Delta t$ angegeben und als *Leistung* mit dem Symbol $P$ (engl.: power) bezeichnet. Die Einheit der Leistung ist $[P] = [\Delta E/\Delta t] = 1\ \text{J}/1\ \text{s} = 1\ \text{W}$ (Watt), benannt nach dem schottischen Ingenieur James WATT (1736–1819).

> Die **Leistung *P*** ist die Stärke des Energiestroms. Sie gibt an, wie viel Energie $\Delta E$ in einer bestimmten Zeit $\Delta t$ fließt:
>
> $P = \dfrac{\Delta E}{\Delta t}$ mit der Einheit 1 W (Watt) = 1 J/s

Werden die Gleichungen für die mechanische Energie $\Delta E = F\,\Delta s$ bzw. $\Delta E = v\,\Delta p$ (→ 3.2.1) durch die Zeitspanne $\Delta t$ dividiert, so ergibt sich in beiden Fällen die Gleichung $P = v\,F$:

$$P = F\,\Delta s/\Delta t = F\,v \quad \text{bzw.} \quad P = v\,\Delta p/\Delta t = v\,F$$

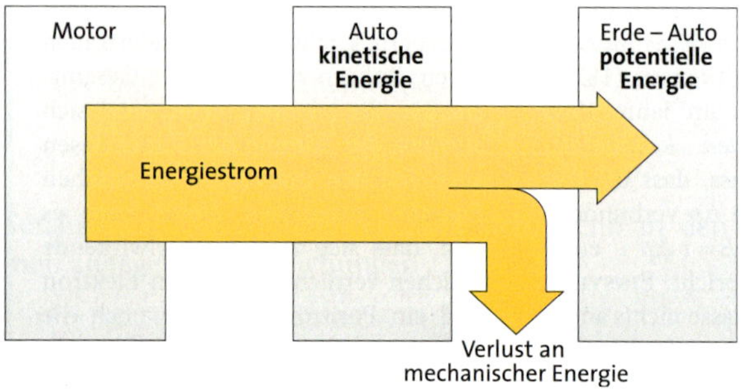


**66.1** Energieflussdiagramm der Bergfahrt eines Autos

> Wirkt eine konstante Kraft $F$ auf einen mit der Geschwindigkeit $v$ bewegten Körper, so fließt der Energiestrom $P = v\,F$ in den Körper.

Die Gleichung $P = v\,F$ erklärt, warum die Beschleunigung eines Fahrzeugs mit zunehmender Geschwindigkeit $v$ kleiner wird: Bei konstanter Motorleistung $P$ ist das Produkt $v\,F$ konstant. Mit zunehmender Geschwindigkeit $v$ wird die Kraft $F$ antiproportional kleiner und nach $F = m\,a$ auch die Beschleunigung $a$.

### Leistung in der Elektrizitätslehre

Der Begriff *Leistung* $P$ gilt nicht nur für mechanische, sondern auch für elektrische Energieströme. Die elektrische Leistung berechnet sich als Produkt aus der Spannung $U$ und der Stromstärke $I$. Fließt durch eine an das elektrische Netz ($U = 230$ V) angeschlossene Lampe ein Strom der Stärke $I = 0{,}25$ A, so nimmt die Lampe einen elektrischen Energiestrom von
$P = U\,I = 230\ \text{V} \cdot 0{,}25\ \text{A} = 58\ \text{W}$ auf.
Aus der Einheit 1 W (Watt) = 1 J/1 s folgt die Einheit *Wattsekunde* 1 Ws = 1 J als weitere Einheit für die Energie. Damit gilt die Gleichungskette

$$1\ \text{J} = 1\ \text{Nm} = 1\ \text{kg}\,\text{m}^2/\text{s}^2 = 1\ \text{Ws} = 1\ \text{VAs}.$$

Für die Einheit Kilowattstunde (1 kWh) gilt:

$$1\ \text{kWh} = 1000\ \text{W} \cdot 3600\ \text{s} = 3{,}6 \cdot 10^6\ \text{Ws} = 3{,}6\ \text{MJ}$$

### Aufgaben

1. Eine Diesellokomotive zieht mit der Kraft 60 kN einen Güterzug auf ebener Strecke mit der Geschwindigkeit 50 km/h. Berechnen Sie die Leistung $P$ der Lok und die Energie $\Delta E$, die sie auf einem Kilometer aufbringt.
2. Ein voll beladener Lastenaufzug hat eine Masse von 1600 kg. Das Gegengewicht der Kabine hat nur eine Masse von 900 kg. Berechnen Sie die Leistung des Motors, wenn der Aufzug in 3 min auf 54 m Höhe fährt.
3. Ein Bootsmotor besitzt die Leistung 3000 W. Er treibt das Boot mit der konstanten Geschwindigkeit $v = 9$ km/h an. Berechnen Sie die Kraft, mit der das Wasser der Bewegung entgegenwirkt.
4. Ein Auto ($m = 1{,}2$ t) wird vom Stand aus gleichmäßig in 15 s auf 100 km/h beschleunigt. Berechnen Sie die beschleunigende Kraft und die Strecke, nach der die Endgeschwindigkeit erreicht wird. Geben Sie eine Gleichung für den zeitlichen Verlauf der Motorleistung $P(t)$ an.
5. Ein Lastwagen ($m = 3{,}5$ t) fährt 4,8 km auf einer Straße mit 8 % Steigung mit 40 km/h bergauf.
   **a)** Berechnen Sie die Zunahme der potentiellen Energie.
   **b)** Berechnen Sie die mittlere Leistung des Motors, wenn $\frac{1}{3}$ der aufgewandten Energie für die potentielle Energie und $\frac{2}{3}$ für Reibungsverluste (Rollreibung, Luftwiderstand) veranschlagt werden.

## Exkurs

# Physik und Sport

### Gehen

Das Gehen ist keineswegs eine streng horizontale Bewegung. Stetig wird der Körper gehoben und gesenkt, es muss also ständig beim Wiederanheben des Körpers Energie in das System Körper – Erde gesteckt werden. Die Hubhöhe beim Gehen kann am einfachsten mit einem Stück Kreide in der Hand in Gürtelhöhe bestimmt werden, mit dem man an einer Tafel entlanggeht. Eine mittlere Hubhöhe wäre $\Delta h = 3$ cm. Mit zwei Schritten in der Sekunde, also einer Schrittfrequenz von $f = 1/\Delta t = 2\ \text{s}^{-1}$, wäre bei einem Geher mit der Masse 70 kg die Hubleistung

$$\begin{aligned} P &= m g \Delta h / \Delta t \\ &= 70\ \text{kg} \cdot 9{,}81\ \text{m/s}^2 \cdot 0{,}03\ \text{m} \cdot 2\ \text{s}^{-1} \\ &= 41{,}2\ \text{W}. \end{aligned}$$

Da nach Messungen beim Gehen die Leistung ca. 350 W beträgt, gehen damit gut 12 % in die Hubleistung.
Von den 350 W benötigt ein Erwachsener ungefähr 85 W für den Grundumsatz. Das ist die Leistung, die der Körper auch bei absoluter Ruhe aufbringt. Es ist bekannt, dass vom Rest nur 20 % in Muskelenergie umgewandelt wird, also ca. 53 W. Von den 53 W Muskelleistung werden demnach 41 W für die Hubenergie und 12 W hauptsächlich zur Beschleunigung der Beine verwendet.

### Kurzstreckenlauf

Ein durchtrainierter Sportler kann seine maximale Muskelkraft höchstens für eine Distanz von 290 m aufrechterhalten, bei längerer Strecke muss er seine Energie dosiert einsetzen. Die maximale Kraft eines Beines $F_B = 1{,}5\,mg$ setzt ein Sportler bei jedem Schritt längs der Strecke ein, die sich beim Strecken seines Beines (ein Drittel der Beinlänge) ergibt. Beim 100 m-Lauf wird die Energie bei den ersten 10 bis 20 Schritten vorwiegend zur Beschleunigung verwendet, bis die Höchstgeschwindigkeit $v_e$ erreicht ist (Grafik in der Abb. unten links). Von dort ab wird die eingesetzte Energie ausschließlich für die Überwindung der Reibungskräfte (Muskel-, Gelenkreibungs-, Luftwiderstandskraft) aufgebracht. Aus

$$\begin{aligned} n E_B &= n\left(\tfrac{3}{2} m g\right)\left(\tfrac{1}{3} l_B\right) = n \tfrac{1}{2} m g l_B \\ &= \tfrac{1}{2} m v_e^2 \end{aligned}$$

ergibt sich bei 10 Schritten die Höchstgeschwindigkeit

$$v_e = \sqrt{n g l_B} \approx 10\ \text{m/s}.$$

### Hochsprung

Die Sprungkraft *beider* Beine $F_B$ wird bestimmt, indem man in diejenige Hockstellung hineingeht, aus der man am höchsten hochspringen kann (Abb. unten Mitte). Das macht man mit ausgestreckten Armen vor einer Wand und tippt beide Male an. Die Strecke zwischen den Marken ist die Sprunghöhe $h_1$. Genauso wird die Strecke $h_2$ bestimmt aus der Hocke bis zu der Stellung, bei der der Körper voll ausgestreckt ist und die Füße noch auf dem Boden stehen. Auf dieser Strecke stößt sich der Körper mit den Beinen während des Beschleunigungsvorgangs vom Boden ab. Die Beinkraft liefert in der Beschleunigungsphase die Energie $E_B = F_B h_2$. Sie wandelt sich beim Sprung in Lageenergie um: $E_{pot} = m g h_1$. Mit einer Sprungkraft von ca. 2500 N und einer Hocktiefe $h_2 = 0{,}35$ m ergibt sich durch Gleichsetzen $F_B h_2 = m g h_1$ die Sprunghöhe $h_1 = 0{,}90$ m.
Damit könnte der Körperschwerpunkt auf die Höhe $h = 1{,}1\ \text{m} + 0{,}9\ \text{m}$ gehoben werden. In senkrechter Haltung könnte der Sportler mit gestrecktem Körper die Höhe 0,9 m überspringen. Die Technik des Hochspringens besteht nun darin, die Differenzhöhe – oben als 1,1 m angenommen – zwischen Latte und Schwerpunkt, die *Lattenüberhöhung* – zu minimieren. Durch geeignete Sprungtechniken ist die Lattenüberhöhung sogar zu negativen Werten verringert.

### Stabhochsprung

Wie bei vielen Sprungarten geht es auch hier darum, den Impuls beim Anlauf in die Vertikale umzulenken. Könnte die kinetische Energie des Anlaufs vollständig in potentielle Energie umgesetzt werden, so ergäbe sich bei 10 m/s Anlaufgeschwindigkeit nach der Gleichung $\frac{1}{2} m v^2 = m g h$ eine Höhe von $h = 5$ m. Da sich diese Angabe auf die Erhöhung des Schwerpunktes bezieht, wäre eine Gesamthöhe von etwa 6 m zu erreichen. Die Glasfiberstäbe sind derart elastisch, dass sie die gesamte kinetische Energie beim Biegen aufnehmen und in Richtung nach oben wieder abgeben.

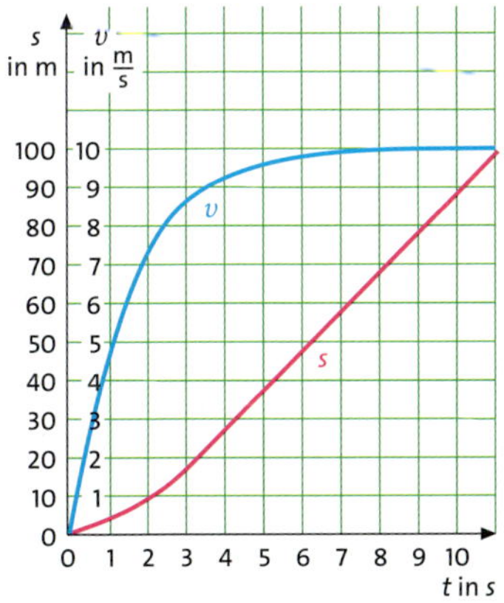


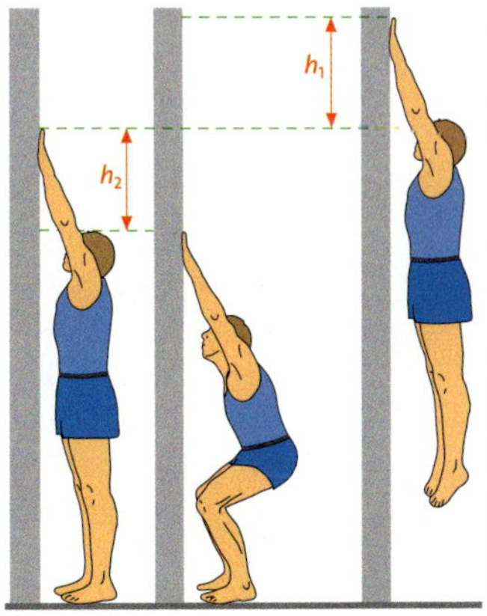


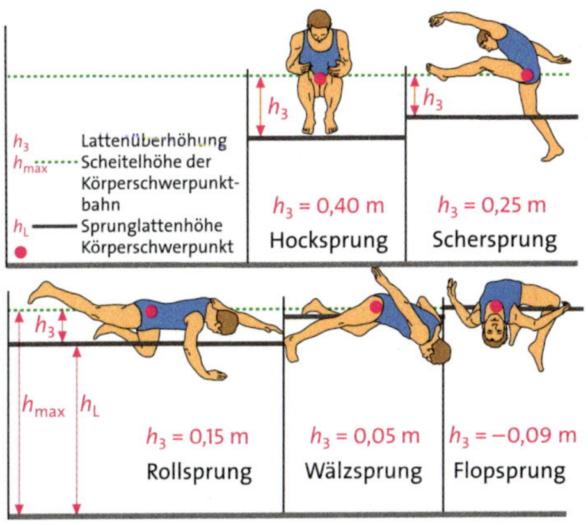

### 3.2.7 Erster Hauptsatz der Wärmelehre

Bei real ablaufenden Bewegungen tritt Reibung auf, wodurch mechanische Energie zum Teil oder sogar vollständig verloren geht. Wird zum Beispiel eine Kiste auf waagerechter rauer Ebene geschoben, so muss dazu eine Kraft $F$ auf die Kiste ausgeübt werden. Aufgrund der Reibung übt der Boden entgegen der Bewegungsrichtung eine Reibungskraft $F_R$ auf die Kiste aus. Wird die Kiste mit konstanter Geschwindigkeit bewegt, herrscht Kräftegleichgewicht $F = -F_R$. Zum Schieben der Kiste längs der Strecke $\Delta s$ wird die mechanische Energie $\Delta E_{mech} = F\,\Delta s$ benötigt. Diese Energie tritt aber nicht als kinetische oder potentielle Energie in Erscheinung, sondern macht sich in einer Erwärmung der beiden aneinander reibenden Flächen bemerkbar.

Es waren die Physiker Julius Robert MAYER (1814–1878) und James Prescott JOULE (1818–1889), die um die Mitte des 19. Jahrhunderts die Idee hatten, die verloren gegangene mechanische Energie könnte als Energie in Form von Wärme auftreten. Um ihre Vermutung zu bestätigen, experimentierten sie mit wassergefüllten Rührwerken und verglichen die Temperaturerhöhung mit der zugeführten mechanischen Energie. Eine moderne Version dieser Experimente zeigt der folgende Versuch.

**Versuch 1:** Ein Aluminiumzylinder ist so an einer Kunststoffhalterung befestigt, dass der Zylinder mit einer Handkurbel um seine horizontal liegende Achse gedreht werden kann. Eine dünne Kunststoffschnur wird an einer Feder befestigt, in mehreren Windungen um den Zylinder gewickelt und am freien Ende mit einem Gewicht beschwert (**Abb. 68.1 a**). Die Schnur wird so oft um den Zylinder gelegt, dass bei gleichmäßigem Drehen die Feder entspannt ist, der Aluminiumzylinder unter dem Kunststoffseil rutscht und das Gewicht auf gleicher Höhe bleibt. Mit einem elektronischen Thermometer wird die Temperatur im Aluminiumzylinder computergestützt aufgezeichnet.
Die Handkurbel wird gleichmäßig gedreht, um einen konstanten Energiefluss $\Delta E_{mech}/\Delta t$ zu erhalten.
*Beobachtung:* Mit dem Beginn der Kurbelumdrehungen nimmt die Temperatur des Aluminiumzylinders *linear mit der Zeit* zu (**68.1 b**). Die Temperaturzunahme $\Delta\vartheta$ ist demnach proportional zur zugeführten mechanischen Energie: $\Delta\vartheta \sim \Delta E_{mech}$.
*Deutung:* Durch Reibung entsteht längs des Zylinderumfangs *Wärmeenergie* aus mechanischer Energie $\Delta E_W = \Delta E_{mech}$. Durch Wärmeleitung fließt die Wärmeenergie in das Innere des Aluminiumzylinders. ◄

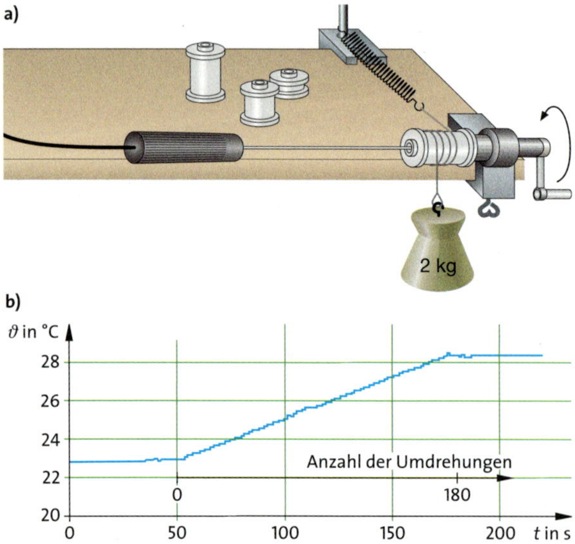


**68.1 a)** Reibungsversuch mit einem Aluminiumzylinder; **b)** Temperaturverlauf während 180 Umdrehungen

> **Wärmeenergie $\Delta E_W$** ist die zwischen einem System und seiner Umgebung aufgrund eines Temperaturunterschieds ausgetauschte Energie.

Wegen der Energieerhaltung bewirkt eine Zufuhr von Wärmeenergie eine Erhöhung der **inneren Energie $U$** eines Systems. Zur inneren Energie gehören die *mittlere kinetische* und die *mittlere potentielle Energie* aller Teilchen des Systems. Diese beiden Energieformen besitzen die Teilchen aufgrund ihrer Temperaturbewegung und der Bindungskräfte zu den Nachbarteilchen. Eine Änderung der inneren Energie zeigt sich meist in einer Temperaturänderung, kann aber auch zu einem Phasenübergang führen (→ Exkurs Seite 71).

> Zur **inneren Energie $U$** eines Systems gehören die mittlere kinetische und die mittlere potentielle Energie aller Teilchen des Systems. Ein Austausch von Wärmenergie $\Delta E_W$ mit der Umgebung ändert die innere Energie: $\Delta U = \Delta E_W$. Die Änderung führt zu einer Temperaturänderung oder zu einem Phasenübergang des Systems.

Die innere Energie $U$ erfasst neben den durch die Temperatur bestimmten kinetischen und potentiellen Energieformen der Teilchen auch die *chemische* Energie der Atomhüllen und die *nukleare* Energie der Atomkerne. Kinetischer und potentieller Energieanteil werden zusammen als **thermische Energie** bezeichnet. Die Energie der chemischen und nuklearen Anteile ändert sich bei den hier betrachteten thermischen Prozessen aber nicht, daher sind in der Wärmelehre Änderungen von *innerer Energie* und *thermischer Energie* gleich.

Beim Drehen der Kurbel wird vom Zylinder längs des Umfangs die Kraft $F$ auf das Seil ausgeübt. Diese Kraft hält der Gewichtskraft $F_G$ des angehängten Gewichts der Masse $m_G$ das Gleichgewicht: $F = F_G = m_G g$. Mit dem Zylinderumfang $u$ und der Anzahl $n$ der Umdrehungen kann der Weg $\Delta s = n u$ und damit die aufgewandte mechanische Energie berechnet werden:

$$\Delta E_{mech} = F \Delta s = F_G n u = m_G g n u$$

Bevor der Reibungsversuch quantitativ ausgewertet wird, soll ein zweiter Versuch zeigen, dass die innere Energie $U$ noch auf andere Weise als durch Zufuhr von Wärmeenergie erhöht werden kann.

**Versuch 2:** In einem Kolbenprober ist Luft dicht eingeschlossen. Die Temperatur der Luft wird mit einem elektronischen Thermometer gemessen (**Abb. 69.1 a**). Der Kolben wird von Hand um $\Delta s \approx 0{,}5$ cm nach innen gedrückt, wodurch die Luft im Glaszylinder komprimiert und der Druck erhöht wird. Beim Zurücknehmen der Hand dehnt sich die Luft wegen des erhöhten Innendrucks wieder auf das ursprüngliche Volumen aus.
*Beobachtung:* Bei der Kompression nimmt die Temperatur der Luft um etwa 2 °C zu, um sich bei der anschließenden Expansion wieder abzukühlen (**Abb. 69.1 b**).
*Erklärung:* Bei den Kolbenbewegungen ist die vom äußeren Atmosphärendruck zusammen mit der Hand auf den Kolben ausgeübte Kraft $F$ im Kräftegleichgewicht mit der vom inneren Luftdruck hervorgerufenen Kraft $F_{innen}$. Es ist $F = -F_{innen}$. Die Hand übt dabei nur eine Zusatzkraft aus, um das Gleichgewicht nach der einen oder anderen Seite zu verschieben. Bei der Kompression wird die Energie $\Delta E_{mech} = F \Delta s$ an die eingeschlossene Luft gegeben. Um diese Energie erhöht sich die innere Energie $U$ und damit die Temperatur der eingeschlossenen Luft:

$$\Delta U = \Delta E_{mech}$$

Anders als bei Versuch 1 erfolgt die Änderung der inneren Energie hier nicht durch den Austausch von Wärmeenergie, denn dazu müsste es einen Temperaturunterschied geben, um einen Wärmeenergiestrom hervorzurufen. Die innere Energie $U$ wird direkt durch Zufuhr von mechanischer Energie erhöht. Bei der Kompression geschieht dies dadurch, dass der Kolben den Teilchen einen zusätzlichen Impuls und mit dem Impuls Energie gibt. Bei der Expansion geben die Teilchen Impuls und Energie an den Kolben zurück. ◂

Die Abgabe von mechanischer Energie bei der Expansion eines Gases ist von großer technischer Bedeutung: Alle Wärmemotoren, das sind die Verbrennungsmotoren in den Kraftfahrzeugen und die Dampfturbinen in den Kraftwerken, arbeiten nach diesem Prinzip (→ 3.3.4).

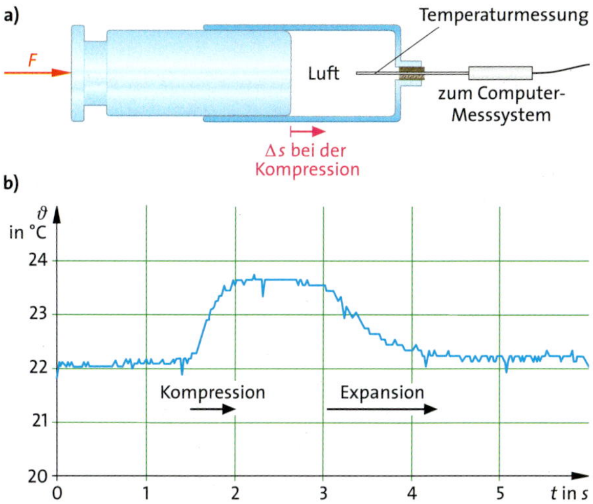


**69.1 a)** In einem Kolbenprober wird Luft komprimiert und expandiert. **b)** Temperaturverlauf bei Kompression und Expansion

Die beiden Versuche zeigen, dass die innere Energie $U$ eines Systems sowohl durch den Austausch von Wärmeenergie $\Delta E_W$ als auch durch den Austausch von mechanischer Energie $\Delta E_{mech}$ geändert werden kann. Dies erfasst der *erste Hauptsatz der Wärmelehre*:

**Erster Hauptsatz der Wärmelehre:**
Die Änderung der inneren Energie $U$ eines Systems kann durch den Austausch von Wärmeenergie $\Delta E_W$ und von mechanischer Energie $\Delta E_{mech}$ erfolgen:
$\Delta U = \Delta E_W + \Delta E_{mech}$

Wärmeenergie tritt in der Mechanik nicht nur bei Reibungsvorgängen auf, sondern auch bei unelastischen Verformungen, z. B. bei unelastischen Stößen oder beim Biegen eines Drahtes. Wärmeenergie tritt aber auch bei der Absorption von Strahlung auf, beim Fließen des elektrischen Stroms durch einen Widerstand oder bei der Verbrennung von Stoffen.
Diese Erkenntnisse waren es, die Hermann von HELMHOLTZ (1821–1894) und andere veranlassten, das Prinzip von der Erhaltung der Energie auf die Wissenschaftsbereiche Elektrizität, Chemie und alle Prozesse in der Natur auszudehnen:

**Allgemeines Prinzip der Energieerhaltung:**
Bei allen Prozessen in der Natur und in der Technik bleibt die Energie erhalten.

Die Energieerhaltung gehört zu den wichtigsten Erkenntnissen der Physik. Mit ihr können Bilanzierungen der an einem Prozess beteiligten Energieformen aufgestellt sowie Prozessergebnisse vorausberechnet werden.

## Die spezifische Wärmekapazität

**Auswertung von Versuch 1:** Der Versuch kann mit Aluminiumzylindern unterschiedlicher Massen $m = 75\text{ g}$, $100\text{ g}$, $125\text{ g}$, $150\text{ g}$ durchgeführt werden (→ **Abb. 68.1a**). Dabei zeigt sich, dass das Produkt aus Masse $m$ und Temperaturzunahme $\Delta\vartheta$ bei sonst gleichen Versuchsdaten konstant ist. Daher gilt

$$\Delta E_{\text{mech}} = \Delta U = c\, m\, \Delta\vartheta.$$

Die Proportionalitätskonstante $c$, die sogenannte *spezifische Wärmekapazität*, ist eine Stoffkonstante.

*Berechnung der spezifischen Wärmekapazität* $c_{\text{Al}}$
Wird obige Gleichung nach $c$ aufgelöst, so folgt mit den Versuchsdaten $m_{\text{G}} = 2\text{ kg}$, $m_{\text{Al}} = 100\text{ g}$, $n = 180$, $u = 0{,}148\text{ m}$ und $\Delta\vartheta = 5{,}6\text{ K}$ (→ **Abb. 68.1b**) für die spezifische Wärmekapazität von Aluminium:

$$c_{\text{Al}} = \frac{\Delta U_{\text{th}}}{m_{\text{Al}}\Delta\vartheta} = \frac{\Delta E_{\text{mech}}}{m_{\text{Al}}\Delta\vartheta} = \frac{m_{\text{G}}\, g\, n\, u}{m_{\text{Al}}\Delta\vartheta}$$
$$= \frac{2\text{ kg}\cdot 9{,}81\text{ m/s}^2\cdot 180\cdot 0{,}148\text{ m}}{0{,}100\text{ kg}\cdot 5{,}6\text{ K}} = 930\,\frac{\text{J}}{\text{kg K}}$$

Der tatsächliche Wert beträgt $c_{\text{Al}} = 897\text{ J/(kg K)}$. ◂

**Auswertung von Versuch 2:** Der Versuch gestattet eine Abschätzung der spezifischen Wärmekapazität von Luft. Bei einem Innendurchmesser des Kolbenprobers von $d = 3{,}5\text{ cm}$ wird bei einem Luftdruck von 1 bar die Kraft $F \approx 100\text{ N}$ auf die Kolbenfläche ausgeübt. Wird der Druck im Kolbenprober näherungsweise als konstant angesehen, erhält bei einer Verschiebung des Kolbens von $\Delta s = 0{,}5\text{ cm}$ die eingeschlossene Luft die Energie $\Delta E_{\text{mech}} = 0{,}5\text{ J}$. Mit der Länge der Luftsäule $l = 14\text{ cm}$ und der Dichte der Luft $\rho = 1{,}2\text{ kg/m}^3$ ergibt sich die Masse der Luft zu $m = 0{,}16\text{ g}$. Bei der Temperaturzunahme $\Delta\vartheta = 2{,}5\text{ K}$ berechnet sich die spezifische Wärmekapazität zu:

$$c_{\text{Luft}} = \frac{\Delta E_{\text{mech}}}{m_{\text{Luft}}\Delta\vartheta} = \frac{0{,}5\text{ J}}{0{,}16\text{ g}\cdot 2{,}5\text{ K}} = 1250\,\frac{\text{J}}{\text{kg K}}$$

Dieser Wert ist im Vergleich zum wahren Wert von 1003 J/(kg K) etwas zu hoch (**Tab 70.1**). ◂

| **feste Stoffe** | *c* in J/(kg K) | **flüssige Stoffe** | *c* in J/(kg K) | **Gase** bei $p$ = konstant | $c_p$ in J/(kg K) |
|---|---|---|---|---|---|
| Lithium | 3386 | Wasser | 4185 | He | 5230 |
| Magnesium | 1003 | Meerwasser | 3900 | $H_2$ | 14210 |
| Silicium | 710 | Ethanol | 2450 | $O_2$ | 915 |
| Eisen | 460 | Benzol | 1730 | $N_2$ | 1037 |
| Blei | 128 | Quecksilber | 139 | Luft | 1003 |

**70.1** Spezifische Wärmekapazitäten ***c*** in J/kg °C

**Versuch 3 – Mischungsversuch:** Die spezifische Wärmekapazität $c$ kann auch mit Mischungsversuchen ermittelt werden: In ein Thermogefäß wird eine Wassermenge von $m_{\text{W}} = 50\text{ g}$ mit einer Temperatur von $\vartheta_{\text{W}} = 18\text{ K}$ gegeben. Kleine Aluminiumkugeln, deren Masse insgesamt $m_{\text{Al}} = 110\text{ g}$ beträgt, befinden sich im inneren Teil eines speziellen Gefäßes, das von Wasserdampf umströmt die Aluminiumkugeln trocken auf $\vartheta_{\text{Al}} = 100\text{ °C}$ erwärmt. Der Boden des Gefäßes kann geöffnet werden, sodass die Aluminiumkugeln in das Wasser fallen. Der Temperaturverlauf des Wassers wird mit einem Thermometer gemessen.
*Beobachtung:* Die Temperatur des Wassers nimmt zu. Nach kurzer Zeit stellt sich eine konstante Mischungstemperatur von $\vartheta_{\text{M}} = 44\text{ °C}$ ein.
*Auswertung:* Die Zunahme der inneren Energie des Wassers $\Delta U_{\text{W}}$ ist gleich der Abnahme der inneren Energie des Aluminiums $\Delta U_{\text{Al}}$:

$$\Delta U_{\text{W}} = c_{\text{W}}\, m_{\text{W}}\, (\vartheta_{\text{M}} - \vartheta_{\text{W}})$$
$$\Delta U_{\text{Al}} = c_{\text{Al}}\, m_{\text{Al}}\, (\vartheta_{\text{Al}} - \vartheta_{\text{M}})$$

Aus $\Delta U_{\text{W}} = \Delta U_{\text{Al}}$ ergibt sich mit $c_{\text{Al}} = 0{,}90\text{ kJ/(kg K)}$ für die spezifische Wärmekapazität $c_{\text{W}}$ von Wasser:

$$c_{\text{W}} = c_{\text{Al}}\frac{m_{\text{Al}}}{m_{\text{W}}}\,\frac{\vartheta_{\text{Al}} - \vartheta_{\text{M}}}{\vartheta_{\text{M}} - \vartheta_{\text{W}}}$$
$$= 0{,}90\,\frac{\text{kJ}}{\text{kg K}}\cdot\frac{110\text{ g}}{50\text{ g}}\cdot\frac{(110-44)\text{ K}}{(44-18)\text{ K}} = 4{,}2\,\frac{\text{kJ}}{\text{kg K}}$$

Die spezifische Wärmekapazität des Wassers $c_{\text{W}} = 4{,}20\text{ kJ/(kg K)}$ ist nicht exakt konstant, sondern nimmt von 0 °C bis 40 °C um etwa 1 % ab. ◂

Spezifische Wärmekapazitäten von festen, flüssigen und gasförmigen Stoffen sind in **Tab. 70.1** angegeben.

### Aufgaben

1. Ein Lastkraftwagen bremst, doch der Fahrer kann nicht verhindern, dass der Wagen gegen eine Mauer stößt und diese zum Einsturz bringt. Erläutern Sie, was während des Bremsens und des Zusammenstoßes mit dem Impuls und der kinetischen Energie des LKW geschieht.
2. Um 1 kg Wasser um 1 °C zu erwärmen, werden 4,2 kJ benötigt. Berechnen Sie die Höhe $h$, auf die 1 kg Wasser mit dieser Energie angehoben werden kann, sowie die Geschwindigkeit $v$ auf die das Wasser mit derselben Energie beschleunigt werden kann.
3. In eine Wanne sind 800 Liter Wasser von 83 °C eingelassen. Durch Einlassen von 18 °C kaltem Wasser soll das Wasser in der Wanne auf eine Temperatur von 40 °C gebracht werden. Berechnen Sie, wie viel Wasser eingelassen wird.
4. Ein dunkelrot glühendes Hufeisen (Masse $m = 1{,}5\text{ kg}$) hat eine Temperatur von $\vartheta = 550\text{ °C}$. Zum Härten wird es in 5 Liter Wasser von 20 °C getaucht. Berechnen Sie die Temperaturerhöhung des Wassers.

**Exkurs**

## Die innere Energie

Der Zustand eines Körpers ist unter anderem dadurch gekennzeichnet, dass er eine bestimmte Menge Energie enthält, die als innere Energie $U$ bezeichnet wird. Dazu gehören die thermische, die chemische und die nukleare Energie. Die chemische Energie, zu der die Bindungsenergie der Moleküle gehört, und der kernphysikalische Anteil, der die potentielle Energie der Atomkerne umfasst, ändern sich bei thermischen Prozessen nicht, weswegen diese beiden Anteile in der Thermodynamik unberücksichtigt bleiben.

Die thermische Energie eines Körpers beruht darauf, dass die Atome oder Moleküle eine von der Temperatur abhängige mehr oder weniger starke ungeordnete thermische Bewegung ausführen. Indirekt kann die thermische Bewegung der Atome und Moleküle mit der Brown'schen Bewegung nachgewiesen werden. Im Mikroskop zeigen kleine, gerade noch sichtbare Materieteilchen eine Zick-Zack-Bewegung, die von den statistisch unregelmäßigen Stößen der Atome oder Moleküle gegen die Materieteilchen herrührt. Im gasförmigen und flüssigen Zustand können sich die Atome und Moleküle zwischen Stößen mit anderen Teilchen über eine bestimmte Strecke bewegen. Damit besitzen die Teilchen im Mittel eine bestimmte kinetische Energie, die den wesentlichen Beitrag zur thermischen Energie liefert.

Im kristallinen Zustand schwingen die Teilchen um ihre Gleichgewichtslage. Dabei haben die Teilchen nicht nur eine mittlere kinetische Energie, sondern es kommt noch eine mittlere potentielle Energie der Schwingung hinzu. Im gasförmigen Zustand können Moleküle um bestimmte Achsen rotieren, sodass sie zusätzlich kinetische Energie der Rotation besitzen. All diese Anteile der mittleren kinetischen und potentiellen Energie bilden die thermische Energie.

Materie kann in den Zustandsformen fest, flüssig oder gasförmig existieren.

In welchem Zustand sich ein spezieller Stoff befindet, hängt von der Temperatur und auch vom Druck ab. Wird einem Körper bei konstantem Druck Wärmeenergie zugeführt, so steigt im Allgemeinen seine Temperatur, es sei denn, es findet ein Übergang von einer in eine andere Zustandsform statt, ein sogenannter Phasenübergang. Solche Phasenübergänge sind Schmelzen (fest → flüssig), Verdampfen (flüssig → gasförmig) und Sublimieren (fest → gasförmig). Phasenübergänge finden bei einer ganz bestimmten Temperatur, der Schmelz- oder Siedetemperatur, statt, wie in der Abbildung für Wasser dargestellt.

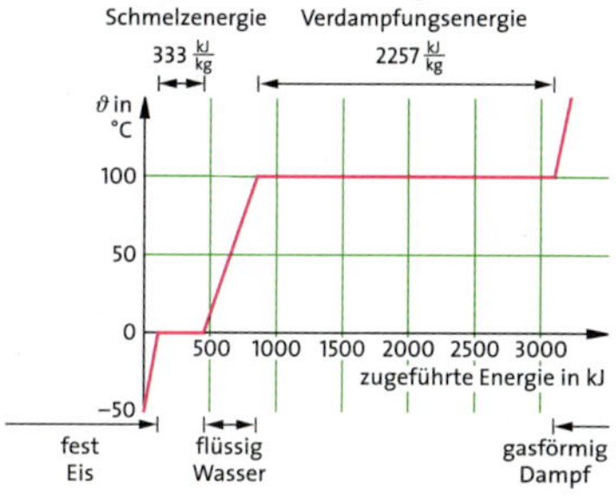


Zum Schmelzen bzw. Verdampfen der Masse $m$ eines Stoffes muss eine für den Stoff charakteristische Energie, die **Schmelzenergie** bzw. die **Verdampfungsenergie,** zugeführt werden, die beim umgekehrten Vorgang wieder abgegeben wird. Während des Phasenübergangs bleibt die Temperatur des Stoffes konstant. Dies zeigt, dass die Zufuhr von Energie bzw. deren Abgabe nicht unbedingt mit einer Temperaturänderung verknüpft sein muss. Während eines Phasenübergangs verändert sich die Struktur der Materie und damit die Dichte. Die feste Ordnung der Teilchen in einer kristallinen Struktur wird beim Schmelzen aufgelöst, wozu Energie benötigt wird. Ebenso ist Energie nötig, um die Teilchen eines Körpers beim Übergang flüssig → gasförmig voneinander zu lösen. Außerdem wird wegen der Volumenvergrößerung mechanische Energie benötigt, da sich die verdampfende Flüssigkeit gegen den Luftdruck ausdehnen muss. Ursache für den Energiebedarf beim Schmelzen und Verdampfen sind die zwischen den Teilchen der Materie existierenden anziehenden elektrischen Kräfte. Die dabei zugeführte Energie ist dann in der Materie, im sogenannten thermodynamischen System, als potentielle Energie der Teilchen gespeichert und kann beim umgekehrten Phasenübergang wieder abgegeben werden. Wenn die zugeführte Energie zu einer Erhöhung der Temperatur führt, so bedeutet dies für frei bewegliche Teilchen des thermodynamischen Systems eine größere mittlere kinetische Energie und für an feste Plätze gebundene Teilchen auch eine größere Schwingungsenergie.

In einem Gas fliegen die Atome oder Moleküle mit großer Geschwindigkeit unregelmäßig hin und her, wobei sie ständig durch Stöße mit anderen Teilchen ihre Geschwindigkeit nach Betrag und Richtung ändern. Es gibt Teilchen, die langsam sind, die meisten haben mittlere Geschwindigkeiten und wenige bewegen sich sehr schnell. Auch die kinetische Energie der Teilchen ist unterschiedlich. Bei einer bestimmten Temperatur $T$ wird sich im *thermischen Gleichgewicht* eine bestimmte *Geschwindigkeitsverteilung* einstellen, zu der eine bestimmte *mittlere kinetische Energie* $\overline{E}_{\text{kin}}$ der Teilchen aufgrund ihrer Translation gehört. Auch im Festkörper sind die Geschwindigkeiten der Teilchen bei den Schwingungen unterschiedlich und auch hier gibt es eine bestimmte *mittlere kinetische Energie* $\overline{E}_{\text{kin}}$. Es zeigt sich, dass diese mittlere kinetische Energie $\overline{E}_{\text{kin}}$ *allein* die absolute Temperatur $T$ eines Körpers bestimmt, denn es gilt

$$\overline{E}_{\text{kin}} = \frac{3}{2} k\,T,$$

wobei $k$ die Boltzmann-Konstante ist, für die gilt $k = 1{,}38 \cdot 10^{-23}$ J/K. (Zur absoluten Temperatur $T$ und zur Maßeinheit 1 K (Kelvin) siehe Kap. 3.3.1). Aus

$$E_{\text{kin}} = \frac{m v^2}{2} = \frac{3 k T}{2}$$

folgt die mittlere Geschwindigkeit $v$ der Teilchen eines Gases zu $v = \sqrt{3 k\,T/m}$. Für die Moleküle der Luft ergibt sich daraus bei Zimmertemperatur $v = 500$ m/s.

Exkurs

## Der Treibhauseffekt und die Bewohnbarkeit von Planeten

Die nahezu konstante mittlere Oberflächentemperatur der Erde, die auch gerade in dem Bereich liegt, in dem flüssiges Wassers existieren kann, ist sicher einer der wichtigsten Gründe dafür, dass hier Leben entstehen und sich über lange Zeit entwickeln konnte. Wovon hängt diese Temperatur ab? Wie stabil ist sie? Wie wirken sich die Einflüsse aus, die der Mensch auf die Umwelt ausübt? Stehen uns möglicherweise Klimaveränderungen bevor? Viele dieser Fragen sind noch unbeantwortet.

### Die Erde ohne Treibhauseffekt

Die Erde befindet sich schon sehr lange im gleichmäßigen Strahlungsfeld der Sonne. Im Mittel muss sie daher ebenso viel Energie durch Strahlung abgeben, wie sie von der Sonne empfängt. Wäre die Erdoberfläche eine ideal schwarze Kugel vom Radius $r_E$, dann ließe sich ihre Oberflächentemperatur leicht berechnen: Sie empfängt von der Sonne die Strahlungsleistung $P_E = 0{,}7\,s\,A_q$. Hier ist $s$ die Solarkonstante ($s = 1{,}352\ \mathrm{kW/m^2}$) und $A_q = r_E^2\,\pi$ die Querschnittsfläche, die die Erde der Sonne darbietet. Der Faktor 0,7 (die sogenannte „Albedo") ergibt sich dadurch, dass von der ankommenden Strahlung sofort 30 % wieder reflektiert werden. Die Oberfläche erwärmt sich auf eine Temperatur $T_A$, bei der sie eine ebenso große Leistung $P_A$ wieder abstrahlt, dies aber gleichmäßig über ihre gesamte Oberfläche. Nach dem hier nicht behandelten Stefan-Boltzmann'schen Gesetz folgt $P_A = \sigma A\,T_A^4 = \sigma 4\pi r_E^2\,T_A^4$. Wird $P_E = P_A$ gesetzt und nach $T_A$ aufgelöst, dann ergibt sich $T_A = \sqrt[4]{0{,}7\,s/(4\sigma)} = 254\ \mathrm{K} = -19\ °\mathrm{C}$.

### Die Erde – die richtige Menge Treibhauseffekt

Tatsächlich beträgt die mittlere Oberflächentemperatur der Erde ungefähr +15 °C. Die Ursache dafür liegt in einer wichtigen Eigenschaft der Atmosphäre begründet, nämlich im unterschiedlichen Absorptionsvermögen der Atmosphärengase. Dieser sogenannte „Treibhauseffekt" lässt sich vereinfacht folgendermaßen erklären:
Wegen der hohen Temperatur der Sonnenoberfläche erhält die Erde ihre Strahlungsenergie hauptsächlich bei den kurzen Wellenlängen des sichtbaren Lichtes, für die die Atmosphärengase gut durchlässig sind. Die Strahlung trifft auf die Erdoberfläche, die sich dadurch erwärmt. Für das viel langwelligere Licht, das die Oberfläche dadurch selbst abstrahlt, sind einige Gase („Treibhausgase"), vor allem Wasserdampf ($H_2O$), Kohlenstoffdioxid ($CO_2$) und Methan ($CH_4$), aber schlecht durchlässig. Sie absorbieren die von der Erde abgestrahlte Energie, erwärmen sich dadurch und strahlen sowohl in den Weltraum als auch auf die Erdoberfläche zurück. Stellt man sich diese absorbierende Schicht als einen Filter vor, der über der Erde liegt, so erhält die Oberfläche dadurch zusätzlich zur direkten Sonnenstrahlung $0{,}7\,s = 960\ \mathrm{W/m^2}$ einen Beitrag von $P_S/A = \sigma T_A^4$, wobei $T_A$ die Temperatur dieses Filters ist. Wird für $T_A$ näherungsweise der oben gefundene Wert von 255 K eingesetzt, so ergibt sich eine zusätzliche Strahlung von $P_S/A = 240\ \mathrm{W/m^2}$ und für die neue Gleichgewichtstemperatur ein Wert von 270 K. Eine genauere Rechnung zeigt, dass der Effekt tatsächlich die beobachtete Erwärmung von etwa $\Delta T = +34\ \mathrm{K}$ erzeugt.

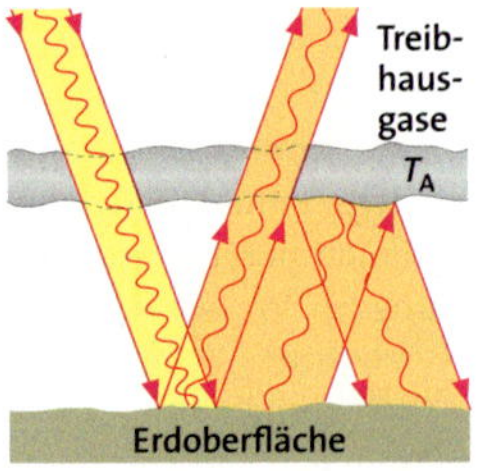


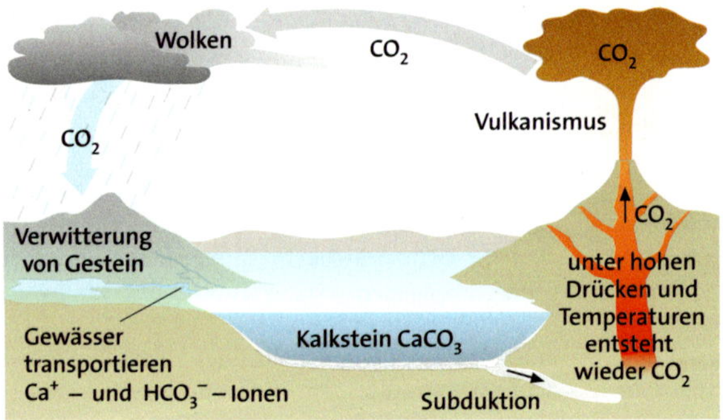


Ist diese Situation stabil? Die geologischen Zeugnisse zeigen, dass das Klima auf der Erde in der Vergangenheit recht großen Schwankungen unterworfen war. Neben Eiszeiten gab es lange Zeiten mit viel höheren Temperaturen als heute. Trotzdem waren die Schwankungen nie so groß und schnell, dass sie das Leben auf der Erde ernsthaft gefährdet hätten. Worin ist diese Stabilität begründet?
Damit der Treibhauseffekt dauerhaft zu günstigen Temperaturen führt, muss es einen Mechanismus geben, der Schwankungen der Strahlung ausgleichen kann. Solche Schwankungen ergeben sich z. B. durch geringfügige Änderungen der Erdbahn, aber auch die Strahlung der Sonne selbst hat sich im Laufe der Erdgeschichte beträchtlich erhöht. Weitere zufällige Störungen des Klimas können sich durch die Verschiebung der Kontinente und die damit einhergehende Änderung der Meeresströmungen ergeben. Für die Stabilität des Treibhauseffekts ist wahrscheinlich der $CO_2$-Zyklus verantwortlich:
Das atmosphärische $CO_2$ wird durch Regen und die Verwitterung von Gesteinen allmählich ausgewaschen und mit den Flüssen ins Meer transportiert. Hier bildet es durch organische und anorganische Prozesse Ablagerungen (Sedimente) aus Kalkstein. Im Laufe der Zeit würde so bald das ganze $CO_2$ aus der Atmosphäre entfernt. Nun ist die Erde aber tektonisch sehr aktiv. Mit der langsamen Verschiebung der Erdplatten wandern die Sedimente zu den „Subduktionszonen", wo sie wieder in den Erdmantel absinken. In großer Tiefe wird das $CO_2$ frei und gelangt durch Vulkane wieder in die Atmosphäre, wodurch sich der Zyklus schließt. Was passiert nun, wenn sich die Sonnenstrahlung langsam erhöht? Hier spielt das Wasser der Ozeane eine entscheidende Rolle: Durch steigende Temperaturen wird mehr Wasser

verdampfen und so erhöhte Niederschläge verursachen. Das hat eine höhere Auswaschung von $CO_2$ zur Folge, was wiederum den Treibhauseffekt verringert und die Temperatur sinken lässt. Sinkt andererseits die Oberflächentemperatur durch äußere Einflüsse, dann wird auch weniger $CO_2$ aus der Atmosphäre entfernt. Der Treibhauseffekt steigt wieder an.

### Die Venus – zu viel Treibhauseffekt

Die Venus ist der nächste der erdähnlichen inneren Planeten. Sie ist etwa gleich groß wie die Erde. Eine helle, undurchsichtige Atmosphäre hat ihre Erforschung lange verzögert. Da sie der Sonne näher steht als die Erde, erhält sie auch mehr Strahlungsenergie. Die Wolkenschicht wirft aber mehr als 80 % davon wieder zurück, sodass ihre Oberfläche trotzdem weniger Energie erhält als die Erdoberfläche.

Es wurde lange vermutet, dass die Wolken der Venus aus Wasserdampf bestehen und darunter möglicherweise tropische, lebensfreundliche Bedingungen herrschen. Die Untersuchungen mit Landefahrzeugen und Satelliten ergaben aber ein ganz anderes Bild: Die Atmosphäre enthält 97 % $CO_2$ und 3 % Stickstoff, der Oberflächendruck beträgt 93 bar und die Oberflächentemperatur 460 °C, das ist mehr als die Schmelztemperatur von Blei!

Wie sind diese so ganz von der Erde verschiedenen Verhältnisse zu erklären? Angenommen wird, dass die inneren Planeten zu Beginn ihrer Entwicklung etwa die gleiche Zusammensetzung hatten. Wahrscheinlich hatten alle Planeten ursprünglich Wasser auf ihrer Oberfläche und eine Atmosphäre aus $CO_2$ und Stickstoff. Im Gegensatz zur Erde muss es aber auf der Venus im Laufe der Zeit zu einem sich selbst verstärkenden Treibhauseffekt gekommen sein. Es wird vermutet, dass der Wasserdampf durch die intensivere Sonneneinstrahlung in große Höhen aufsteigen konnte. Dort wurde er durch das intensive ultraviolette Licht in Wasserstoff und Sauerstoff gespalten. Während der Sauerstoff in den Gesteinen gebunden wurde, konnte der leichte Wasserstoff in den Weltraum entweichen. Jetzt fehlte der für das Auswaschen des $CO_2$ notwendige Regen, sodass der Treibhauseffekt immer stärker wurde. Während auf der Erde das meiste $CO_2$ in Gesteinen gebunden ist, ist es auf der Venus ganz in der Atmosphäre enthalten und verursacht so die extremen Temperaturen und Drücke.

### Der Mars – zu wenig Treibhauseffekt

Der Mars, der nächste äußere Planet, zeigt ganz andere Verhältnisse: Bei einer mittleren Temperatur von −60 °C und einem Atmosphärendruck von nur 7 mbar kann dort kein flüssiges Wasser existieren. Im Gegensatz zur Venus, wo wir die frühere Anwesenheit von Wasser nur vermuten können, zeigt die Marsoberfläche deutliche Spuren von großen Überflutungen und alten Flussläufen. Man schätzt, dass damals ein Druck von 1–5 bar $CO_2$ einen ausreichend großen Treibhauseffekt erzeugt hat. Der Mars ist aber wesentlich kleiner als die Erde; dadurch konnte sein Inneres viel schneller abkühlen. Eine Tektonik wie auf der Erde kam dadurch nie in Gang. Daher konnte das abgelagerte $CO_2$ nicht mehr zurückgeführt werden. Der Treibhauseffekt wurde geringer und die Temperatur sank. Das Wasser, das damals geflossen ist, befindet sich heute in gefrorener Form im Boden („Permafrostboden“).

Venus

Mars

### Die Zukunft der Erdatmosphäre und das Weltklima

Durch den Verbrauch fossiler Brennstoffe und die Abholzung großer Waldbestände hat der Mensch in den letzten Jahrzehnten den $CO_2$-Gehalt der Atmosphäre deutlich ansteigen lassen. Gleichzeitig konnte eine globale Erwärmung von etwa 0,6 °C seit Mitte des 19. Jahrhunderts nachgewiesen werden. Hängt diese Erwärmung mit der Erhöhung des $CO_2$-Gehaltes zusammen? Wie wird sich das Weltklima entwickeln, wenn im bisherigen Umfang weiter $CO_2$ produziert wird? So wichtig diese Fragen auch sind, lassen sie sich zzt. leider nicht mit letzter Sicherheit beantworten. Die Vorgänge in der Atmosphäre und in den Weltmeeren sind so komplex, dass sie sich mit mathematischen Modellen noch nicht genau genug modellieren lassen. Außerdem fehlen für wichtige Teile der Erde, insbesondere die Ozeane, ausreichende Messdaten.

Die heutigen Klimamodelle sagen bei unverändertem $CO_2$-Ausstoß einen Anstieg der mittleren Welttemperatur von 2 °C bis 5 °C für die Mitte dieses Jahrhunderts voraus. Noch unsicherer sind die Prognosen, die sich daraus für die Entwicklung des Klimas ergeben. Die Effekte können lokal sehr unterschiedlich ausfallen. Insgesamt muss mit einer weltweiten Verschiebung von Klimazonen gerechnet werden mit allen daraus resultierenden sozialen und politischen Problemen. Angesichts dieser Unsicherheiten sind die meisten beteiligten Wissenschaftler der Meinung, dass der zusätzliche $CO_2$-Ausstoß so gering wie möglich gemacht werden sollte. Die Aussicht, hierfür schnell genug zu den notwendigen internationalen Einigungen zu kommen, ist aber im Augenblick nicht sehr hoch.

# 3.3 Die Entropie

Mit der Einführung der Wärmeenergie konnte die häufig beobachtete Verletzung des Energieerhaltungssatzes in der Mechanik erklärt werden. Durch Reibung oder unelastische Verformungen wird mechanische Energie in Wärmeenergie umgewandelt und steht damit den mechanischen Vorgängen nicht mehr zur Verfügung. Wie ist es aber zu erklären, dass bei der Schwingung eines Fadenpendels fortlaufend potentielle Energie der Gravitation in kinetische Energie und zurück in potentielle Energie gewandelt wird, während sich niemals beim Bremsen eines Fahrzeugs die aus der kinetischen Energie entstandene Wärmeenergie wieder zurück in kinetische Energie verwandelt? Der Satz von der Erhaltung der Energie würde dies durchaus zulassen. Eine Tasse heißen Kaffees kühlt ab, aber niemals holt sich der Kaffee die Wärmeenergie wieder aus der Umgebung zurück. Offensichtlich gibt es ein physikalisches Prinzip, das den Ablauf bestimmter Prozesse nur in einer Richtung vorschreibt.

Rudolf Clausius (1822–1888) führte dazu 1850 eine physikalische Größe ein, die er **Entropie** (entropia, griech.: Umwandlung) nannte, mit der er den beobachteteb Ablauf beschreiben konnte. Der Amerikaner Josiah Willard Gibbs (1839–1903) verfasste um 1870 Arbeiten zur Thermodynamik, deren Grundprinzip die allgemeine Energieerhaltung ist. Die Gibbs'sche Theorie lässt erkennen, dass die Entropie in gleicher Weise als fundamentale Größe der Thermodynamik zu verstehen ist, wie die elektrische Ladung in der Elektrizitätslehre und der Impuls in der Mechanik (→ 3.3.2).

## 3.3.1 Die absolute Temperatur

Ein Kühlschrank entzieht den Lebensmitteln in seinem Kühlraum thermische Energie und befördert sie nach draußen (→ 3.3.5). Üblicherweise werden Kühltemperaturen im Bereich $\vartheta = 8\ °C \dots 2\ °C$ eingestellt. Die Betriebstemperatur von Gefrierschränken beträgt $\vartheta \leq -18\ °C$. Mit Kältemaschinen, die in technischen Universitäten und Industrieanlagen in Betrieb sind, werden Temperaturen erreicht, bei denen Gase flüssig werden: Sauerstoff bei −183 °C, Stickstoff bei −196 °C, Wasserstoff bei −253 °C und Helium bei −269 °C. Dies ist der niedrigste Siedepunkt aller Elemente. Dabei zeigt sich, dass die Temperatur nicht beliebig gesenkt werden kann.

Darauf weist auch das Ausdehnungsverhalten von Gasen hin. Unabhängig davon, ob ein Gas ein-, zwei- oder mehratomig ist, vergrößert sich bei konstantem Druck das Volumen $V$ *linear* mit der Temperatur $\vartheta$ (**Abb. 74.1**). Werden die Geraden im $\vartheta$-$V$-Diagramm zu tiefen Temperaturen hin verlängert, so schneiden alle Geraden die Temperaturachse im selben Punkt bei $\vartheta \approx -273\ °C$. Dies ist unabhängig von der Gasmenge, also unabhängig davon, ob das Volumen bei einer bestimmten Temperatur die Werte $V$ oder $V'$ hat. Gase verhalten sich genügend weit oberhalb ihres Siedepunktes so, als hätten die Teilchen kein Eigenvolumen, sodass sich das Gas bei einer tiefsten Temperatur auf das Volumen $V = 0$ zusammenziehen könnte. Der genaue Wert dieses *absoluten Temperaturnullpunkts* beträgt $\vartheta = -273{,}15\ °C$. Bei dieser Temperatur verhielten sich die Gasteilchen so, als hätten sie die für die thermische Bewegung verantwortliche kinetische Energie vollständig abgegeben.

Mit dem absoluten Temperaturnullpunkt kann eine *absolute Temperatur* $T$ eingeführt werden. Der Nullpunkt der Celsius-Skala wird dazu um 273,15 °C nach unten verschoben (**Abb. 74.1**). Die bisherige Temperatureinheit 1 °C bleibt erhalten, wird nun aber Kelvin (1 K) genannt (nach Sir William Thomson (1824–1907), seit 1892 Lord Kelvin).

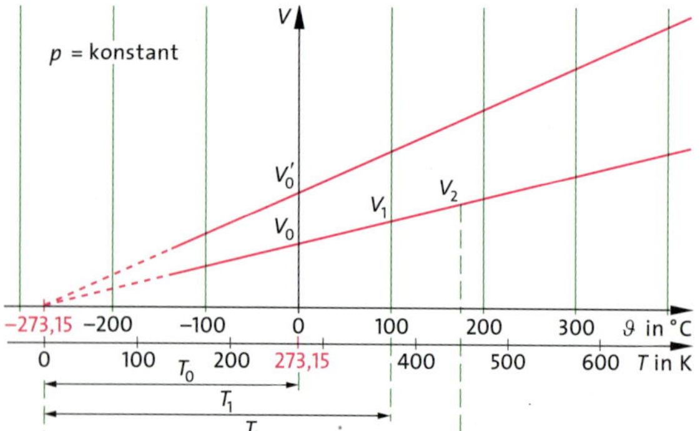


**74.1** Volumen eines Gases in Abhängigkeit von der Temperatur

> Die **absolute Temperatur** $\boldsymbol{T}$ beginnt beim absoluten Temperaturnullpunkt $\vartheta = -273{,}15\ °C$. Die Einheit $[T] = 1\ K$ (Kelvin) ist gleich der Einheit der Celsiusskala $[\vartheta] = 1\ °C$, sodass gilt:
>
> $$T = \vartheta \frac{K}{°C} + 273{,}15\ K \quad \Leftrightarrow \quad \vartheta = T \frac{°C}{K} - 273{,}15\ °C$$

### Aufgaben

1. Rechnen Sie die oben in °C angegeben Siedetemperaturen von Gasen in die absolute Temperaturskala um.
2. Erklären Sie, warum der Impuls und die elektrische Ladung als fundamentale Größen der Mechanik bzw. der Elektrizitätslehre bezeichnet werden können.

## 3.3.2 Die Entropie als Energieträger

Es ist eine grundlegende Beobachtung, dass bei keinem physikalischen Prozess Energie *allein* von einem System zu einem anderen übergehen kann. Energie kann nur ausgetauscht werden, wenn eine andere physikalische Größe zusammen mit der Energie ausgetauscht wird. Diese andere Größe wird als *Energieträger* bezeichnet.

Das Beispiel eines Elektrofahrzeugs für Kinder soll die Energieträger der Elektrizität und der Mechanik erläutern. Das Fahrzeug sei mit einer Batterie der Spannung $U = 12$ V und einem Elektromotor der Leistung $P = 140$ W ausgestattet. Beim Start fließt ein elektrischer Strom der Stärke $I = P/U = 140$ W/12 V = 11,7 A durch den Motor. Mit dem elektrischen Strom wird die Energie von der Batterie zum Motor transportiert, d. h. der Energiestrom $P = \Delta E/\Delta t$ ist an den elektrischen Strom $I$ gebunden. Der Strom $I = \Delta Q/\Delta t$ ist bewegte elektrische Ladung, daher wird die Ladung $Q$ wegen $P = UI = U\Delta Q/\Delta t$ als **Energieträger der Elektrizität** bezeichnet. Dabei bestimmt die Spannung $U$, wie viel Energie transportiert wird: In der Leitung vom Pluspol der Batterie zum Motor beträgt die Spannung 12 V, sodass der Energiestrom $P = 12\text{ V} \cdot 11{,}7\text{ A} = 140$ W zusammen mit dem Strom $I = 11{,}7$ A transportiert wird. Im Motor sinkt die Spannung $U$ vom Stromeingang zum Ausgang in gleichem Maße, wie der Strom Energie an den Motor abgibt. Am Stromausgang ist die Spannung $U = 0$ V, sodass der Strom keine Energie vom Motor zurück zur Batterie transportiert (**Abb. 75.1**).

Der Motor setzt die Antriebsräder in Bewegung. Durch die Wechselwirkung der Räder mit dem Boden übt der Boden eine Kraft $F$ auf die Räder aus, was nach $F = \Delta p/\Delta t$ (→ 2.4.2) einem Impulsfluss vom Boden auf das Fahrzeug entspricht. Die Erde kann dabei als unendlich großes Impulsreservoir angesehen werden.

Nach $P = \Delta E/\Delta t = v\,\Delta p/\Delta t = v\,F$ (→ 3.2.6) transportiert der Impulsstrom $\Delta p/\Delta t$ den Energiestrom $P = v\,F$. Daher wird der Impuls $p$ als **Energieträger der Mechanik** bezeichnet. Hier bestimmt die Geschwindigkeit $v$ wie viel Energie $\Delta E = v\,\Delta p$ mit dem Impuls $\Delta p$ auf das Fahrzeug fließt. Der Impulsstrom $\Delta p/\Delta t$ summiert sich auf dem Fahrzeug zum Gesamtimpuls $p$. Der Energiestrom summiert sich zur kinetischen Energie, die nach der Gleichung $E_{kin} = p^2/(2\,m)$ (→ 3.2.2) an den Impuls gebunden ist. (**Abb. 75.1**).

> Die Gleichungen $\Delta E = v\,\Delta p$ und $\Delta E = U\,\Delta Q$ weisen den Impuls $p$ bzw. die elektrische Ladung $Q$ als **Energieträger** der Mechanik bzw. der Elektrizität aus. Aus den beiden Gleichungen folgt:
> **Impulsströme** $\Delta p/\Delta t = F$ werden von mechanischen Energieströmen $P = \Delta E/\Delta t = v\,F$ begleitet.
> **Ladungsströme** $\Delta Q/\Delta t = I$ werden von elektrischen Energieströmen $P = \Delta E/\Delta t = U\,I$ begleitet.

**Abb. 75.2** zeigt das Energieflussdiagramm eines an das elektrische Netz angeschlossenen Tauchsieders. Der elektrische Strom transportiert Energie vom Netzanschluss zum Tauchsieder. Dort wird die Energie in Wärmeenergie umgewandelt. Analog zur mechanischen und elektrischen Energie hat auch die Wärmeenergie einen Träger, der *Entropie* heißt. Anders als die elektrische Ladung, die im Stromkreis fließt, und der Impuls, der aus dem Boden auf das Fahrzeug gelangt, wird die Entropie im elektrischen Widerstand *erzeugt*. Die Entropie fließt zur tieferen Temperatur und wird dabei von einem Wärmeenergiestrom begleitet.

> Bei der Umwandlung von Energie in Wärmeenergie wird **Entropie** erzeugt. Sie ist der Träger der Wärmeenergie. **Entropieströme** werden von Wärmeenergieströmen begleitet.

### Aufgaben

1. Zeichnen Sie ein Energieflussdiagramm für eine Elektroauto, das mit Höchstgeschwindigkeit fährt.
2. Das Elektrofahrzeug für Kinder (12 V | 140 W) kann etwa 2 Stunden fahren. Berechnen Sie die währenddessen geflossene elektrische Ladung und die von der Batterie abgegebene Energie sowie die Antriebskraft bei 4 km/h.

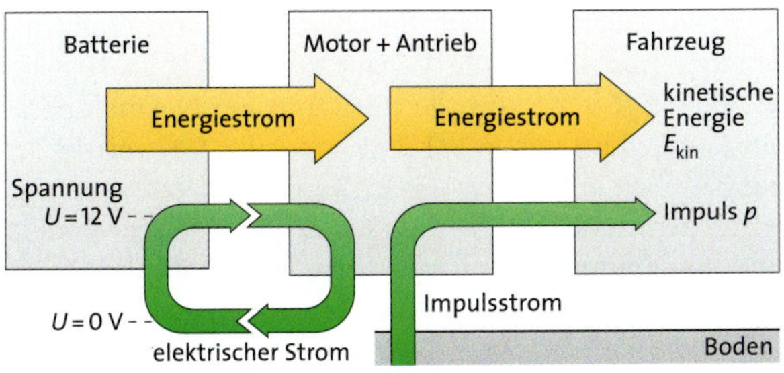


**75.1** Energieströme mit ihren Trägerströmen

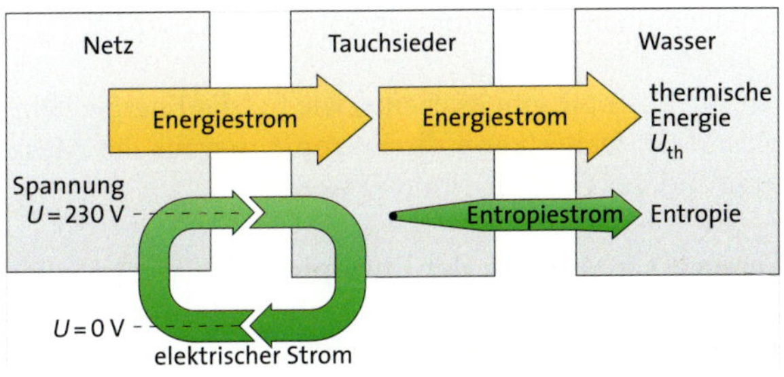


**75.2** Der Entropiestrom als Träger des Wärmeenergiestroms

### 3.3.3 Die Definition der Entropie

Entropie wird bei der Umwandlung von mechanischer, elektrischer oder chemischer Energie in Wärmeenergie erzeugt. Die Definitionsgleichung für die Entropie mit dem Symbol $S$ kann analog zu den Gleichungen

$$\Delta E = v\,\Delta p \quad \text{und} \quad \Delta E = U\,\Delta Q \qquad (\rightarrow 3.3.2)$$

aufgeschrieben werden. Die beiden Gleichungen besagen, dass ein Körper, der sich mit der Geschwindigkeit $v$ bewegt, zusammen mit dem Impuls $\Delta p$ die Energie $\Delta E = v\,\Delta p$ erhält. Ebenso erhält ein elektrisches Bauteil bei der Spannung $U$ zusammen mit der elektrischen Ladung $\Delta Q$ die Energie $\Delta E = U\,\Delta Q$. Der Impuls fließt bei Wechselwirkungen von selbst vom Körper höherer Geschwindigkeit $v$ zu dem mit niederer Geschwindigkeit, zum Beispiel bei einem Auffahrunfall. Ebenso fließt die elektrische Ladung von der höheren Spannung z. B. am Stromeingang eines Elektromotors (→ 3.3.2) bei $U = 12$ V zur niederen Spannung $U = 0$ V am Ausgang. Für die Entropie $S$ ist es die Temperatur $T$, die den Entropiestrom $\Delta S/\Delta t$ von der höheren zur tieferen Temperatur fließen lässt. Die Ladung $\Delta Q$ und der Impuls $\Delta p$ werden unter Energieaufwand auf eine bestimmte Spannung $U$ bzw. Geschwindigkeit $v$ *gebracht*. Für die Ladung und den Impuls gelten Erhaltungssätze, während die Entropie $\Delta S$ bei einer bestimmten Temperatur $T$ *erzeugt* wird. Dazu ist ebenfalls Energie $\Delta E$ erforderlich, die mechanisch, elektrisch oder chemisch geliefert werden kann. Je höher die Temperatur $T$ ist, umso mehr Energie wird benötigt. Es gilt die analoge Beziehung $\Delta E = T\,\Delta S$.

**Entropie $\Delta S$** wird durch Reibung, unelastische Verformung, Stromfluss durch einen Widerstand oder Verbrennung bei einer bestimmten Temperatur $T$ erzeugt. Dazu ist die Energie $\Delta E = T\,\Delta S$ erforderlich. Als Definitionsgleichung folgt daraus:

$$\Delta S = \frac{1}{T}\Delta E_W$$

$\Delta E_W$ ist die aufgewandte Energie, die an die Entropie gebunden ist und als **Wärmeenergie** bezeichnet wird. Die Entropie fließt von der höheren zur tieferen Temperatur.
Die Einheit der Entropie ist $[S] = [\Delta E/T] = 1$ J/K.

Für die Entropie gibt es ebenso wie für die Energie kein Messgerät. Daher kann die Entropie nur aus der Messung anderer Größen ermittelt werden.

**Versuch 1 – Messung der Entropie:** 200 g Wasser werden in ein Thermogefäß gefüllt und mit zwei dünnen Heizspiralen unter ständigem Umrühren erwärmt. Bei der Spannung $U = 10{,}9$ V fließt für $\Delta t = 310$ s ein Strom

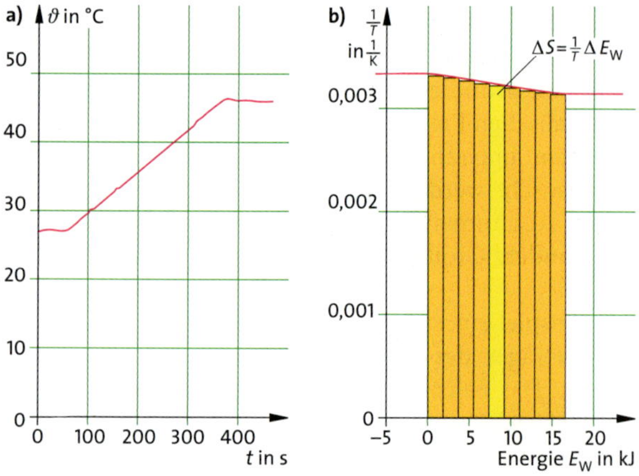


**76.1 a)** Zeit-Temperatur-Messkurve beim Tauchsiederversuch; **b)** $1/T$ als Funktion der zugeführten Wärmeenergie $E_W$

von $I = 5$ A. Das Wasser erwärmt sich währenddessen von $\vartheta_1 = 27$ °C auf $\vartheta_2 = 46$ °C um $\Delta T = 19$ K (**Abb. 76.1 a**). *Auswertung:* Dem Wasser wird die elektrische Energie $\Delta E = U I \Delta t = 10{,}9\ \text{V} \cdot 5{,}0\ \text{A} \cdot 310\ \text{s} = 16{,}9$ kJ als Wärmeenergie zugeführt. Zur Berechnung der erzeugten Entropie wird die gemessene Temperatur $\vartheta$ in den Kehrwert $1/T$ der absoluten Temperatur umgerechnet und über der zugeführten Wärmeenergie $E_W$ aufgetragen (**Abb. 76.1 b**). In dem so erhaltenen $E_W$-$1/T$-Diagramm stellen schmale Rechtecke unter dem Graphen entsprechend der Gleichung $\Delta S = \Delta E_W/T$ kleine Entropiebeträge dar. Deren Flächeninhalt ist die insgesamt erzeugte Entropie $\Delta S$. Sie lässt sich in guter Näherung aus dem Trapez in **Abb. 76.1 b** berechnen:

$$\Delta S = \frac{16{,}9\ \text{kJ}}{2}\left(\frac{1}{(27 + 273)\ \text{K}} + \frac{1}{(46 + 273)\ \text{K}}\right) = 54{,}7\ \frac{\text{J}}{\text{K}}$$

*Ergebnis:* Mit der proportionalen Umrechnung folgt aus dem Versuchsergebnis: Bei der Erwärmung von $m = 1$ kg Wasser um $\Delta T = 1$ K wird die Entropie $\Delta S = 14{,}4$ J/K erzeugt. Theoretische Berechnungen ergeben eine Entropiezunahme von $\Delta S = 13{,}9$ J/K. ◄

#### Entropiezunahme

Ein thermisch isolierter Raum habe ein Volumen von $V = 1\ \text{m}^3$. Darin brennt für kurze Zeit ein Bunsenbrenner und liefert die Wärmeenergie $\Delta E_W = 10{,}8$ kJ, die benötigt wird, um die im Raum bei Normaldruck enthaltene Luft von $m = 1{,}2$ kg um $\Delta T = 9$ K von 18 °C auf 27 °C zu erwärmen (→ 3.2.7). Bei der Verbrennung wird chemische Energie in Wärmeenergie umgewandelt und im Flammensaum des Bunsenbrenners bei etwa $T = 1800$ K (1527 °C) die Entropie

$$\Delta S = \frac{1}{T}\Delta E_W = \frac{1}{1800\ \text{K}} \cdot 10{,}8\ \text{kJ} = 6\ \text{J/K} \quad \text{erzeugt.}$$

Entropie und Energie sind anfangs am Ort der Flamme konzentriert, werden sich aber im Laufe der Zeit durch Konvektion der erwärmten Luft und durch Wärmeleitung gleichmäßig im Raum verteilen. Die Raumtemperatur beträgt dann $T = 27\,°C = 300\,K$. Die im Raum enthaltene Entropie hat sich dabei vermehrt, wie die folgende Rechnung zeigt: Da die Energie erhalten bleibt, also $\Delta E_{1800\,K} = \Delta E_{300\,K}$ ist, vermehrt sich nach $\Delta E_W = T\,\Delta S$ die Entropie um einen beträchtlichen Faktor:

$$\frac{\Delta S_{27\,°C}}{\Delta S_{1527\,°C}} = \frac{\Delta E_{27\,°C}\,T_{1527\,°C}}{\Delta E_{1527\,°C}\,T_{27\,°C}} = \frac{T_{1527\,°C}}{T_{27\,°C}} = \frac{1800\,K}{300\,K} = 6$$

Die Entropiezunahme hat im Verlaufe der Zeit stattgefunden, so wie sich Entropie und Energie selbstständig ausgebreitet haben. Es wird niemals zu beobachten sein, dass der Prozess in umgekehrter Richtung abläuft, sodass sich die Energie unter Abkühlung des Raums wieder am Ort des Brenners versammeln würde. Ein solcher Prozess, der von allein nur in einer Richtung abläuft, heißt **irreversibel** (lat.: unumkehrbar). Dieser Sachverhalt wird durch die Entropiezunahme beschrieben. Mit dem Ablaufen eines irreversiblen Prozesses nimmt die Entropie zu. Um den Vorgang in umgekehrter Richtung unter Verringerung der Entropie stattfinden zu lassen, müsste die Zeit zurücklaufen, was es nicht gibt. Ohne selbstständig ablaufende, irreversible Prozesse könnte demnach auch kein Zeitablauf festgestellt werden. Zeit und Entropie sind wegen des einsinnigen Ablaufs eng miteinander verknüpft.

Gibt es überhaupt *reversible* Prozesse? Es gibt sie als idealisierte Grenzfälle: Würde eine Billardkugel gefilmt, wie sie *ideal elastisch* gegen andere Kugeln stößt, so ließe das Abspielen des Films nicht erkennen, ob der Film vor- oder rückwärts liefe. Dieser Prozess, bei dem keine kinetische Energie in Wärmeenergie umgewandelt würde, wäre reversibel. Hierbei bliebe die Entropie konstant, es wäre $\Delta S = 0$. Der zweite Hauptsatz fasst die Bedeutung der Entropie wie folgt zusammen:

**Zweiter Hauptsatz der Wärmelehre:**
Die Entropie nimmt in einem abgeschlossenen System bei irreversiblen Prozessen immer zu, bei reversiblen Prozessen bleibt sie konstant. Niemals nimmt sie ab.

## Entropie und Ordnung

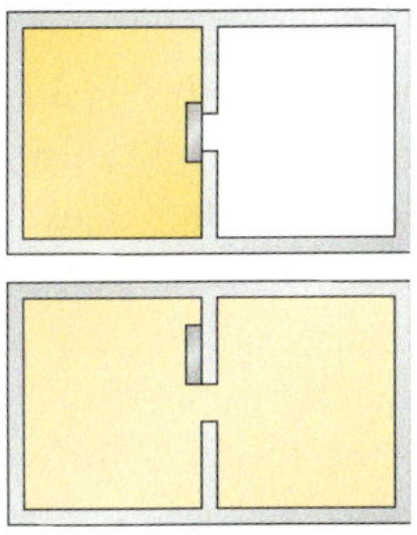

Bei einem anderen irreversiblen Prozess lässt sich nicht sofort erkennen, wieso eine Entropiezunahme damit einhergeht. Ein Thermogefäß ist in zwei Abteilungen unterteilt, von denen eine ein Gas enthält, während die andere Abteilung evakuiert ist. In der Trennwand zwischen den beiden wird eine Öffnung freigegeben. Das Gas dehnt sich aus und füllt beide Abteilungen. Der Vorgang ist irreversibel, denn niemals wird das Gas in die eine Abteilung zurückkehren. Da zwischen den Gasteilchen keine Kräfte bestehen sollen, ändert sich die Temperatur nicht. Wieso nimmt dennoch die Entropie des Gases zu, obwohl $\Delta E_W = 0$ ist?

Der Erklärung liegt zugrunde, dass ein System in einem bestimmten Zustand eine ganz bestimmte Menge Entropie $S$ enthält. Dies ist unabhängig davon, wie das System in den Zustand gelangt ist. Da sich bei irreversiblen Zustandsänderungen die Entropie zunächst nicht berechnen lässt, wird stattdessen eine Folge von *reversiblen*, also umkehrbaren Vorgängen betrachtet, die vom gleichen Ausgangszustand zum gleichen Endzustand führen. Befände sich das Gas in einem Kolbenprober, so gäbe es bei der Ausdehnung mechanische Energie $\Delta E_{mech} = F\,\Delta s$ an den Kolben ab. Dieser Prozess, bei dem sich das Gas abkühlt, ist reversibel (→ 3.2.7). Nun wird dem Gas die abgegebene mechanische Energie als Wärmeenergie $\Delta E_W = \Delta E_{mech}$ zugeführt. Auch dieser Prozess ist reversibel, wenn die Wärmequelle, was angenommen werden soll, stets die gleiche Temperatur wie das Gas hat. Mit der zugeführten Wärmeenergie $\Delta E_W$ kann die Entropiezunahme $\Delta S$ berechnet werden.

Wenn sich das Gas nur in einer Abteilung befindet, hat es einen Zustand höherer Ordnung als dann, wenn es sich in beide Abteilungen ausgebreitet hat. Solche Überlegungen führten den österreichischen Physiker Ludwig BOLTZMANN (1844–1906) zu der Erkenntnis:

In einem abgeschlossenen System hat von zwei Zuständen der ungeordnetere die größere Entropie.

## Aufgaben

1. Bestimmen Sie die Entropiezunahme, wenn 200 g Wasser von 20 °C mit 400 g Wasser von 40 °C gemischt werden.
2. Eine Kugel der Masse $m = 2$ kg fällt aus der Höhe $\Delta h = 3$ m herab und schlägt unelastisch am Boden auf. Die Temperatur der Kugel und der Aufschlagstelle, die dabei unwesentlich erhöht wird, soll $\vartheta = 25$ °C betragen. Berechnen Sie die beim Aufschlagen erzeugte Entropie.
3. Entropieerzeugung und -vermehrung in einem Tauchsieder (Leistung $P = 800$ W; Temperatur Heizdraht $\vartheta = 750$ °C): Berechnen Sie den aus dem Draht austretenden Entropiestrom $\Delta S/\Delta t$. Die Wärmeleitung durch die Keramikisolation und den äußeren Metallmantel vermehrt die Entropie. Berechnen Sie den Entropiestrom durch die Metalloberfläche, wenn diese die Wassertemperatur $\vartheta = 50$ °C hat.

### 3.3.4 Der Carnot'sche Wirkungsgrad

Wärmekraftmaschinen sind Motoren, die aus Wärmeenergie mechanische Energie gewinnen. In den Kraftwerken der Elektrizitätswirtschaft sind es Dampfturbinen, die die Nachfolge der Dampfmaschinen angetreten haben (**Abb. 78.1**). Sie treiben Generatoren an, die mechanische Energie in elektrische Energie umwandeln. In Kraftfahrzeugen sind es Verbrennungsmotoren, der Otto- und der Dieselmotor, die für den Antrieb sorgen. Schließlich treiben Strahlturbinen Flugzeuge an, indem sie durch das Ausstoßen heißer Gase einen Rückstoß erzeugen (→ 3.1.1). Bei all diesen *Wärmemotoren* wird Wärmeenergie bereitgestellt. Hauptsächlich geschieht dies durch Verbrennen der fossilen Brennstoffe Braunkohle, Steinkohle, Erdgas und den Derivaten des Erdöls Benzin und Dieselkraftstoff. In Kernkraftwerken sorgt die Kernspaltung für hohe Temperaturen zur Dampferzeugung, in thermischen Solarkraftwerken wird Wasserdampf mit der Energie der absorbierten Sonnenstrahlung erzeugt.

Welchen Anteil der bereitgestellten Wärmeenergie kann eine Wärmekraftmaschine in mechanische Energie umwandeln? Diesen Anteil gibt der thermodynamische Wirkungsgrad $\eta$ an, der als Quotient aus genutzter mechanischer Leistung $P_{mech} = \Delta E_{mech}/\Delta t$ und bereitgestellter Wärmeleistung $P_W = \Delta E_W/\Delta t$ definiert ist:

$$\eta = \frac{P_{mech}}{P_W} = \frac{\Delta E_{mech}}{\Delta E_W}$$

Kraftwerke haben auffallend niedrige Wirkungsgrade: Braunkohlekraftwerke können nur 38 % der eingesetzten Wärmeenergie als elektrische Energie abgeben, 62 % bleiben ungenutzt. Steinkohlekraftwerke erreichen 45 %. GuD- (Gas und Dampf) Kraftwerke kommen auf 58 %, indem sie Erdgas zunächst in einer Gasturbine verbrennen und mit den heißen Abgasen Dampf erzeugen, der in einer zweiten Stufe eine Dampfturbine antreibt. Auch Verbrennungsmotoren haben niedrige Wirkungsgrade, beispielsweise nutzt der Dieselmotor nur 45 % der im Kraftstoff enthaltenen Energie. Die niedrigen Wirkungsgrade können nicht durch technische Weiterentwicklung wesentlich erhöht werden, denn sie sind naturbedingt. Zur Erklärung soll als Beispiel eine Dampfturbinenanlage betrachtet werden.

In einem Dampferzeuger wird Wasserdampf bei hoher Temperatur z. B. $T_{hoch} = 530\ °C = 803\ K$ und dem zugehörigen Druck von 190 bar erzeugt; Dampf verhält sich bei solch hohen Temperaturen wie ein heißes Gas. Über Rohre wird der Dampf zur Turbine geleitet (**Abb. 78.1**). Eine Dampfturbine besteht aus einer Vielzahl von Schaufelrädern, zwischen denen starre Leiträder für die Lenkung des Dampfstrahls sorgen. Die Schaufeln der Lauf- und Leiträder werden zum Ausgang der Turbine hin zunehmend größer, weil sich der Dampf mit abnehmendem Druck ausdehnt (**Abb. 78.2**). Beim Entspannen übt der Dampf Kräfte auf die bewegten Schaufelräder aus und gibt dabei mechanische Energie auf Kosten seiner thermischen Energie ab (→ 3.2.7 Kolbenprober-Versuch). Dadurch kühlt der Dampf ab und muss bei der tieferen Siedetemperatur $T_{tief} = 100\ °C = 373\ K$ aus der Maschine geleitet werden. Damit der Dampf aus der Turbine strömen kann, wird der Dampf in einem wassergekühlten *Kondensator* bei einem Druck von weniger als 0,05 bar verflüssigt. Das kondensierte Wasser wird in den Dampferzeuger zurückgepumpt, womit der *Kreisprozess* geschlossen ist. Über eine Welle, die die Turbine mit dem Generator verbindet, wird die mechanische Energie an den Generator gegeben und dort in elektrische Energie umgewandelt. Der Dampf, der bei $T_{tief} = 100\ °C = 373\ K$ aus der Turbine geleitet wird, besitzt noch sehr viel thermische Energie, die dem Prozess entzogen wird, da sie über die Kondensatorkühlung entweder an einen Fluss oder mit Kühltürmen an die Luft abgegeben wird. Diese *Abwärme* $\Delta E_{W\,tief}$ stellt einen Energieverlust dar, der dazu führt, dass der Wirkungsgrad die angegebenen niedrigen Werte hat.

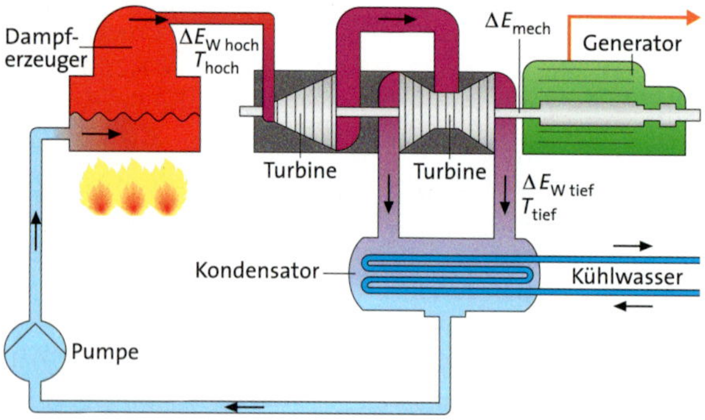


**78.1** Prinzipschaltbild einer Dampfturbinenanlage

**78.2** In einer Zwillingsturbine tritt der Dampf in der Mitte ein und strömt sich ausdehnend auf beiden Seite nach außen.

Wäre es aber nicht möglich, einen Wärmemotor zu erfinden, der die zugeführte Wärmeenergie vollständig in mechanische Energie umwandeln könnte? Grundsätzlich gilt, dass die Dampfturbine von einem Entropiestrom $\Delta S/\Delta t$ durchflossen ist. Dies bedeutet, dass die zugeführte Entropie die Maschine auch wieder verlassen muss, da sonst die Temperatur der Maschine ständig anwachsen würde. Mit der zugeführten Entropie wird die Wärmeenergie $\Delta E_{\text{W hoch}} = T_{\text{hoch}}\,\Delta S$ zugeführt. Ein Teil dieser Energie muss mit der abgeführten Entropie $\Delta S$ als sogenannte *Abwärme* $\Delta E_{\text{W tief}} = T_{\text{tief}}\Delta S$ die Dampfturbine verlassen (**Abb. 79.1**). Diese Energie wird nicht genutzt, daher ist der thermodynamische Wirkungsgrad immer kleiner als eins: $\eta < 1$.

Im Idealfall würde sich bei der Ausdehnung des Dampfes und der Abgabe von mechanischer Energie die zugeführte Entropie nicht vermehren. Da die Maschine aber selbstständig läuft, muss nach dem zweiten Hauptsatz der Wärmelehre (→ 3.3.3) die Entropie bei den in der Maschine ablaufenden Prozessen zunehmen. Daher ist die bei der tiefen Temperatur abgeführte Entropie $\Delta S_{\text{tief}}$ größer als die bei der hohen Temperatur zugeführte Entropie $\Delta S_{\text{hoch}}$ und es gilt:

$$\Delta S_{\text{tief}} \geq \Delta S_{\text{hoch}}$$

Das Gleichheitszeichen steht für den idealisierten Fall, das Ungleichheitszeichen für den realen Fall. Durch Reibung und Wärmeenergieverluste wird sich die tatsächlich abgeführte Entropie sogar noch vergrößern. Die grundlegende Relation $\Delta S_{\text{tief}} \geq \Delta S_{\text{hoch}}$ führt mit $\Delta S = \Delta E_{\text{W}}/T$ zum Wirkungsgrad. Aus

$$\frac{\Delta E_{\text{W tief}}}{T_{\text{tief}}} \geq \frac{\Delta E_{\text{W hoch}}}{T_{\text{hoch}}} \quad \text{folgt}$$

$$T_{\text{hoch}}\,\Delta E_{\text{W tief}} \geq T_{\text{tief}}\,\Delta E_{\text{W hoch}}.$$

Nach dem Energieerhaltungssatz ist die abgegebene mechanische Energie $\Delta E_{\text{mech}}$ gleich der Differenz aus zu- und abgeführter Wärmeenergie:

$$\Delta E_{\text{mech}} = \Delta E_{\text{W hoch}} - \Delta E_{\text{W tief}}$$

Auflösen der Gleichung nach

$$\Delta E_{\text{W tief}} = \Delta E_{\text{W hoch}} - \Delta E_{\text{mech}}$$

und Einsetzen in die obige Relation ergibt

$$T_{\text{hoch}}\,(\Delta E_{\text{W hoch}} - \Delta E_{\text{mech}}) \geq T_{\text{tief}}\,\Delta E_{\text{W hoch}}.$$

Umordnen und Auflösen nach $T_{\text{hoch}}\,\Delta E_{\text{mech}}$ führt zu

$$T_{\text{hoch}}\,\Delta E_{\text{mech}} \leq \Delta E_{\text{W hoch}}\,(T_{\text{hoch}} - T_{\text{tief}}).$$

Die Division durch $T_{\text{hoch}}\,\Delta E_{\text{W hoch}}$ liefert dann die Beziehung

$$\eta = \frac{\Delta E_{\text{mech}}}{\Delta E_{\text{W hoch}}} \leq \frac{T_{\text{hoch}} - T_{\text{tief}}}{T_{\text{hoch}}} = 1 - \frac{T_{\text{tief}}}{T_{\text{hoch}}} < 1.$$

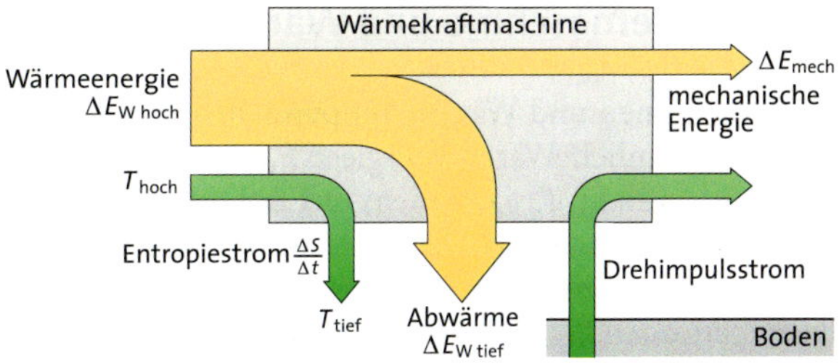


**79.1** Energie- und Trägerströme bei einer Wärmekraftmaschine. (Bei rotierenden Maschinen ist der Drehimpuls der Träger der mechanischen Energie.)

Für die betrachtete Dampfturbine ergibt sich mit $T_{\text{hoch}} = 530\ °\text{C} = 803\ \text{K}$ und $T_{\text{tief}} = 100\ °\text{C} = 373\ \text{K}$

$$\eta \leq 1 - \frac{T_{\text{tief}}}{T_{\text{hoch}}} = 1 - \frac{373\ \text{K}}{803\ \text{K}} = 0{,}54,$$

was die niedrigen Wirkungsgrade erklärt.

Der hergeleitete thermodynamische Wirkungsgrad wird zu Ehren des französischen Physikers Sadi CARNOT (1796–1832) als **Carnot'scher Wirkungsgrad** bezeichnet. CARNOT hatte schon 1824 die Frage beantwortet, warum Dampfmaschinen trotz der technischen Verbesserungen durch James WATT (1736–1819) immer noch Unmengen von Kohle verbrauchten. In seiner Schrift weist CARNOT darauf hin, dass seine Überlegungen nicht nur für die Dampfmaschine gelten, sondern grundsätzlich für alle denkbaren Arten von Maschinen, die Wärmeenergie in mechanische Energie umwandeln.

Der **Carnot'sche Wirkungsgrad** gibt den theoretisch größtmöglichen thermodynamischen Wirkungsgrad einer Wärmekraftmaschine an:

$$\eta_{\text{Carnot}} = \frac{\Delta E_{\text{mech}}}{\Delta E_{\text{W hoch}}} \leq 1 - \frac{T_{\text{tief}}}{T_{\text{hoch}}} < 1$$

## Aufgaben

1. Dampfturbinen in Kernkraftwerken haben aus Sicherheitsgründen typischerweise eine Eintrittstemperatur von nur 330 °C und eine Austrittstemperatur von 100 °C. Berechnen Sie den Carnot'schen Wirkungsgrad der Turbine.
2. In den Zylindern eines Dieselmotors wird Luft angesaugt und anschließend komprimiert. Dabei steigt die Temperatur auf 740 °C. Aufgrund der hohen Temperatur entzündet sich der eingespritzte Kraftstoff selbst, wodurch die Temperatur 1800 °C erreicht. Bei der anschließenden Expansion kühlt das Gas wegen der Abgabe mechanischer Energie auf 530 °C ab (Arbeitstakt). Im vierten Takt wird das verbrauchte Gas ausgestoßen. Berechnen Sie den Carnot'schen Wirkungsgrad beim Arbeitstakt, wenn mechanische Energie an die Kurbelwelle abgegeben wird.

# Grundwissen Erhaltungssätze

## Abgeschlossenes System

Ein abgeschlossenes System ist eine Anordnung von Körpern, die nur untereinander wechselwirken, auf die also keine Kräfte von außen wirken.

## Impulserhaltung

In einem abgeschlossenen System gilt der **Impulserhaltungssatz.** Beim Stoß zweier Körper längs einer Geraden ist die Summe der Impulse $p = m\,v$ vor dem Stoß gleich der Summe der Impulse nach dem Stoß:

**Unelastischer Stoß:**

$$p_1 + p_2 = p'_{12} \quad \text{bzw.} \quad m_1 v_1 + m_2 v_2 = (m_1 + m_2)\, v'_{12}$$

**Elastischer Stoß:**

$$p_1 + p_2 = p'_1 + p'_2 \quad \text{bzw.} \quad m_1 v_1 + m_2 v_2 = m_1 v'_1 + m_2 v'_2$$

**Schwerpunktsatz**

Vor und nach dem Stoß zweier Körper längs einer Geraden bewegt sich der gemeinsame Schwerpunkt S der beiden Körper mit der konstanten Geschwindigkeit

$$v_S = \frac{m_1 v_1 + m_2 v_2}{m_1 + m_2}.$$

Die Geschwindigkeit $v_S$ des Schwerpunkts eines abgeschlossenen Systems ist konstant und ändert sich nicht durch innere Wechselwirkungen.

Beim *ideal elastischen Stoß* berechnen sich die Geschwindigkeiten nach dem Stoß zu

$$v'_1 = -v_1 + 2\,v_S \quad \text{und} \quad v'_2 = -v_2 + 2\,v_S.$$

Bei Stößen in der Ebene gilt die vektorielle Impulserhaltung

$$\vec{p}_1 + \vec{p}_2 = \vec{p}_1{}' + \vec{p}_2{}'.$$

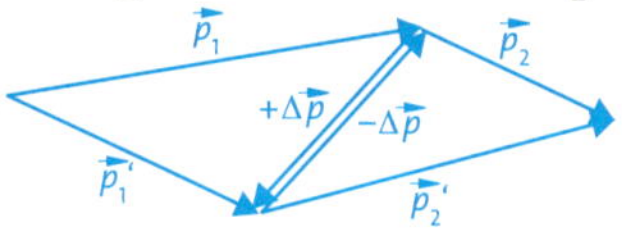


## Energieerhaltung

**Mechanische Energie**

Wirkt auf einen bewegten Körper die Kraft $F_s = F\cos\alpha$ längs des Weges $\Delta s$, wobei $\alpha$ der Winkel zwischen Kraft $F$ und Weg $s$ ist, so erhält der Körper die Energie

$$\Delta E = F_s\,\Delta s = F\,\Delta s\,\cos\alpha$$

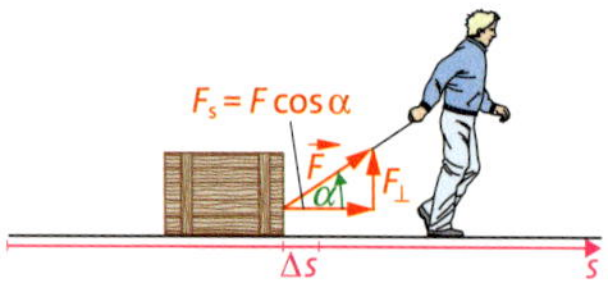


**Potentielle Energie der Gravitation**

Beim Anheben eines Körpers der Masse $m$ um die Höhendifferenz $\Delta h$ wird im System Erde – Körper die *potentielle Energie der Gravitation*

$$\Delta E_{pot} = m\,g\,\Delta h$$

gespeichert. Bei der Bewegung nach unten wird diese Energie dem Körper zurückgegeben.

**Kinetische Energie**

Bewegt sich ein Körper der Masse $m$ mit der Geschwindigkeit $v$, so hat er die *kinetische Energie*

$$E_{kin} = \frac{1}{2} m\,v^2.$$

Nach der *Impuls-Energie-Relation* $\Delta E = v\,\Delta p$ geht mit jeder Impulsänderung $\Delta p$ eine Energieänderung $\Delta E$ einher. Die kinetische Energie ist an den Impuls als *Energieträger* gebunden.

**Potentielle Federenergie** oder **Spannenergie**

Eine um die Auslenkung $s$ verlängerte Feder mit der Federkonstanten $D$ hat die *potentielle Federenergie*

$$E_S = \frac{1}{2} D\,s^2.$$

**Energieerhaltungssatz der Mechanik**

In einem abgeschlossenen System ist zu jedem Zeitpunkt die Summe aus kinetischer und potentieller Energie konstant, solange die Vorgänge im System reibungsfrei ablaufen:

$$E_{kin}(t) + E_{pot}(t) = E_{gesamt}(t) = \text{konstant}$$

**Leistung**

Fließt zwischen zwei Systemen ein Energiestrom der Stärke $\Delta E/\Delta t$, so ist als *Leistung* $P$ definiert:

$$P = \frac{\Delta E}{\Delta t}$$

**Erster Hauptsatz der Wärmelehre**

Die Änderung der *inneren Energie* $U$ eines Systems kann durch den Austausch von *Wärmeenergie* $\Delta E_W$ und von *mechanischer Energie* $\Delta E_{mech}$ erfolgen:

$$\Delta U = \Delta E_W + \Delta E_{mech}$$

## Entropie

Die *Entropie* $\Delta S$ ist der Energieträger in der Wärmelehre. Sie wird durch Reibung, unelastische Verformung, Stromfluss durch einen Widerstand oder Verbrennung bei einer bestimmten absoluten Temperatur $T$ erzeugt. Dazu ist die Energie $\Delta E = T\,\Delta S$ erforderlich. Für die Entropie gilt:

$$\Delta S = \frac{1}{T} \Delta E_W$$

$\Delta E_W$ ist die aufgewandte Energie, die an die Entropie gebunden ist und als *Wärmeenergie* bezeichnet wird.

**Zweiter Hauptsatz der Wärmelehre**

Die Entropie nimmt in einem abgeschlossenen System bei irreversiblen Prozessen immer zu, bei reversiblen Prozessen bleibt sie konstant. Niemals nimmt sie ab.

# Wissenstest Erhaltungssätze

**1.** Beim unelastischen Stoß eines Gleiters gegen einen ruhenden Gleiter von gleicher Masse geht ein Teil der kinetischen Energie verloren. Bestimmen Sie den prozentualen Anteil dieses Energieverlustes.

**2.** Zeigen Sie, dass bei einem ideal elastischen Stoß eines Gleiters gegen einen ruhenden Gleiter von doppelter Masse die kinetische Energie erhalten bleibt.

**3.** Ein Wagen der Masse $m_1 = 3$ kg fährt auf einer Schiene mit $v_1 = 5$ m/s nach rechts und stößt mit einem zweiten Wagen der Masse $m_2 = 7$ kg zusammen, der mit $v_2 = -6$ m/s nach links fährt.
**a)** Ermitteln Sie die Geschwindigkeit der beiden Wagen nach einem unelastischen Stoß.
**b)** An den Stirnseiten der beiden Wagen seien nun Stahlfedern angebracht. Ermitteln Sie die Geschwindigkeiten nach einem als ideal elastisch angenommenen Stoß.
**c)** Zeigen Sie, dass bei beiden Stößen der Gesamtimpuls erhalten bleibt.

**4.** Ein Federpendel wird nach unten aus seiner Gleichgewichtslage ausgelenkt und losgelassen. Beschreiben Sie den Vorgang der Bewegung bis zum oberen Umkehrpunkt des Pendels energetisch, wenn die Systemgrenzen in der abgebildeten Weise definiert sind.

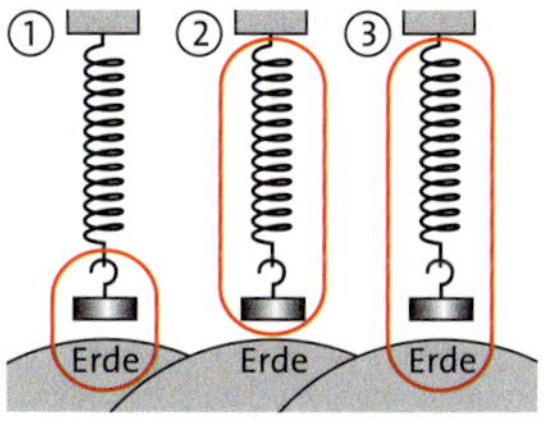


**5.** Ein leerer Güterwagen A mit der Masse $m_A = 25$ t rollt auf einer horizontalen Strecke mit $v_A = 2{,}0$ m/s gegen einen stehenden Wagen B mit der Masse $m_B = 50$ t. Beide Wagen sind sogleich gekoppelt. Berechnen Sie die gesamte kinetische Energie vor und nach dem Stoß. Mögliche Reibungsverluste sollen unberücksichtigt bleiben.

**6.** Ein offener Güterwagen der Masse $m = 20$ t rollt ohne Reibung mit der Geschwindigkeit $v = 5$ m/s, als es stark zu regnen beginnt. Nach einer Minute haben sich 3000 Liter Wasser im Wagen angesammelt.
**a)** Berechnen Sie die Geschwindigkeit $v'$, die der Wagen nach einer Minute hat.
**b)** Berechnen Sie die Kraft, mit der der Wagen gezogen werden müsste, damit die Geschwindigkeit konstant bleibt.

**7.** Ein Wagen (Masse $m_1 = 4$ kg) prallt mit der Geschwindigkeit $v_1 = 1{,}2$ m/s unelastisch auf einen zweiten ($m_2 = 5$ kg), der sich in gleicher Richtung mit $v_2 = 0{,}6$ m/s bewegt.
**a)** Vergleichen Sie die Werte für die kinetische Energie der Wagen vor und nach dem Stoß.
**b)** Vergleichen Sie die Werte für die kinetische Energie auch, wenn sich die Wagen aufeinander zu bewegen.

**8.** Ein Stein wird von einem Turm mit der Anfangsgeschwindigkeit $v_0$ in unterschiedlicher Weise geworfen:
**a)** vertikal nach oben;
**b)** vertikal nach unten;
**c)** waagerecht und
**d)** in einem Winkel von 45°.
Vergleichen Sie die kinetische Energie des Steins in den vier Fällen beim Aufprall auf den um die Höhendifferenz $\Delta h$ tiefer als die Abwurfposition liegenden Boden.

**9.** Eine 6 kg-Granate werde unter einem Winkel von 30° gegen die Horizontale abgeschossen. Am höchsten Punkt ihrer Flugbahn explodiert sie, wobei zwei Teile mit den Massen 2 kg und 4 kg entstehen. Die Bruchstücke bewegen sich unmittelbar nach der Explosion horizontal, wobei das 2 kg-Stück an der Abschussstelle landet.
**a)** Ermitteln Sie die Stelle, an der das 4 kg-Stück landet.
**b)** Berechnen Sie die kinetische Energie der Granate unmittelbar vor der Explosion und die kinetische Gesamtenergie der beiden Bruchstücke unmittelbar nach der Explosion. Berechnen Sie daraus die bei der Explosion freigesetzte Energie.

**10.** Auf einer spiegelglatten Eisfläche bewegt sich ein Körper der Masse $m = 3$ kg gleichförmig mit der Geschwindigkeit $v = 6$ m/s in $x$-Richtung. Der Körper besteht aus zwei Teilen mit den Massen $m_1 = 1$ kg und $m_2 = 2$ kg. Beide Teilkörper, zwischen denen eine Feder eingespannt ist, werden von einer Schnur zusammengehalten. Als die Schnur reißt, bewegt sich das 1 kg-Stück mit der Geschwindigkeit $v_1' = 4$ m/s in $y$-Richtung.
**a)** Geben Sie die Geschwindigkeit des Schwerpunkts nach dem gegenseitigen Abstoßen der beiden Stücke an.
**b)** Bestimmen Sie die Geschwindigkeit des 2 kg-Stücks nach Betrag und Richtung.
**c)** Ermitteln Sie die in der Feder gespeicherte Energie.

**11.** Ein Körper ① der Masse $m_1 = 2$ kg, der sich reibungsfrei mit $v_1 = 4$ m/s nach rechts bewegt, stößt längs einer Geraden mit einem Körper ② der Masse $m_2 = 3$ kg zusammen, der sich daraufhin mit der Geschwindigkeit $v_2' = 5{,}4$ m/s nach rechts bewegt. Berechnen Sie die Geschwindigkeiten $v_1'$ und $v_2$, wenn der Stoß ideal elastisch ist.

**12.** Eine Kugel mit der Masse $m_1 = 3$ kg stößt mit der Geschwindigkeit $v_1 = 6$ m/s gegen eine zweite mit der Masse $m_2 = 2$ kg, die ihr mit der Geschwindigkeit $v_2 = -8$ m/s genau entgegenkommt. Nach dem Stoß hat die erste Kugel die Geschwindigkeit $v_1' = -2{,}4$ m/s.
**a)** Ermitteln Sie die Geschwindigkeit $v_2$ der zweiten Kugel nach dem Stoß und geben Sie die Stoßzahl $e$ an.
**b)** Berechnen Sie den Anteil der kinetischen Energie, der bei diesem real elastischen Stoß verloren gegangen ist.

**13.** Ein Körper der Masse $m_1 = 2$ kg, der sich mit $v_1 = 6$ m/s bewegt, stoße mit einem ruhenden Körper der Masse $m_2 = 4$ kg zusammen. Nach dem Stoß bewegt sich der erste Körper mit $v_1' = -1$ m/s rückwärts.
**a)** Bestimmen Sie die Stoßzahl $e$ und die Geschwindigkeit $v_2'$ des zuvor ruhenden Körpers nach dem Stoß.
**b)** Berechnen Sie die kinetische Energie, die bei diesem real elastischen Stoß verloren geht.

# Wissenstest Erhaltungssätze

**14.** Die nebenstehende Abbildung zeigt die stroboskopische Aufnahme des Stoßes zweier Kugeln. Die Blitzfrequenz betrug $f = \frac{1}{30}\,s^{-1}$. Die Strecken in der Aufnahme haben eine Länge von 6 % ihrer natürlichen Größe. Die große Kugel mit der Masse $m_1 = 0{,}201$ kg kommt von oben, die kleine Kugel mit der Masse $m_2 = 84{,}5$ g kommt von unten ins Bild.

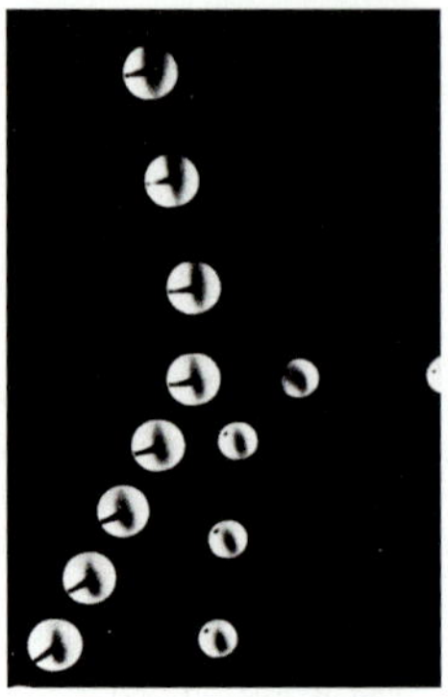

**a)** Bestimmen Sie die Geschwindigkeiten und die Impulse der Kugeln vor und nach der Wechselwirkung und zeigen Sie mithilfe einer Grafik, dass der Impulserhaltungssatz gilt. Verwenden Sie zur Darstellung der Impulsvektoren den Maßstab 1 kg m/s entspricht 4 cm.

**b)** Zeichnen Sie in die Grafik für jede Kugel die Impulsänderung ein und erläutern Sie das Ergebnis.

**15.** Für den Spaltungsprozess in Kernreaktoren sind die bei der Spaltung entstehenden Neutronen verantwortlich, die durch elastische Stöße mit den Kernen sogenannter Moderatoren abgebremst werden müssen. Die bei einem Stoß vom Neutron auf den Moderatorkern übertragene Energie ist vom Verhältnis der Massen des Neutrons $m_1$ und des Moderatorkerns $m_2$ abhängig.
Zeigen Sie, dass

**a)** für die bei einem Stoß übertragene Energie gilt
$E_{kin\,2} = E_{kin\,1} \dfrac{4\,m_1 m_2}{(m_1 + m_2)^2}$;

**b)** die übertragene Energie für $m_1 = m_2$ maximal wird.

**16.** Beim Stoß eines Deuterons D2 (schwerer Wasserstoff mit einem Proton und einem Neutron im Kern) mit einem anderen Deuteron entstehen die Teilchen Tritium T3 (überschwerer Wasserstoff aus einem Proton und zwei Neutronen) und ein Proton p: D2 + D2 → T3 + p. Das stoßende Deuteron hat vor dem Stoß eine kinetische Energie von 1,2 MeV. Bei der Teilchenumwandlung wird eine Energie von 4,04 MeV frei, die nach dem Stoß ebenfalls als kinetische Energie der Teilchen vorliegt. Die Bewegungsrichtung des stoßenden Deuterons und des entstehenden Protons stehen senkrecht aufeinander.
Berechnen Sie die kinetische Energie des Protons. Verwenden Sie zur Lösung den Zusammenhang $E_{kin} = p^2/2\,m$. Die Massen des Protons und des Neutrons sind jeweils 1 u (atomare Masseneinheit), 1 MeV ist eine in der Teilchenphysik verwendete Energieeinheit (→ S. 127).

**17.** Ein Gleiter der Masse $m = 200$ g bewegt sich auf einer Luftkissenfahrbahn, die auf einer Strecke von 1,00 m einen Höhenunterschied von $\Delta h = 5$ cm besitzt.

**a)** Berechnen Sie die Hangabtriebskraft und die Beschleunigung des Gleiters.

**b)** Bestimmen Sie mithilfe der Gesetze für die gleichmäßig beschleunigte Bewegung die Geschwindigkeit des Gleiters, wenn er aus der Ruhe $\Delta s = 1$ m zurückgelegt hat.

**c)** Bestimmen Sie mit der Hangabtriebskraft die auf der Strecke $\Delta s = 1$ m auf den Gleiter übertragene Energie.

**d)** Berechnen Sie die kinetische Energie mit der Endgeschwindigkeit und die potentielle Energie am Start in $\Delta h = 5$ cm Höhe. Vergleichen Sie die Energiewerte.

**18.** Die Geschwindigkeit des Geschosses einer Luftdruckpistole wird in einem Versuch bestimmt. Dabei wird der Lauf der Pistole vor einen mit Knetmasse gefüllten Pendelkörper gehalten, sodass das Geschoss in die Knetmasse eindringt und darin steckenbleibt. Das Pendel, das die Pendellänge $l$ hat, schwingt aus der Ruhelage um den Winkel $\alpha$ nach oben; der Winkel $\alpha$ kann mit einem Schleppzeiger bestimmt werden.

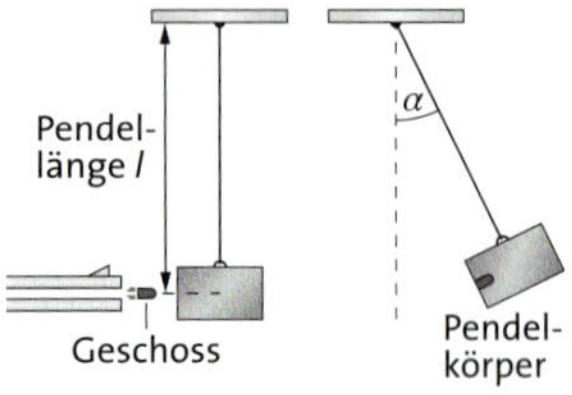


**a)** Erörtern Sie, in welcher Weise Erhaltungssätze zur Anwendung kommen.

**b)** Leiten Sie eine Gleichung her, mit der die Geschwindigkeit $v$ aus dem Winkel $\alpha$ berechnet werden kann, wenn die Masse $m$ des Geschosses, die Masse $M$ des Pendelkörpers und die Pendellänge $l$ bekannt sind.

**c)** Berechnen Sie die Geschwindigkeit $v$ des Geschosses bei folgenden Versuchsdaten: Geschossmasse $m = 0{,}51$ g, Masse des Pendelkörpers $M = 64{,}5$ g, Pendellänge $l = 0{,}27$ m, Winkel $\alpha = 38°$.

**19.** Ein Wagen rollt aus der Höhe $h$ eine schräge Bahn hinab und durchfährt anschließend eine Loopingbahn. Der Schwerpunkt des Wagens bewegt sich dabei auf einem Kreis mit dem Radius $r = 0{,}45$ m (Reibung soll vernachlässigt werden).

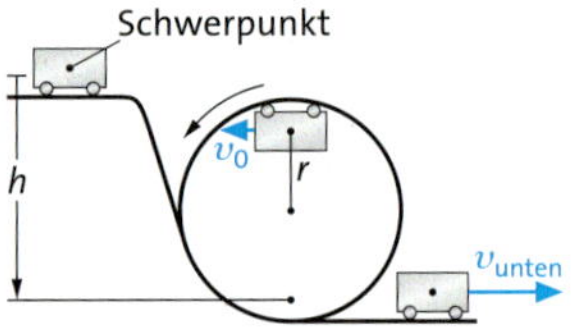


**a)** Berechnen Sie die Geschwindigkeit $v_0$, die der Wagen im obersten Punkt der Loopingbahn mindestens haben muss, um nicht herabzufallen.

**b)** Berechnen Sie die Höhe $h$, in der der Wagen starten muss, um die Geschwindigkeit $v_0$ zu erreichen.

**c)** Die Kraft $F$, die der Wagen im tiefsten Punkt der Kreisbahn auf die Gleise ausübt, erhöht sich im Vergleich zur Gewichtskraft $F_G$ des Wagens um den Faktor $f$; es gilt $F = f F_G$. Ermitteln Sie den Wert des Faktors $f$.

**20.**

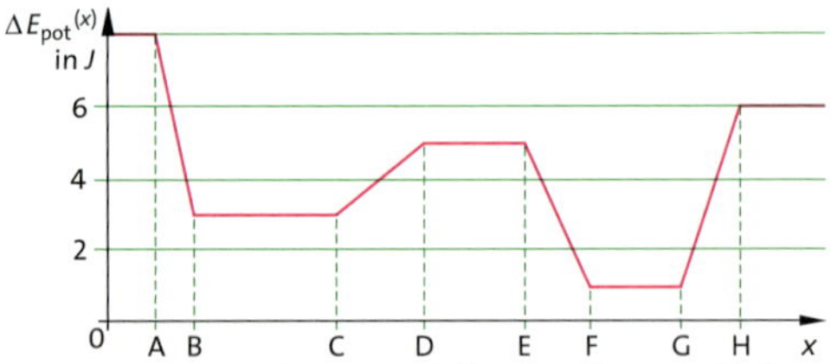


In einem System *Körper – Erde* oder *Körper – Feder* gilt für die Änderung der potentiellen Energie $\Delta E_{pot} = -F\,\Delta x$.

Durch das Minuszeichen wird die Richtung der Verschiebung $\Delta x$ in Bezug auf die Richtung der Kraft $F$ auf den Körper berücksichtigt.
Die Abbildung zeigt die potentielle Energie $\Delta E_{pot}$ eines Systems in Abhängigkeit von der Lage $x$ des Körpers.

**a)** Ordnen Sie die in den Abschnitten AB, BC, CD und DE auf den Körper wirkenden Kräfte der Größe nach.

**b)** Bestimmen Sie den maximalen Wert der gesamten mechanischen Energie des Systems, wenn der Körper ① den linken Potentialtopf, ② den rechten Potentialtopf, ③ den Bereich beider Potentialtöpfe nicht verlassen soll.

**c)** Geben Sie den Ort der kleinsten bzw. der größten kinetischen Energie des Körpers an, wenn dessen Aufenthalt auf den Bereich der beiden Potentialtöpfe beschränkt ist.

**21.** Ein Wagen der Masse $m_1 = 500$ g, an dem eine Feder mit der Federkonstanten $D = 0{,}15$ N/cm befestigt ist, trifft mit der Geschwindigkeit $v_1 = 0{,}3$ m/s auf einen stehenden Wagen der Masse $m_2 = 300$ g.

**a)** Berechnen Sie die Energieverteilung nach dem Stoß.

**b)** Bestimmen Sie die Längenänderung der Feder, wenn beide Wagen gleiche Geschwindigkeit haben.

**c)** Beschreiben Sie den zeitlichen Verlauf der Energieverteilung beim Stoßvorgang.

**d)** Skizzieren Sie den zeitlichen Verlauf der Kraft zwischen den Wagen.

**22.** Eine Kugel der Masse $m = 100$ g drückt eine vertikal stehende Feder um 5 cm zusammen. Nachdem die Feder um weitere 25 cm zusammengedrückt wurde, entspannt sie sich und schleudert die Kugel vertikal in die Höhe.

**a)** Berechnen Sie unter Anwendung des Energieerhaltungssatzes die größte Höhe $\Delta h$ der Kugel, von der entspannten Feder an gemessen, und stellen Sie die Energieterme im Intervall $[-0{,}3\text{ m}; \Delta h]$ grafisch dar.

**b)** Zeichnen Sie ein Weg-Kraft-Diagramm des gesamten Vorgangs für $-0{,}3\text{ m} \leq x \leq \Delta h$ und deuten Sie die Flächeninhalte unter dem Graphen.

**23.** Fallen zwei aufeinanderliegende hochelastische (Super-)Bälle in der dargestellten Lage, so bleibt der größere von beiden am Boden liegen, während der kleinere ein Vielfaches der Fallhöhe emporspringt. Dies geschieht allerdings nur, wenn die Massen der beiden Bälle in einem bestimmten Verhältnis zueinander stehen. Berechnen Sie dieses Massenverhältnis. Gehen Sie davon aus, dass der größere der beiden Bälle vor dem Zusammenstoß mit dem kleineren am Boden reflektiert wird.

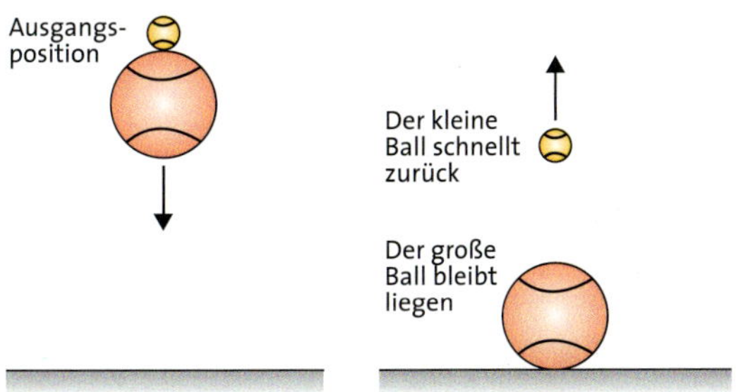


**24.** Ein Pendel der Länge $l = 95$ cm wird um 15 cm angehoben und dann losgelassen. Im tiefsten Punkt der Bahn wird der Pendelkörper ($m = 150$ g) durch eine Rasierklinge vom Faden getrennt und fällt auf den 1,6 m tiefer gelegenen Boden.

**a)** Berechnen Sie mithilfe der Energieerhaltung die Stelle, an der der Pendelkörper auf den Boden auftrifft.

**b)** Ermitteln Sie die Geschwindigkeit (insgesamt und horizontal) beim Auftreffen auf dem Boden.

**25.** Bei dem abgebildeten Billardstoß steht die Richtung der stoßenden Kugel senkrecht auf der Verbindungslinie der beiden angespielten ruhenden Kugeln. Die beiden Kugeln werden gleichzeitig getroffen. Bestimmen Sie die Endgeschwindigkeiten der drei Kugeln nach dem als ideal elastisch angenommenen Stoß. Berücksichtigen Sie bei der Rechnung die Symmetrie der Anordnung.

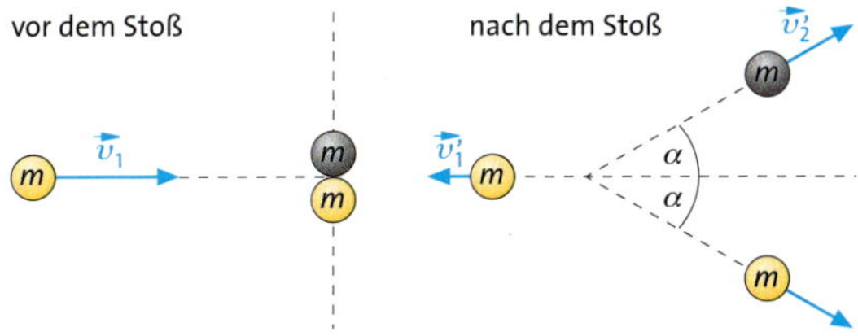


**26.** Die Saturn V-Rakete war die Startrakete beim Apollo-Flug zum Mond. Sie hatte eine Startmasse von $m_{Start} = 2850$ t. Die Nutzlast $m_{Nutz}$ der ersten Raketenstufe betrug 27 % der Startmasse. Bei einer Verbrennungsgeschwindigkeit von $\Delta m/\Delta t = 13{,}84$ t/s erzeugten die Raketenmotoren eine Schubkraft von $F_{Schub} = 34$ MN.

**a)** Berechnen Sie die Ausströmgeschwindigkeit $w$ der Verbrennungsgase.

**b)** Ermitteln Sie die Verbrennungszeit $\Delta t$ vom Raketenstart bis zum Brennschluss der Raketenstufe.

**c)** Berechnen Sie die Beschleunigungen beim Start und unmittelbar vor Brennschluss.

**d)** Berechnen Sie die Endgeschwindigkeit $v_{End}$ der Rakete nach Brennschluss der ersten Stufe. Verwenden Sie dazu die (nicht hergeleitete) Formel

$$v_{End} = w \ln(m_{Start}/m_{Nutz}) - gt$$

und bestätigen Sie das Ergebnis mit einer iterativen Näherungsrechnung.

**27.** Bei real elastischen Stößen geht stets ein mehr oder weniger großer Teil der kinetischen Energie verloren.
Bestimmen Sie aus der stroboskopischen Aufnahme einer springenden Stahlkugel den prozentualen Energieverlust und ermitteln Sie die Stoßzahl $e$.

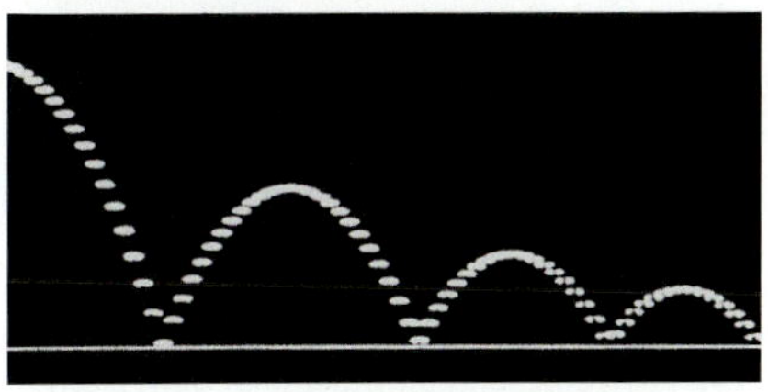

# 4 DIE ROTATION STARRER KÖRPER

Die Bewegung eines realen Körpers ist erst dann vollständig beschrieben, wenn nicht nur seine als Translation bezeichnete geradlinige Bewegung, sondern auch seine als Rotation bezeichnete Drehbewegung berücksichtigt wird. Eine Translation wird im Allgemeinen durch die Bewegung des Schwerpunktes des Körpers beschrieben, der auch Angriffspunkt der Kraft ist. Für die Rotation eines Körpers ist neben dem Angriffspunkt der Kraft, der nicht mit dem Schwerpunkt übereinstimmt, die Verteilung seiner Masse von entscheidender Bedeutung.

## 4.1 Die gleichmäßig beschleunigte Drehbewegung

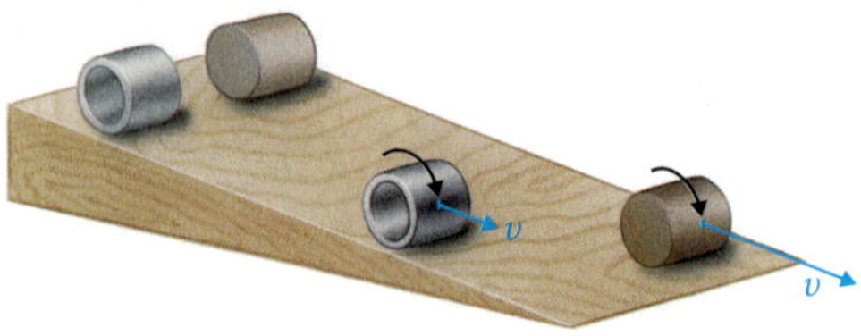


**86.1** Ein Hohlzylinder und ein Vollzylinder mit gleicher Masse und gleichem Radius rollen eine schiefe Ebene hinab.

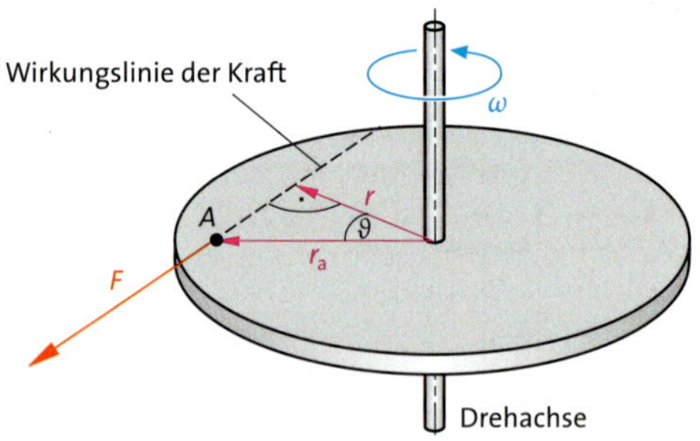


**86.2** Drehmoment $M = rF$ oder $M = r_a \cos \vartheta F$

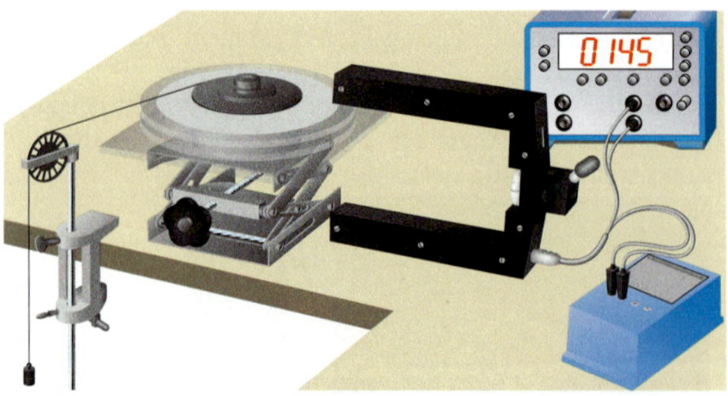


**86.3** Beschleunigte Drehbewegung unter Einfluss eines Drehmomentes. Die Winkelbeschleunigung $\alpha$ ist dem Drehmoment $M$ direkt proportional: $\alpha \sim M$.

Ein ausgedehnter Körper wird als *starrer Körper* bezeichnet, wenn seine Form unveränderlich ist.

**Versuch 1:** Ein Hohl- und ein Vollzylinder von gleicher Masse und gleichem Radius rollen nach gleichzeitigem Start eine schiefe Ebene herunter. Unabhängig von der Neigung der schiefen Ebene kommt der Vollzylinder, bei dem die Masse gleichmäßig verteilt ist, als Erster unten an (**Abb. 86.1**). ◂

### Das Drehmoment

Um einen starren Körper in Rotation zu versetzen, muss eine Kraft an einem Punkt außerhalb der Drehachse angreifen. Für die Drehwirkung der Kraft ist das *Drehmoment* entscheidend, das nach dem Hebelgesetz von der Kraft und dem Abstand der Wirkungslinie der Kraft von der Achse abhängt (**Abb. 86.2**).

> Das **Drehmoment $M$** ist das Produkt aus der Kraft $F$ und dem Abstand $r$ ihrer Wirkungslinie von der Drehachse: $M = rF$.
> Die Einheit des Drehmomentes ist $[M] = 1\,\text{Nm}$.

Bei der Rotation eines starren Körpers um eine feststehende Achse bewegen sich alle seine Teile mit derselben Winkelgeschwindigkeit $\omega$ (→ 1.3.2). Für die Änderung der Winkelgeschwindigkeit mit der Zeit ist analog zur Bahnbeschleunigung $a$ die *Winkelbeschleunigung* $\alpha$ der Rotation definiert.

> Die **Winkelbeschleunigung $\alpha$** der Rotation ist der Quotient aus der Änderung der Winkelgeschwindigkeit $\Delta\omega$ und der dabei verflossenen Zeit $\Delta t$:
> $\alpha = \Delta\omega / \Delta t$ mit der Einheit $[\alpha] = 1/\text{s}^2$

**Versuch 2:** Mithilfe einer massiven drehbaren Kreisscheibe werden die Gesetze der Drehbewegung untersucht (**Abb. 86.3**). Dabei erzeugt die Gewichtskraft $F = F_G$ auf ein kleines Massenstück mit einem Faden, der über eine sehr leichte Rolle läuft, im Abstand $r$ von der Drehachse ein konstantes Drehmoment $M = rF$. Vom Start an werden die Zeiten $t_n$ für die Drehwinkel $\varphi_n = n\,2\,\pi$ bei $n$ Umdrehungen und die Dunkelzeiten $\Delta t$ einer Fahne der Breite $\Delta s$ im Abstand $R$ von der Drehachse gemessen. Aus $\Delta s = R\,\Delta\varphi$ und $\omega = \Delta\varphi/\Delta t$ ergibt sich die Winkelgeschwindigkeit $\omega$.
*Ergebnis:* Bei konstantem Drehmoment ist die Winkelgeschwindigkeit $\omega$ proportional zur Zeit $t$ und der Drehwinkel $\varphi$ proportional zum Quadrat der Zeit $t^2$. Die Drehscheibe vollführt eine gleichmäßig beschleunigte Drehbewegung. Die konstante Winkelbeschleunigung ergibt sich aus $\alpha = \Delta\omega/\Delta t$ bzw. $\alpha = \omega/t$ und wird mit dem Quotienten $\alpha = 2\,\varphi/t^2$ bestätigt. ◂

Ein konstantes Drehmoment $M = rF$ erzeugt eine gleichmäßig beschleunigte Drehbewegung.
Die **Bewegungsgesetze** der gleichmäßig beschleunigten Drehbewegung lauten:
$\varphi = \frac{1}{2}\alpha\,t^2,\quad \omega = \alpha\,t,\quad \alpha = \text{konstant}$

### Das Trägheitsmoment

Messungen mit dem Aufbau von Versuch 2 mit unterschiedlichen Drehmomenten $M$ ergeben, dass die Winkelbeschleunigung $\alpha$ zum Drehmoment $M$ proportional ist: $\alpha \sim M$. Analog zur trägen Masse $m = F/a$ ist das *Trägheitsmoment* $J = M/\alpha$ definiert. Das Trägheitsmoment ist keine absolute Größe eines Körpers, sondern hängt von der jeweiligen Drehachse ab.

Das **Trägheitsmoment** $J$ eines starren Körpers in Bezug auf eine bestimmte Drehachse ist der Quotient aus dem wirkenden Drehmoment $M$ und der dadurch erzeugten Winkelbeschleunigung $\alpha$:
$J = M/\alpha$ mit der Einheit $[J] = 1\ \text{N m s}^2 = 1\ \text{kg m}^2$
**Grundgleichung der Rotation:** Wirkt auf einen starren Körper das Drehmoment $M$, so erfährt der Körper eine Winkelbeschleunigung $\alpha$, die dem Trägheitsmoment $J$ umgekehrt proportional ist: $M = J\alpha$.

### Aufgaben

1. Auf eine nahezu reibungsfrei drehbare Walze mit einem Radius $r = 6$ cm ist ein Faden aufgewickelt, an dem ein Wägestück der Masse $m = 100$ g hängt. Das frei nach unten bewegliche Wägestück benötigt für eine Strecke von $h = 3{,}00$ m die Zeit $t = 5{,}4$ s. Bestimmen Sie das Trägheitsmoment der Walze, wobei Sie berücksichtigen, dass für die Kraft auf die Walze die Gleichung $F = mg - ma$ gilt.

## 4.2 Die kinetische Energie der Rotation

Für einen nahezu punktförmigen Körper der Masse $m$, der auf einer Kreisbahn unter Wirkung einer tangentialen Kraft $F$ beschleunigt umläuft (**Abb. 87.1**), gilt $F = m\,a$. Auf den Körper wirkt das Drehmoment $M = r\,F = r\,(m\,a)$. Aus $a = \Delta v/\Delta t$ mit $\Delta v = \Delta\omega\,r$ folgt $a = r\,\Delta\omega/\Delta t = r\,\alpha$. Damit ergibt sich $M = r\,(m\,r\,\alpha) = m\,r^2\alpha = J\alpha$ mit $J = m\,r^2$. Die kinetische Energie ist $E_{\text{kin}} = \frac{1}{2}m\,v^2 = \frac{1}{2}m\,(\omega\,r)^2 = \frac{1}{2}J\,\omega^2$.

Das Trägheitsmoment eines punktförmigen Körpers der Masse $m$, der auf einer Kreisbahn vom Radius $r$ umläuft, ist $J = m\,r^2$, seine Rotationsenergie beträgt $E_{\text{kin}} = \frac{1}{2}J\,\omega^2$.

Die Rotationsenergie eines starren Körpers, der um eine Achse rotiert, kann als Summe der kinetischen Energien der Teilmassen $\Delta m_i$ bestimmt werden (**Abb. 87.2**):

$$E_{\text{kin}} = \frac{1}{2}\Delta m_1\,v_1^2 + \frac{1}{2}\Delta m_2\,v_2^2 + \ldots + \frac{1}{2}\Delta m_n\,v_n^2$$

Mit $v_i = r_i\,\omega$ ergibt sich

$$E_{\text{kin}} = \frac{1}{2}\Delta m_1\,r_1^2\,\omega^2 + \frac{1}{2}\Delta m_2\,r_2^2\,\omega^2 + \ldots + \frac{1}{2}\Delta m_n\,r_n^2\,\omega^2$$

oder $$E_{\text{kin}} = \frac{1}{2}\left(\sum_{i=1}^{n}\Delta m_i\,r_i^2\right)\omega^2.$$

Der Term $J = \sum_{i=1}^{n}\Delta m_i\,r_i^2$ ist das Trägheitsmoment des starren Körpers in Bezug auf diese Rotationsachse.

Die **Rotationsenergie** eines starren Körpers, der in Bezug auf eine bestimmte Drehachse das Trägheitsmoment $J$ besitzt und mit der Winkelgeschwindigkeit $\omega$ rotiert, ist $E = \frac{1}{2}J\,\omega^2$.

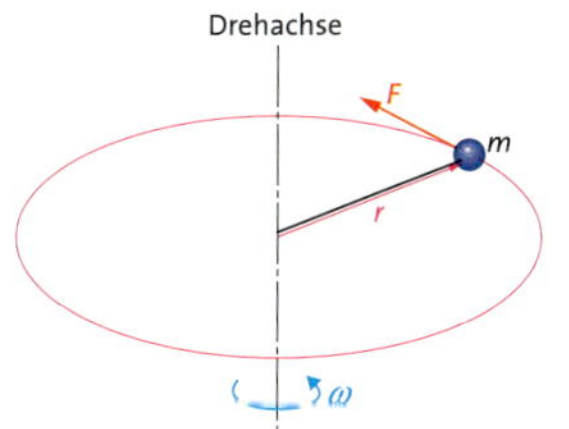


**87.1** Die tangential wirkende Kraft $F$ erzeugt das Drehmoment $M = r\,F$. Das Trägheitsmoment des Körpers der Masse $m$ auf der Kreisbahn ist $J = m\,r^2$.

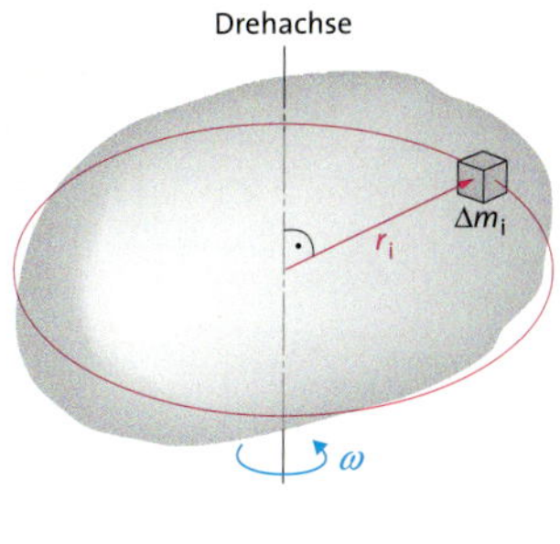


**87.2** Das Trägheitsmoment eines starren Körpers ist gleich der Summe der Trägheitsmomente der Teilmassen $\Delta m_i$ im Abstand $r_i$ von der Drehachse.

Für einige Körper konstanter Dichte und symmetrischer Form ergeben sich folgende Trägheitsmomente:

- Vollzylinder des Radius $R$ bei Rotation um die Mittelachse
$J = \frac{1}{2} m R^2$
- Hohlzylinder mit dem Innenradius $R_i$ und dem Außenradius $R_a$ bei Rotation um die Mittelachse
$J = \frac{1}{2} m (R_i^2 + R_a^2)$
- Massive Kugel mit dem Radius $R$ bei Rotation um eine Achse durch den Mittelpunkt
$J = \frac{2}{5} m R^2$

## Aufgaben

**1.** Eine massive Kugel ($r$ = 4,4 cm, $m$ = 0,62 kg) rollt mit der Geschwindigkeit $v$ = 36 cm/s auf einer waagerechten Ebene. Berechnen Sie ihre kinetische Energie der Translation und der Rotation.

***2.** Von einer schiefen Ebene (Länge $l$ = 1,2 m, Neigungswinkel 30°) rollen eine Kugel, ein Hohlzylinder und ein Vollzylinder von gleicher Masse und gleichem Radius ($m$ = 300 g, $r$ = 2,1 cm) herab (von Reibungskräften sehe man ab).
**a)** Bestimmen Sie mithilfe des Energieerhaltungssatzes die Bahn- und die Winkelgeschwindigkeit sowie die kinetische Energie der Translation und der Rotation aller drei Körper am Ende der Strecke. (Innenradius Hohlzylinder $r_i$ = 1,8 cm)
**b)** Bestimmen Sie die Zeiten, nach denen die Körper am Ende der schiefen Ebenen eintreffen, sowie ihre Bahn- und Winkelbeschleunigungen.

***3.** Berechnen Sie die Höhe $h$, auf die eine Kugel der Masse $m$ in einer Schleifenbahn vom Durchmesser $d$ mindestens gebracht werden muss, wenn die Rotationsenergie berücksichtigt wird.

## Exkurs

### Drehmomente

#### Stabilität von Schiffen

Ein Schiff schwimmt, weil nach dem Archimedes'schen Prinzip die Auftriebskraft $F_A$ der verdrängten Wassermenge gleich der Gewichtskraft $F_G$ des Schiffes ist. Seine Stabilität in Bezug auf Drehungen um seine Längsachse gewinnt es aus dem Gegeneinander von Auftriebs- und Gewichtskraft. Die Auftriebskraft $F_A$ greift im Schwerpunkt $S_A$ der verdrängten Wassermenge, die Gewichtskraft $F_G$ des Schiffes in seinem Schwerpunkt $S_G$ an. Während $S_G$ bei Krängung an gleicher Stelle des Schiffes bleibt, rückt $S_A$ aus der Symmetrieachse des Schiffes. Entscheidend für die Stabilität ist der Schnittpunkt M, das **Metazentrum,** der Wirkungslinie von $F_A$ mit der Symmetrieachse des Schiffes. Solange M über $S_G$ liegt, entsteht ein Drehmoment, das der Krängung entgegenwirkt sodass das Schiff sich wieder aufrichtet.

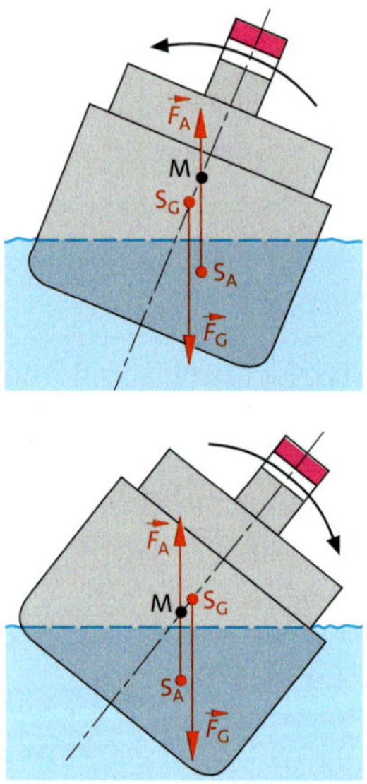


#### Die Balancierstange

Der Gesamtschwerpunkt der Artistin auf dem Hochseil befindet sich oberhalb der auf dem Drahtseil liegenden Drehachse, sodass jede seitliche Verschiebung zu einem Drehmoment $M$ führt, das die Artistin vom Seil kippt.
Die Balancierstange der Hochseilartistin bewirkt zweierlei: Durch seitliche Verschiebung der Stange kann sie den Gesamtschwerpunkt wieder in die Lage über die Drehachse bringen. Ferner erhöht die Balancierstange das Gesamtträgheitsmoment $J$, denn Teile ihrer Masse haben einen großen Abstand von der Drehachse.

#### Pirouetten und Salti

Die Veränderung des Trägheitsmoments $J$ schließlich ist für viele Disziplinen wie Kunstturnen, Turmspringen oder Eislaufen bei gleichzeitiger Erhaltung des Drehimpulses $L = J\omega$ (→ 4.3) der physikalische Grund für eindrucksvolle Bewegungsabläufe. Sehr schnelle Drehungen mit großer Winkelgeschwindigkeit werden dadurch erzeugt, dass der Sportler am Anfang der Bewegung in gestreckter Haltung eine Drehung herbeiführt und dann das Trägheitsmoment durch Anziehen der Arme und Beine und durch Einnehmen einer Hockstellung so klein wie möglich macht.

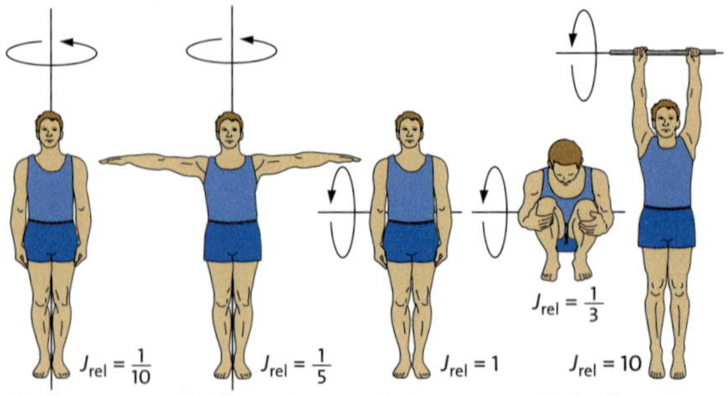


Drehungen um die Längsachse Drehungen um die Breitenachse

## 4.3 Drehimpuls und Drehimpulserhaltung

Der *Drehimpuls* $L$ charakterisiert die Rotationsbewegung in ähnlicher Form wie der Impuls $p$ die Translationsbewegung. In der Gleichung $p = m\,v$ werden die Masse $m$ durch das Trägheitsmoment $J$ und die Geschwindigkeit $v$ durch die Winkelgeschwindigkeit $\omega$ als analoge Größen ersetzt:

> Der **Drehimpuls** $\boldsymbol{L}$ eines um eine feste Achse rotierenden Körpers ist das Produkt aus seinem Trägheitsmoment $J$ und seiner Winkelgeschwindigkeit $\omega$:
> $L = J\,\omega$, mit der Einheit $[L] = 1\,\text{N m s} = 1\,\text{kg m}^2/\text{s}$

Analog zur Definition der Kraft als zeitliche Änderung des Impulses $F = \Delta p/\Delta t$ ergibt sich als Zusammenhang zwischen Drehmoment $M$ und Drehimpuls $L$:

> Das an einem Körper wirkende Drehmoment $M$ ist gleich dem Quotienten aus der Änderung $\Delta L$ des Drehimpulses und der dazu benötigten Zeit $\Delta t$:
> $M = \Delta L/\Delta t$

Für den Sonderfall, dass sich der Körper der Masse $m$ auf einer Kreisbahn mit der Winkelgeschwindigkeit $\omega$ bewegt und die Kraft $F$ senkrecht zum Radiusvektor wirkt, kann die Formel für den Drehimpuls umgeformt werden:

$$L = J\,\omega = (m\,r^2)\,\omega = r\,[m\,(r\,\omega)] = r\,m\,v = r\,p, \quad \text{also}$$

$$\frac{\Delta L}{\Delta t} = \frac{\Delta (p\,r)}{\Delta t} = \frac{r\,\Delta p}{\Delta t} = r\,F = M$$

Aus dieser Beziehung folgt der *Drehimpulserhaltungssatz*: Wirkt auf einen Körper kein Drehmoment, so ist die Änderung $\Delta L$ des Drehimpulses in der Zeit $\Delta t$ null.

> **Drehimpulserhaltungssatz:** Der Drehimpuls eines starren Körpers bezüglich einer festen Achse ist konstant, solange kein äußeres Drehmoment auf ihn wirkt. Aus $M = 0$ folgt $L = J\,\omega = \text{konstant}$.

Der Drehimpulserhaltungssatz kann als **Trägheitsgesetz der Rotation** aufgefasst werden: Für einen Körper von konstantem Trägheitsmoment $J$ bleiben Betrag und Richtung seiner Winkelgeschwindigkeit $\omega$ erhalten, solange kein Drehmoment auf ihn wirkt.

Der Drehimpulserhaltungssatz gilt auch für ein System mehrerer sich drehender Körper, solange das System nicht in Wechselwirkung mit der Außenwelt tritt.

> **Drehimpulserhaltungssatz:** In einem abgeschlossenen System bleibt der Gesamtdrehimpuls konstant, wenn keine äußeren Drehmomente wirken.

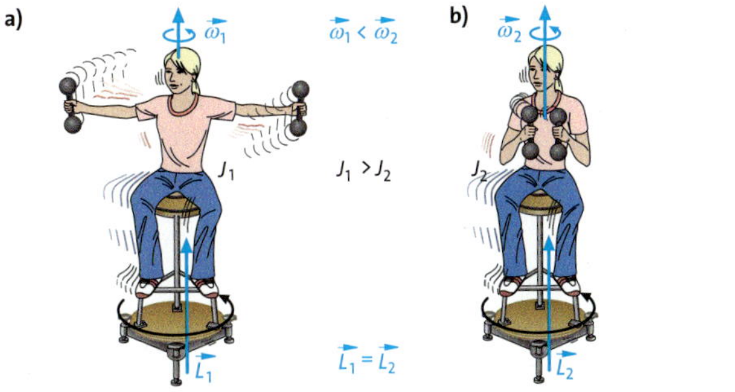


**89.1** Drehimpulserhaltung: Bei großem Trägheitsmoment ist die Winkelgeschwindigkeit klein (**a**) und umgekehrt (**b**).

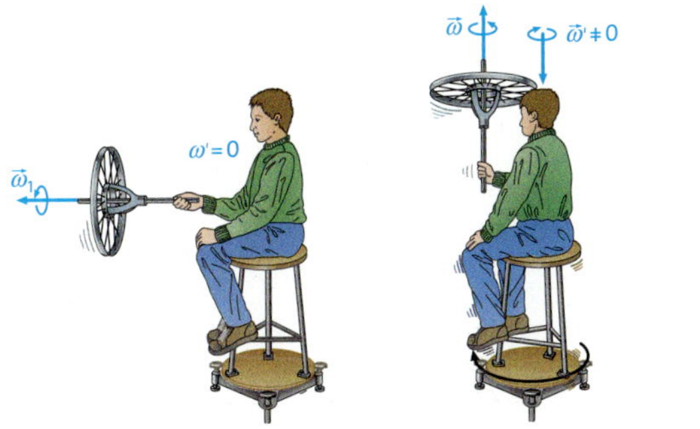


**89.2** Die Vektoreigenschaft des Drehimpulses: Wird der rotierende Kreisel aus der zur Drehachse des Schemels senkrechten Stellung in die parallele Stellung gedreht, so dreht sich der Schemel mit der Person entgegengesetzt. Die Summe der beiden Drehimpulse in Drehachsenrichtung ist weiterhin null.

Die folgenden Beispiele bestätigen den Drehimpulserhaltungssatz qualitativ:
Ein Schwungrad behält bei vernachlässigbarer Reibung seine Drehung bei. Der rotierende Teller eines Jongleurs und die mit einer Rotation geworfene Diskusscheibe behalten die *Richtung* ihrer Rotationsachse im Raum bei. Die *Richtung* der Erdachse zeigt aufgrund der täglichen Rotation der Erde unverändert auf den Polarstern. Das Mädchen auf dem Drehschemel (**Abb. 89.1**) erhöht seine Winkelgeschwindigkeit $\omega$, wenn es die Hanteln zu sich heranzieht und so sein Trägheitsmoment verringert, d. h. sein Drehimpuls bleibt konstant.

Dass der Drehimpuls Vektoreigenschaften besitzt, zeigt auch der Versuch nach **Abb. 89.2**. Der Junge auf dem Drehschemel hält ein rotierendes Rad, dessen Achse senkrecht zur Drehachse des Schemels steht. Bringt er die Radachse nun in eine parallele Stellung zur Schemelachse, so drehen sich beide in entgegengesetzter Richtung. Die beiden Drehimpulse des Rades und des Schemels mit dem Jungen addieren sich zu null.

## Die Vektoreigenschaften der Rotationsgrößen

Die Tatsache, dass rotierende Körper im Raum die *Richtung* ihrer Rotationsachse beibehalten, beruht auf der Vektoreigenschaft des Drehimpulses. Die Richtung des Drehimpulses bleibt unverändert, solange kein Drehmoment auf den Körper wirkt. Da der Drehimpuls mit dem Drehmoment über die Gleichung $M = \Delta L / \Delta t$ verknüpft ist, ist auch das Drehmoment ein Vektor. In **Abb. 90.1** ist das Drehmoment $M$ das Produkt aus der Kraft $F$ und dem Abstand $d$ ihrer Wirkungslinie von der Drehachse: $M = dF$. Mit dem Winkel $\varphi$ zwischen den Vektoren $\vec{r}$ und $\vec{F}$ gilt $d = r \sin\varphi$, also $M = rF \sin\varphi$. Dies ist der Betrag des Vektors $\vec{M}$, der senkrecht auf der von $\vec{r}$ und $\vec{F}$ aufgespannten Fläche steht (**Abb. 90.1**). Aus der Gleichung $M = J\alpha$ folgt, dass die Winkelbeschleunigung $\vec{\alpha}$ stets dieselbe Richtung wie das Drehmoment $\vec{M}$ hat. Da für die Winkelbeschleunigung $\vec{\alpha} = \Delta\vec{\omega} / \Delta t$ gilt, kann sich durch ein Drehmoment neben dem Betrag von $\vec{\omega}$ auch die Richtung der Drehachse ändern. Unter Berücksichtigung der Vektoreigenschaft lauten die Gleichungen für das Drehmoment $\vec{M} = J\vec{\alpha}$ und $\vec{M} = \Delta\vec{L} / \Delta t$.

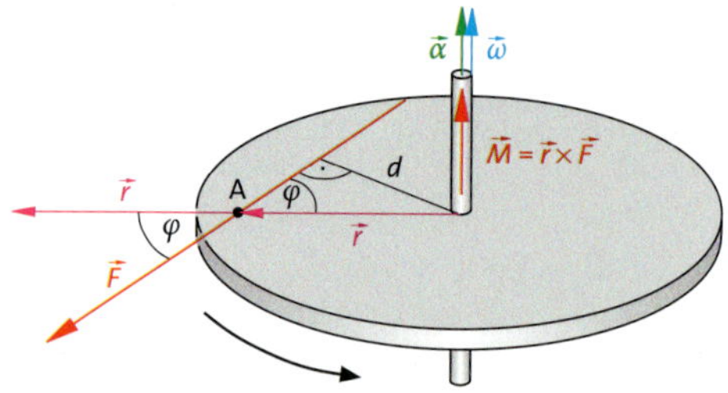


**90.1** Das Drehmoment $\vec{M}$ ist ein Vektor, der senkrecht auf der von den Vektoren $\vec{r}$ und $\vec{F}$ aufgespannten Fläche steht und mit ihnen eine Rechtsschraube bildet.

### Aufgaben

1. Ein Vollzylinder ($m = 350$ g, $r = 2{,}7$ cm) rollt mit einer konstanten Geschwindigkeit $v = 0{,}9$ m/s auf einer waagerechten Ebene. Berechnen Sie seinen Drehimpuls.
2. Vergleichen Sie den Drehimpuls der Erde aufgrund ihrer täglichen Umdrehung mit dem Drehimpuls des Mondes aufgrund seines Umlaufs um die Erde. Die Erde soll dabei als homogene Kugel betrachtet werden.

### Exkurs

#### Kreisel

Auf einen Kreisel wie das Speichenrad **(a)**, der im Schwerpunkt unterstützt wird, wirkt kein äußeres Drehmoment. Wird er vorsichtig in Rotation versetzt, sodass der Vektor des Drehmoments $\vec{M}$ mit dem Drehimpulsvektor $\vec{L}$ und Drehachse zusammenfällt, so bleibt auch die Richtung der Winkelgeschwindigkeit $\vec{\omega}$ raumfest konstant. Bekommt der Kreisel ein Drehmoment, bei dem die Richtungen von $\vec{M}$ und $\vec{L}$ nicht zusammenfallen, so beschreibt die Drehachse eine kreisende Bewegung, die **Nutation.**

Damit sich ein kräftefreier Kreisel frei um alle drei Raumachsen bewegen kann, wird er *kardanisch* **(b)** aufgehängt. Er wird in der Technik als Lagekreisel, in der Navigation als Kurskreisel oder, wenn er mit horizontaler Startrichtung angeworfen wird, als künstlicher Horizont verwendet, der die Lage eines Flugzeugs anzeigt.

Beim nicht drehmomentfreien Kegel wie dem Spielkreisel **(c)** übt die Gewichtskraft $\vec{F}_G$ über den Abstand des Schwerpunkts S vom Auflagepunkt A das Drehmoment $M = rmg \sin\vartheta$ aus. Die Richtung des Drehmomentvektors $\vec{M}$ und damit auch die des Vektors $\Delta\vec{L}$ stehen senkrecht zur Richtung des Drehimpulsvektors $\vec{L}$, sodass sich die Richtung von $\vec{L}$ ändert. Der Kreisel *präzediert* mit der Winkelgeschwindigkeit $\omega_P$ um eine senkrechte Achse. Ein Beispiel ist die *Präzession* der Erde aufgrund des Drehmoments, das Mond und Sonne auf den nicht kugelförmigen Erdkörper ausüben.

Der Kreiselkompass **(d)** ist die wichtigste technische Anwendung. Auf seine anfangs Ost-West ausgerichtete Achse, die in A unterstützt wird, greift im Schwerpunkt S des Kreisels infolge der Erdumdrehung die Kraft $\vec{F}$ senkrecht zur Erdachse an. Das so entstehende Drehmoment $\vec{M}$ bewirkt, dass der Drehimpulsvektor $\vec{L}$ so lange um $\Delta\vec{L}$ in Richtung Norden gedreht wird, bis die Achse parallel zur Erdachse steht und nach Norden zeigt.

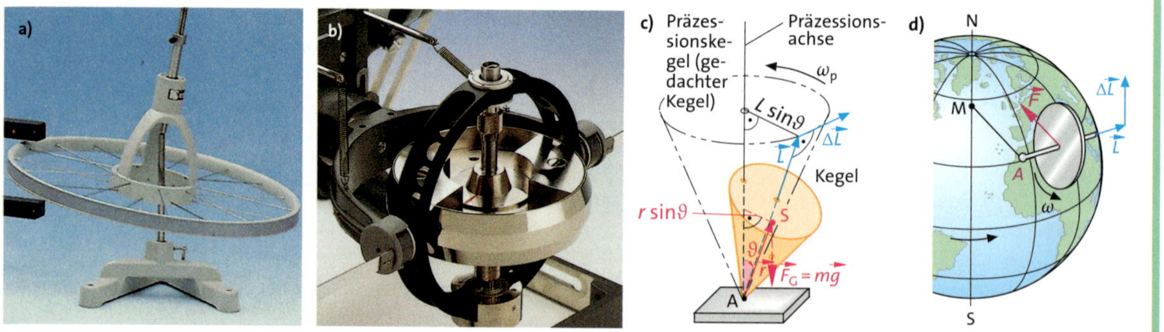

Das **Drehmoment** $M$ ist das Produkt aus der Kraft $F$ und dem Abstand $r$ ihrer Wirkungslinie von der Drehachse:

$$M = rF$$

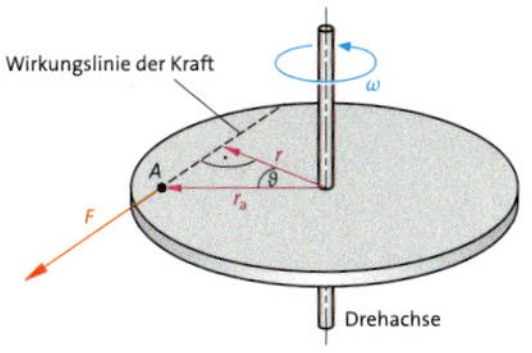


**Bewegungsgesetze der gleichmäßig beschleunigten Drehbewegung:**

$$M = \text{konstant} \rightarrow \alpha = \text{konstant}, \quad \varphi = \frac{1}{2}\alpha t^2, \quad \omega = \alpha t$$

Das **Trägheitsmoment** $J$ eines starren Körpers in Bezug auf eine bestimmte Drehachse ist definiert als Quotient aus dem Drehmoment $M$ und der dadurch erzeugten Winkelbeschleunigung $\alpha$:

$$J = M/\alpha$$

Das **Trägheitsmoment eines starren Körpers** in Bezug auf eine bestimmte Rotationsachse ist

$$J = \sum_{i=1}^{n} \Delta m_i r_i^2.$$

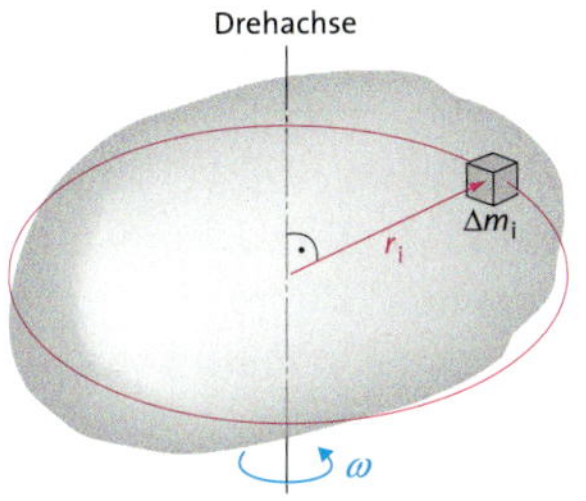


Die **Rotationsenergie** eines starren Körpers in Bezug auf eine feste Achse, ist gegeben durch

$$E = \frac{1}{2}J\omega^2.$$

Der **Drehimpuls** $L$ in Bezug auf eine feste Achse ist das Produkt aus Trägheitsmoment $J$ und Winkelgeschwindigkeit $\omega$: $L = J\omega$.

## Trägheitssatz der Rotation

Zwischen Drehimpuls $L$ und Drehmoment $M$ besteht der Zusammenhang $M = \Delta L/\Delta t$, woraus folgt, dass der Drehimpuls $L = \text{konstant}$ ist, solange das Drehmoment $M = 0$ ist.

## Drehimpulserhaltungssatz

In einem *abgeschlossenen System* bleibt der Gesamtdrehimpuls konstant, wenn keine äußeren Drehmomente wirken.

# Wissenstest Die Rotation starrer Körper

**1.** Ein Plattenteller dreht sich mit $33\frac{1}{3}$ Umdrehungen pro Minute und wird dann abgeschaltet. Durch eine konstante Verzögerung kommt er nach 2 Minuten zur Ruhe.
**a)** Bestimmen Sie die Winkelbeschleunigung.
**b)** Berechnen Sie die Zahl der Umdrehungen, die der Plattenteller bis zur Ruhe ausführt.

**2.** Ein homogener Zylinder ($m = 50$ kg, $R = 15$ cm) rollt mit einer Geschwindigkeit $v = 6$ m/s auf einer waagerechten Ebene. Bestimmen Sie seine Energie.

**3.** Ein massives zylindrisches Schwungrad ($m = 100$ kg, $R = 1{,}2$ m) rotiert mit 1200 Umdrehungen pro Minute. In einem Abstand $r = 0{,}5$ m von der Drehachse wirkt in tangentialer Richtung eine konstante abbremsende Kraft.
**a)** Berechnen Sie die Energie des Schwungrades.
**b)** Bestimmen Sie das Drehmoment, das das Schwungrad in $t = 3$ min vollkommen abbremst und geben Sie die Kraft an.
**c)** Berechnen Sie die Anzahl der Umdrehungen des Rades bis zur Ruhe.

**4.** Um einen homogenen Zylinder mit der Masse $m$ und dem Radius $R$ ist eine Schnur gewickelt. Die Schnur wird festgehalten, während der Zylinder vertikal nach unten fällt.
**a)** Zeigen Sie, dass die Beschleunigung des Zylinders $a = \left(\frac{2}{3}\right)g$ beträgt.
**b)** Bestimmen Sie die Zugkraft der Schnur.

**5** Auf eine massive Walze der Masse $m_W = 2{,}5$ kg mit einem Radius von $R = 0{,}20$ m ist ein Seil aufgewickelt, an dem ein Körper der Masse $m = 1{,}2$ kg hängt. Die Walze ist reibungsfrei um ihre Achse drehbar.
**a)** Bestimmen Sie die Beschleunigung, mit der der Körper am Seil nach unten fällt.
**b)** Geben Sie die Winkelgeschwindigkeit der Walze an und die das Drehmoment hervorrufende Kraft.

**6.** Das System in der nebenstehenden Abbildung wird aus der Ruhe losgelassen.
**a)** Bestimmen Sie die Beschleunigung der beiden Körper und die Zeit, nach der der schwerere auf dem Boden auftrifft.
**b)** Berechnen Sie die Winkelgeschwindigkeit der Rolle zu diesem Zeitpunkt.

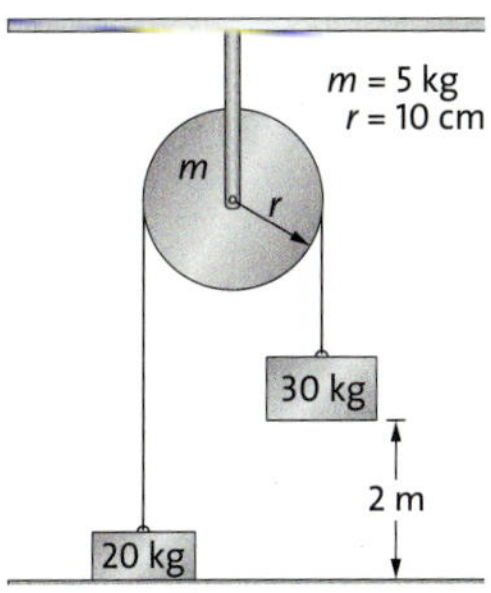

# 5 GRAVITATION

Als Gravitation wird die gegenseitige Anziehung von Körpern allein aufgrund ihrer Masse bezeichnet. Die Gewichtskraft auf die Körper und die Fallgesetze finden durch sie ihre Erklärung. Für Satelliten und Himmelskörper im Sonnensystem wie für Sterne und Galaxien im Weltraum stellt die Gravitation die entscheidende Wechselwirkung dar. Die Gravitationskraft wirkt zwischen allen Körpern unabhängig von ihrer Größe.

## 5.1 Die Gravitationskraft

Die Entdeckung der Gravitation durch NEWTON steht am Ende einer langen historischen Entwicklung, in der die Menschen sich eine Vorstellung über ihren Heimatplaneten Erde und seine engere Umgebung, das Sonnensystem, gemacht haben.

### 5.1.1 Das Sonnensystem

Die Erde läuft in einem *siderischen Jahr* (bis die Sonne wieder vor demselben Sternbild steht) auf elliptischer Bahn um die Sonne. In einem der beiden Brennpunkte der Ellipse steht die Sonne, die allein 99,86 Prozent der Gesamtmasse unseres Sonnensystems ausmacht (**Abb. 92.1**). Der Sonne am nächsten bewegen sich die *inneren erdähnlichen Planeten* Merkur, Venus, Erde und Mars mit Umlaufzeiten von einem Viertel bis zu fast zwei Dritteln der Erdumlaufszeit. Weiter von der Sonne entfernt umkreisen die größeren *äußeren Planeten* wie die Gasriesen Jupiter und Saturn sowie die Eisriesen Uranus und Neptun mit dem 10- bis 170-Fachen der Erdumlaufzeit die Sonne ebenfalls auf elliptischen Bahnen (Tabelle des Planetensystems im Anhang und **Abb. 92.2**). (Der *Kleinplanet* Pluto wird seit 2006 nicht mehr zur Gruppe der Planeten gezählt, da er kleiner ist als viele Monde im Sonnensystem.)

Außer den acht *großen Planeten* bewegen sich mehrere tausend *kleine Planeten*, die *Planetoiden* oder *Asteroiden*, auf elliptischen Bahnen um die Sonne – vorwiegend zwischen den Bahnen von Mars und Jupiter, dem *Asteroidengürtel* –, ferner die etwa 1300 *Kometen* auf lang gestreckten Ellipsen mit Umlaufzeiten von einigen bis zu mehreren Tausend Jahren. Schließlich zählen die *Meteore* oder *Sternschnuppen* zum Sonnensystem, die jeweils an bestimmten Tagen des Jahres die Bahn der Erde als Bruchstücke von Kometen kreuzen und dann zu beobachten sind.

Dazu kommen noch die *Monde* der Planeten (außer für Merkur und Venus), angefangen von der Erde mit einem, über Jupiter mit 16 bis Saturn mit 21 Monden, die als sogenannte *Satelliten* (satelles, lat.: Trabant, Begleiter) ihre Planeten auf elliptischen Bahnen umkreisen.

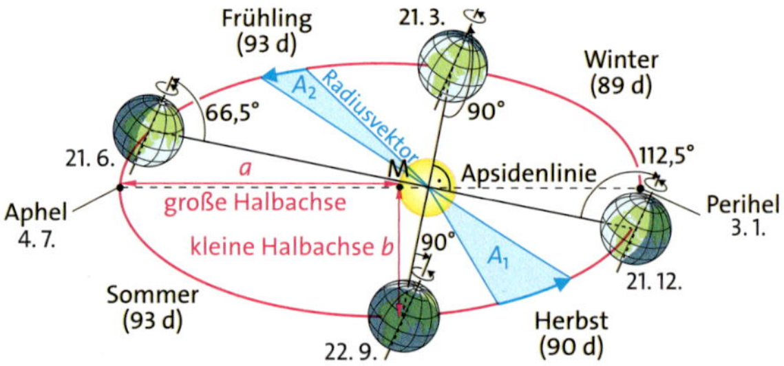


**92.1** Bewegung der Erde um die Sonne (z. B. 2008). Die raumfeste Richtung der Erdachse bildet mit der Ebene der Erdbahn einen Winkel von 66,5°. Bei Frühlings- und Herbstanfang steht die Erdachse senkrecht zur Verbindungslinie Sonne – Erde.

**92.2** Die Planeten des Sonnensystems mit dem Sonnenrand zum Vergleich. Mit einem Durchmesser von 1,39 Millionen km ist die Sonne bei weitem größer als alle anderen Objekte im Sonnensystem.

## 5.1.2 Die Kepler'schen Gesetze

Für die Bewegung der Planeten, Kometen um die Sonne, der Monde um ihre Planeten und der Satelliten um die Erde gelten die **Kepler'schen Gesetze** (Johannes KEPLER, 1571–1630) (→ 5.1.3). Für die Planeten formuliert lauten sie:

**1.** Die Planeten bewegen sich auf Ellipsen, in deren einem Brennpunkt die Sonne steht.
**2.** Der Radiusvektor von der Sonne zum Planeten überstreicht in gleichen Zeiten gleiche Flächen.
**3.** Das Verhältnis aus den 3. Potenzen der großen Bahnhalbachsen ($a$) und den Quadraten der Umlaufszeiten ($T$) ist für alle Planeten konstant:

$$\frac{a_1^3}{T_1^2} = \frac{a_2^3}{T_2^2} = \ldots = \text{konstant oder } \frac{a^3}{T^2} = C$$

Isaac NEWTON (1643–1727) leitete die **drei Kepler'schen Gesetze** aus dem Gravitationsgesetz (→ 5.1.3) und den Gesetzen der Mechanik (→ 2) mithilfe der Infinitesimalrechnung her, die er zu diesem Zweck als Erster (neben LEIBNIZ, 1646–1716) entwickelte.

NEWTON zeigte in seinem Beweis des **ersten Kepler'schen Gesetzes,** dass bei Zentralkräften, die wie die Gravitationskraft mit dem Quadrat der Entfernung vom Zentrum (→ 5.1.3) abnehmen, als Bahnformen neben Kreisen und Ellipsen auch Parabeln und Hyperbeln (→ 5.2.3) möglich sind. Eine Ellipse ist festgelegt durch die große ($a$) und die kleine Halbachse ($b$), ihre Form durch die numerische Exzentrizität ($e$) (**Abb. 93.1**).

Das **zweite Kepler'sche Gesetz,** den sogenannten **Flächensatz,** bewies NEWTON allein aus der Tatsache, dass die Gravitationskraft der Sonne auf die Planeten stets zu einem feststehenden Zentrum, nämlich der Sonne, hin gerichtet ist. Der Flächensatz macht eine Aussage über die Bahngeschwindigkeit (**Abb. 93.2**): In der Nähe der Sonne ist die Geschwindigkeit größer als in ihrer Ferne. Sie ist im *Perihel*, dem sonnennächsten Punkt (perihel, griech.: zur Sonne hin), am größten, im *Aphel*, dem sonnenfernsten (aphel, griech.: von der Sonne weg), am kleinsten.

Für das **dritte Kepler'sche Gesetz** bestimmte NEWTON die Konstante: $C = \gamma M_\odot / 4\pi^2$ oder, falls die Planetenmasse ($m$) gegenüber der Sonnenmasse ($M_\odot$) nicht vernachlässigt werden kann: $C = \gamma (M_\odot + m)/4\pi^2$. Wird das Gesetz nacheinander auf die Bewegung zweier Planeten (Masse $m_1$, $m_2$) angewendet, die die Sonne umkreisen, so lautet die Kombination beider (große Halbachsen der Planetenellipsen $a_1$, $a_2$):

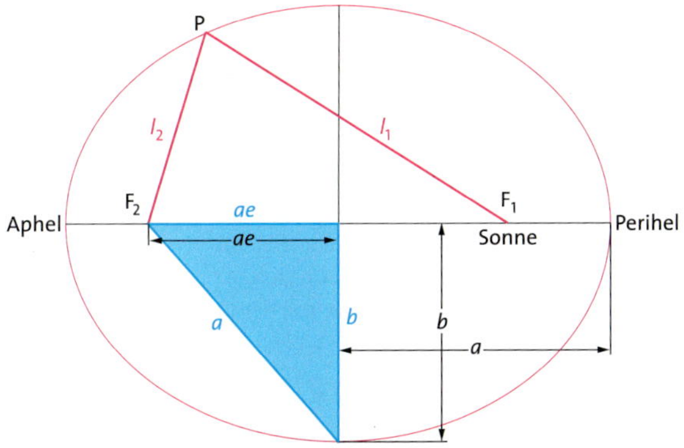


**93.1** Ellipse. Für jeden Punkt P der Ellipse mit den Brennpunkten $F_1$, $F_2$ gilt: $l_1 + l_2$ = konstant = $2a$. Die numerische Exzentrizität $e < 1$ mit $e = \sqrt{1 - (b^2/a^2)}$ bestimmt die Form der Ellipse: Für $e = 0$ wird die Ellipse zum Kreis, für $e \to 1$ wird die Ellipse gestreckt.

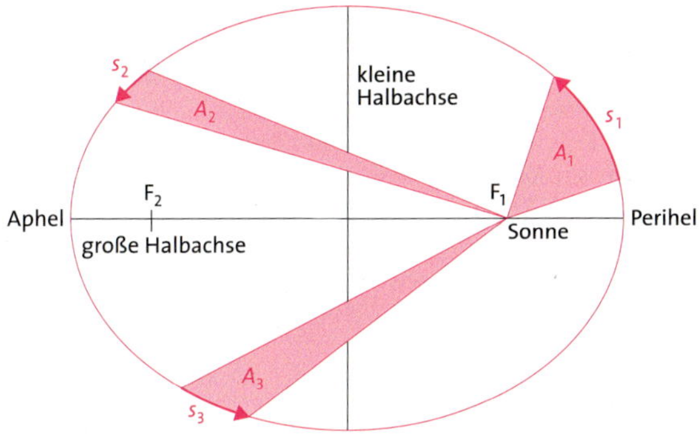


**93.2** Zum Flächensatz (2. Kepler'sches Gesetz). Die Flächen, die in gleichen Zeiten vom Radiusvektor überstrichen werden, sind flächengleich: $A_1 = A_2 = A_3$. Daher werden die Ellipsenbögen, für die $s_1 > s_3 > s_2$ gilt, in unterschiedlichen Geschwindigkeiten $v_1 > v_3 > v_2$ durchlaufen.

$$\frac{a_1^3}{a_2^3} = \frac{T_1^2 (M_\odot + m_1)}{T_2^2 (M_\odot + m_2)}$$

Dieser Ausdruck wird herangezogen, wenn z.B. die Umlaufzeiten und die großen Halbachsen zweier Planeten sowie die Masse des einen Planeten bekannt sind. Dann kann mit der Sonnenmasse die Masse des anderen Planeten bestimmt werden.

### Aufgaben

1. Bestimmen Sie die Umlaufzeit des Uranus aus der mittleren Entfernung der Erde von der Sonne $r_1 = 1{,}496 \cdot 10^{11}$ m und der mittleren Entfernung des Uranus von der Sonne $r_2 = 2{,}87 \cdot 10^{12}$ m.
2. Berechnen Sie die Masse des Jupiters aus seiner Umlaufzeit $T = 4332{,}60$ d und der großen Halbachse seiner Bahn $a = 5{,}2028$ AE mithilfe der Daten für Sonne und Erde (Zwei-Körper-Problem).

## Exkurs

### Erde und Sonnensystem in der Vorstellung von der Antike bis zur Neuzeit

Die Griechen übernahmen das Weltbild der Ägypter und Babylonier. Sie stellten sich die Erde als flache Scheibe vor, im Mittelpunkt den Olymp, ringsherum den Okeanos, darüber das Himmelsgewölbe. Doch schon die *Pythagoräer* (um 500 v. Chr.) waren von der Kugelgestalt der Erde überzeugt. ARISTOTELES (384–322 v. Chr.) nennt als Beweis: Ein Beobachter an Land sieht von einem ankommenden Schiff zuerst die Masten über der „Kimm"; bei Mondfinsternis zeichnet sich der Erdschatten auf dem Mond kreisförmig ab; Auf- und Untergang der Sonne (und der Sterne) finden für Orte gleicher Breite zu verschiedenen Zeiten statt; bei Veränderung des Standpunktes nach Süden oder Norden tauchen am Horizont Sterne auf oder verschwinden hinter ihm.

Den Erdumfang bestimmt als Erster ERATOSTHENES (um 275–195 v. Chr.) zu 250 000 Stadien. Da ein Stadion zu seiner Zeit vermutlich 157,5 m entsprach, ergibt die Umrechnung 39 375 km (heute ca. 40 000 km).

Die *relative Größe und Entfernung* von Sonne und Mond ermittelte ARISTARCH von Samos (um 320–250 v. Chr.) mithilfe des rechtwinkligen Dreiecks (**Abb. Mitte**), das der Mond im ersten oder letzten Viertel mit Erde und Sonne bildet. Aus dem Winkel von 87° (89° 51′), unter dem Mond und Sonne bei Halbmond erscheinen, schloss er auf ein Entfernungsverhältnis Erde - Mond zu Erde - Sonne von 1 : 19 (1 : 382), das noch bis in KEPLERS Zeiten als gültig angenommen wurde. Da Mond- und Sonnenscheibe dem Beobachter auf der Erde unter gleichen Winkeldurchmessern erscheinen (0,52° bzw. 0,53°), galt – so ARISTARCH – das Verhältnis 1 : 19 (1 : 390) auch für ihre Durchmesser.

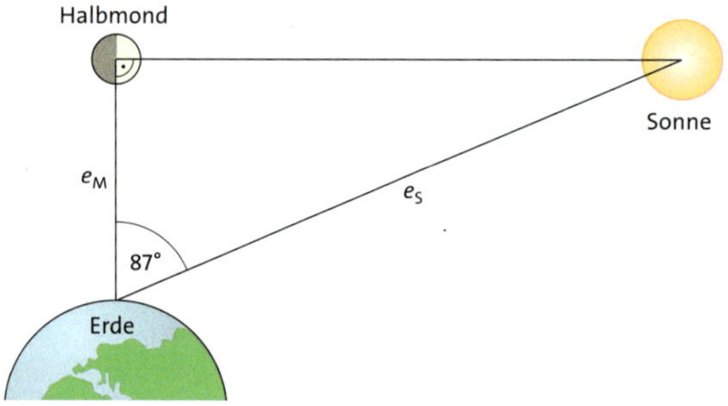


Auch *die absolute Größe und Entfernung von Sonne und Mond* bestimmte ARISTARCH als Erster. Aus der Dauer der Mondfinsternis gelang es ihm, den Radius des Mondes zu 0,35 (0,27) Erdradien und den der Sonne zu 6,67 (109) Erdradien und damit die Entfernungen in Erdradien anzugeben. Mit dem Wert für den Erdradius nach ERATOSTHENES berechnete er schließlich die absoluten Entfernungen zu diesen beiden Himmelskörpern sowie ihre Durchmesser.

ARISTARCH wurde zum Vorläufer von KOPERNIKUS. Er hielt entgegen allgemeiner Lehrmeinung nicht die Erde, sondern die nach seinen Berechnungen wesentlich größere Sonne für den Mittelpunkt der Welt. Seine **heliozentrische Theorie** (helios, griech.: Sonne) setzte sich nicht durch. Denn – so die Gegenargumente – die Wolken müssten bei einer täglichen Drehung der Erde um ihre Achse zurückbleiben und ständig nach Westen wandern, und die erdnächsten Sterne müssten sich bei der jährlichen Bewegung der Erde um die Sonne vor dem Himmelsgewölbe verschieben, also eine **Parallaxe** aufweisen. ARISTARCHS Einwand, dass selbst die nächsten Sterne wegen ihrer großen Entfernung keine Parallaxe zeigen könnten, blieb unglaubwürdig. (Eine solche Sternparallaxe wurde erst 1838 von BESSEL nachgewiesen.)

Die größte Leistung der griechischen Astronomie war eine vollständige **Theorie der Planetenbewegung.** Die Griechen suchten nach keiner physikalischen Erklärung; sie versuchten sich den Mechanismus der Planetenbewegung nur rein kinematisch-geometrisch vorzustellen. Aufbauend auf der Lehre PLATONS (427–347 v. Chr.), nach der sich alle Himmelskörper gleichförmig auf Kreisen bewegten, schuf sein Schüler ARISTOTELES ein System von schließlich 55 konzentrischen Kristallsphären, die sich mit unterschiedlichen Geschwindigkeiten gegeneinander bewegten. ARISTOTELES wurde zum Begründer des **geozentrischen Weltbildes** (ge, griech.: Erde) (**Abb. S. 95 oben links**):

1. Die Erde steht im Mittelpunkt der Welt.
2. Die Planeten, zu denen im Altertum Sonne, Mond und die (eigentlichen) Planeten Merkur, Venus, Mars, Jupiter und Saturn zählten, bewegen sich auf (sieben) Kristallkugeln um die Erde.
3. Umschlossen ist das Weltall von einer (achten) Kugel, die die Fixsterne trägt.

HIPPARCH (um 190–125 v. Chr.) lieferte wesentliche Beiträge und Erkenntnisse über die Bewegung von Sonne, Mond und Planeten und stellte einen Katalog zusammen, in dem fast 1000 Sterne und ihre Positionen am Fixsternhimmel verzeichnet waren.

PTOLEMÄUS (um 100–178 n. Chr.), auf HIPPARCH fußend, brachte mit seiner *Epizykeltheorie* (→ **Abb. S. 95 Mitte**) in seinem Werk *„Almagest"* das **geozentrische Weltbild** auf die für das Mittelalter maßgebende Form.

Sonne und Mond bewegen sich direkt auf Kreisen um die Erde als Mittelpunkt, während die (anderen) Planeten, die „Wandelsterne", zusätzlich noch rückläufige Bahnen beschreiben oder sogar zeitweilig stehen bleiben. PTOLEMÄUS ließ die Planeten sich jeweils auf einem Beikreis (Epizykel) bewegen, dessen immaterieller Mittelpunkt seinerseits auf einem Trägerkreis (Deferent) abrollt. Mit Zusätzen, dass die Erde nicht im Mittelpunkt Z des Deferenten stehe und dieser sich nicht mit gleicher Winkelgeschwindigkeit um Z, sondern um den Äquanten Ä bewege, benötigte PTOLEMÄUS schließlich 80 Kreise.

Das ptolemäische System, das mit seinen Epizyklen in der genauen Wiedergabe der Beobachtungen dem aristotelischen System überlegen war, galt bis ins 15. Jahrhundert unangefochten. Ein verändertes Denken, demzufolge nicht mehr versucht wurde, die Natur aus den Schriften der „Alten" zu erforschen, und bessere Beobachtungsmethoden leiteten den Umbruch ein.

Nikolaus Kopernikus (1473–1543) hat mit dem in seinem Todesjahr 1543 erschienenen Werk „*De revolutionibus orbium coelestium libri*" das **heliozentrische Weltbild** mit der Sonne im Mittelpunkt der Welt begründet (**Abb. oben rechts**):

1. Die Erde dreht sich täglich einmal um ihre Achse.
2. Die Erde bewegt sich einmal im Jahr um die Sonne.
3. Die Planeten bewegen sich auf Kreisen um die Sonne.

Kopernikus ging es in erster Linie um eine einfachere Theorie, die die Bewegung der Planeten und den Kalender hinreichend genau vorauszuberechnen gestattete. Er fand sie durch einen Standortwechsel des Beobachters von der Erde zur Sonne. An der Kreisbewegung als der natürlichsten Bewegungsform hielt er fest. Statt der früheren achtzig ptolemäischen brauchte er nur mehr vierunddreißig Kreise. Die Schleifenbahnen der Planeten ergeben sich nach Kopernikus ohne Zuhilfenahme von Epizyklen durch die Projektion der Planetenbahn auf den Fixsternhimmel.
Die rückläufige Bewegung der Planeten mit ihren Schleifenbahnen erklärte er durch die unterschiedliche Bahngeschwindigkeit von Erde und Planet (**untere Abb.**). Die Schleife bildet sich, weil die Planetenbahn nicht ständig in der Bahnebene der Erde liegt.

Das kopernikanische System war nicht einfacher als das ptolemäische und auf Dauer auch nicht besser in der Berechnung von Planetenorten, aber es konnte vor allem durch die Annahme einer 24-stündigen *Rotation* der Erde um ihre Achse und eines jährlichen Umlaufs (*Revolution*) der Erde um die Sonne die scheinbaren Bewegungen der Planeten allein durch das gleiche Prinzip der Relativbewegung zur Erde erklären. Im Übrigen führte auch Kopernikus die fehlende Fixsternparallaxe als Argument für die Größe des Weltraums an.
Durch die Annahme, dass sich die Erde um die Sonne bewegt – Kopernikus hatte sich auf Aristarch berufen –, konnte er die scheinbare Schleifenbewegung der Planeten und die scheinbare Ungleichheit ihrer Umlaufzeiten ohne Zuhilfenahme von Epizyklen und Deferenten erklären.

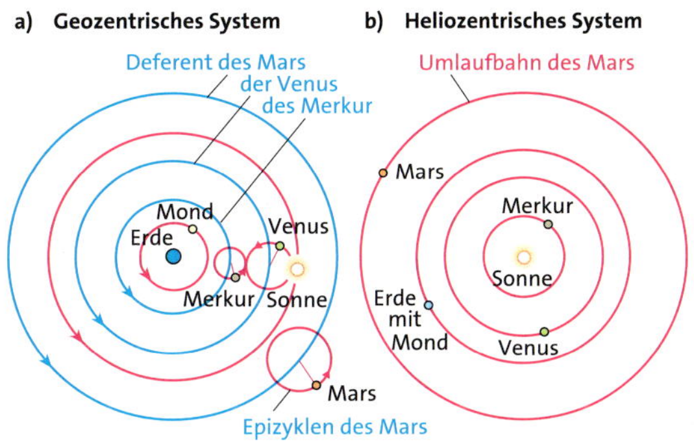


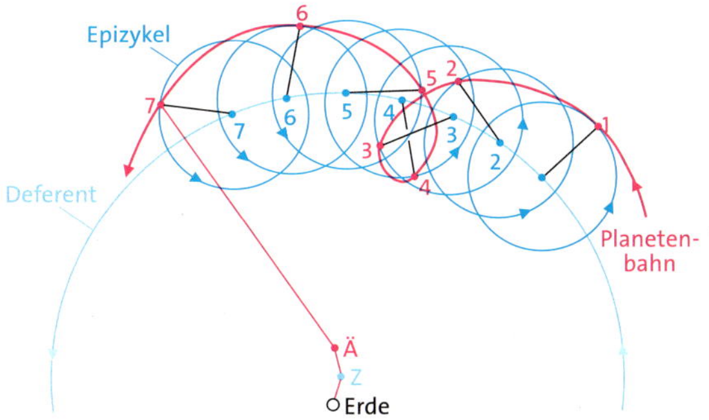


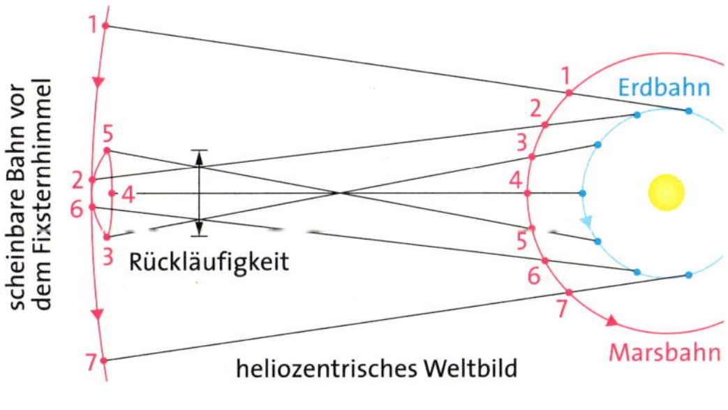


Tycho Brahe (1546–1601) bestimmte mithilfe neuer Beobachtungsmethoden (ohne Fernrohr!) Planeten- und Sternorte mit einer bis dahin nicht gekannten Genauigkeit von bis zu einer Bogenminute, die an das Auflösungsvermögen des Auges heranreicht, während die Genauigkeit astronomischer Messungen vom Altertum bis Kopernikus nicht über 10 Bogenminuten Genauigkeit hinausreichte.

Johannes Kepler (1571–1630) leitete den Schritt zu einer physikalischen Erklärung des Planetensystems ein. Er wertete in jahrzehntelanger Arbeit das Beobachtungsmaterial von Brahe aus. In den „*Astronomia nova*" 1609 und in den „*Harmonices mundi*" 1619 legte er die nach ihm benannten **Kepler'schen Gesetze** vor (→ 5.1.2). Das erste Gesetz, das die *Form der Bahnkurve* festlegt, ermittelte er u. a. aus der Veränderung des scheinbaren Sonnendurchmessers.

Den entscheidenden Beweis gegen das geozentrische und für das heliozentrische Weltbild lieferten aber nicht die kinematisch-geometrischen Theorien von Kopernikus bis Kepler, sondern die **Beobachtungen Galileis** (1564–1642) und die **Mechanik Newtons** (1642–1727), die Kepler vorgedacht hat. Galilei entdeckte 1609 mit dem von dem Holländer Lippershey 1608 erfundenen Fernrohr vier Monde des Jupiters und ihren Umlauf um den Planeten, ein kopernikanisches System im Kleinen. Er beobachtete u. a. die Mondgebirge und die Sonnenflecken und sah im Fernrohr zum ersten Male, dass die Milchstraße aus unzähligen Sternen besteht. Er beobachtete die Phasen der Venus und konnte an ihnen nachweisen, dass die Venus sich gemäß den Kepler'schen Gesetzen um die Sonne bewegt.
Newtons großartige Leistung war es, mithilfe der von ihm entwickelten Infinitesimalrechnung die Kepler'schen Gesetze und damit die Bewegungen der Himmelskörper aus den von ihm ebenfalls entdeckten Gravitationsgesetz herzuleiten (→ 5.1.3).

## 5.1.4 Astronomische Massenbestimmung

Die Sonnenmasse $M_\odot$ wird aus der Betrachtung des Systems Sonne (Zentralkörper)–Erde (Satellit) berechnet. Die Zentripetalkraft $F_Z = M_E\,\omega^2 r$, die die Erde ($M_E$) – vereinfacht – auf ihrer Kreisbahn hält, ist durch die Gravitationskraft $F = \gamma M_E\; M_\odot / r^2$ der Sonne gegeben. Das Gleichsetzen beider Terme – die Erdmasse $M_E$ kürzt sich heraus – ergibt die Masse $M_\odot$ der Sonne zu

$$M_\odot = \frac{\omega^2 r^3}{\gamma} = \frac{4\pi^2 r^3}{\gamma T^2}.$$

Aus der Erdumlaufzeit $T$, dem *siderischen Jahr* (→ S. 128), und der mittleren Entfernung $r$ der Erde von der Sonne, der *Astronomischen Einheit AE* (→ S. 128), folgt für die **Masse der Sonne** $M_\odot = 1{,}989 \cdot 10^{30}$ kg. Dieses Verfahren zur Massenbestimmung eines Zentralkörpers (Sonne, Planet) lässt sich immer dann anwenden, wenn Bahnradius und Umlaufzeit eines Satelliten (Planet, Mond) bekannt sind – so auch zur Massenbestimmung der äußeren Planeten, die einen Mond besitzen.

Die schwierig zu bestimmende Astronomische Einheit, die von fundamentaler Bedeutung sowohl für die kosmische Entfernungsskala als auch für die präzise Bestimmung vieler astronomischer Größen wie z. B. der Massen und Leuchtkräfte von Sternen ist, ist als Grundeinheit definiert: 1 AE ist der Radius einer kreisförmigen Umlaufbahn, auf welcher ein Körper mit vernachlässigbarer Masse und frei von Störungen in 365,256 898 326 Tagen um die Sonne laufen würde.

Die Berechnung der Erdmasse $M_E$ durch Gleichsetzen der Terme von Gewichtskraft $F_G = mg$ auf einen beliebigen Körper (Masse $m$) im Abstand $R$ (Erdradius) vom Erdmittelpunkt und Gravitationskraft $F = \gamma m M_E / R^2$ liefert nur den groben Näherungswert $M_E = 5{,}966 \cdot 10^{24}$ kg. Er weicht vom wahren Wert **Masse der Erde** $M_E = 5{,}976 \cdot 10^{24}$ kg nicht unbeträchtlich ab, weil u. a. die Erde keine Kugel mit homogener Massenverteilung ist.

Bei der Ermittlung der Mondmasse $m_M$ wird berücksichtigt, dass sich Erde und Mond um einen gemeinsamen, innerhalb der Erde liegenden Schwerpunkt drehen. Die Gravitationskraft $F = \gamma m_M M_E / r^2$ ist die Zentripetalkraft $F = m_M\,\omega^2 r_2$, die den Mond auf seiner Bahn hält. Die einzusetzenden Entfernungen zeigt **Abb. 98.1**. Durch Gleichsetzen ergibt sich die Summe der Massen zu $M_E + m_M = \omega^2 r^3 / \gamma$ und aus der Differenz $(m_M + M_E) - M_E$ die Mondmasse $m_M = 6{,}50 \cdot 10^{22}$ kg als Näherung statt des aus Satellitenbeobachtungen bekannten, genaueren Wertes der **Masse des Mondes** $m_M = 7{,}35 \cdot 10^{22}$ kg.

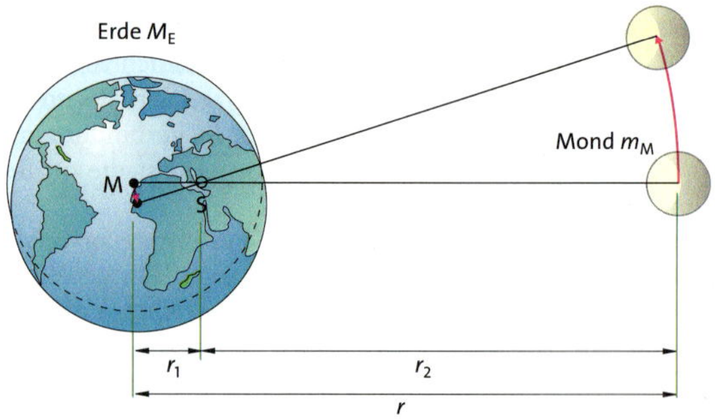


**98.1** Erde und Mond drehen sich um den gemeinsamen Schwerpunkt S im Erdinneren. Nach dem Schwerpunktsatz $M_E r_1 = m_M r_2$ mit $r_1 + r_2 = r$ gilt für den Schwerpunktabstand SM zum Erdmittelpunkt $r_1 = m_M r / (m_M + M_E)$.

## 5.1.5 Gezeiten

Die Gravitationskräfte des Mondes und der Sonne sind Ursache für Ebbe und Flut. Denn das Wasser der Weltmeere, auf das ihre Gravitationskräfte wirken, kann sich weitgehend frei verschieben. Die Gezeitenwirkung des Mondes ist dabei wegen seiner größeren Nähe über zweimal so groß wie die der Sonne. Ein besonders großer Tidenhub (Unterschied zwischen Hoch- und Niedrigwasser) entsteht, wenn Erde, Mond und Sonne ungefähr auf einer Linie liegen, was bei Neumond und Vollmond der Fall ist (*Springflut*). Wenn der Mond im ersten oder letzten Viertel steht, die Verbindungslinie Sonne–Erde also senkrecht zur Verbindungslinie Mond–Erde verläuft, ist der Tidenhub am geringsten (*Nippflut*).

Die *Gezeitenwirkung des Mondes* lässt sich damit erklären, dass die Erde sich im *inhomogenen* Gravitationsfeld des Mondes bewegt. Dazu werden die unterschiedlichen Gravitationskräfte des Mondes auf verschiedene Massenpunkte sowohl der festen Erde als auch der Weltmeere betrachtet. Erde und Mond kreisen um ihren gemeinsamen Schwerpunkt S, der noch innerhalb der Erde liegt (**Abb. 98.1**). Bei dieser Kreisbewegung stellt die Gravitationsbeschleunigung des Mondes $a = \gamma m_M / r^2$ für den Erdmittelpunkt die Zentripetalbeschleunigung dar, die zur Kreisbewegung um den Schwerpunkt erforderlich ist. Die Erde „fällt" ständig zum Mond hin, wenn sie jeweils nach einem Wegstück in Richtung der Bahntangente wieder in Richtung zum Mondschwerpunkt auf seine Umlaufbahn zurückkommt, genauso wie in der Mondrechnung NEWTONS (→ S. 96) der Mond ständig auf die Erde „fällt". Da die feste Erde als starrer Körper angesehen werden kann (der feste Erdkörper wird durch die Gravitationskräfte des Mondes jeweils nur um wenige Dezimeter deformiert (→ S. 99), sind die Kräfte, die alle Teile der festen Erde erfahren, überall gleich der Gravitationskraft, die der Mond auf die Erde im Erdmittelpunkt M, Entfernung vom Mondmittelpunkt $r$ (**Abb. 98.1**), ausübt. Alle Teile der festen Erde „fallen" daher mit der gleichen Beschleunigung $a = \gamma m_M / r^2$, der Beschleunigung im Gravitationsfeld des Mondes im Erdmittelpunkt, auf den Mond zu.
Anders sieht es für das nicht fest mit der Erde verbundene Wasser der Ozeane aus. Im Punkt A der Erde auf der mondzugewandten Seite ist die Gravitationsbeschleunigung

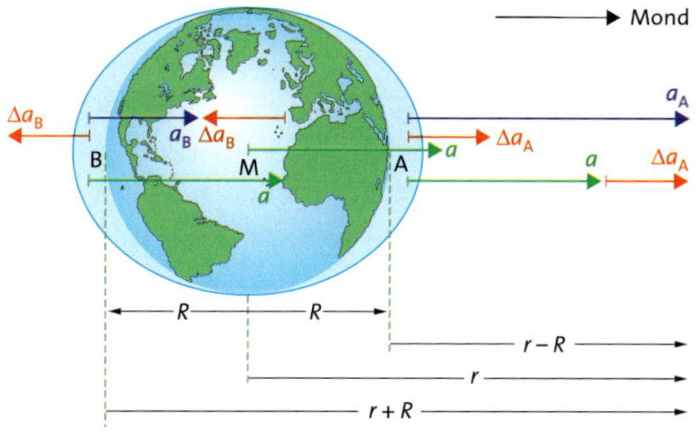


**99.1** Die Beschleunigung $a$ des festen Erdkörpers durch den Mond ist überall gleich. Seine Gravitationsbeschleunigung für das Wasser ist an der mondzugewandten Seite größer und an der mondabgewandten geringer als für die feste Erde.

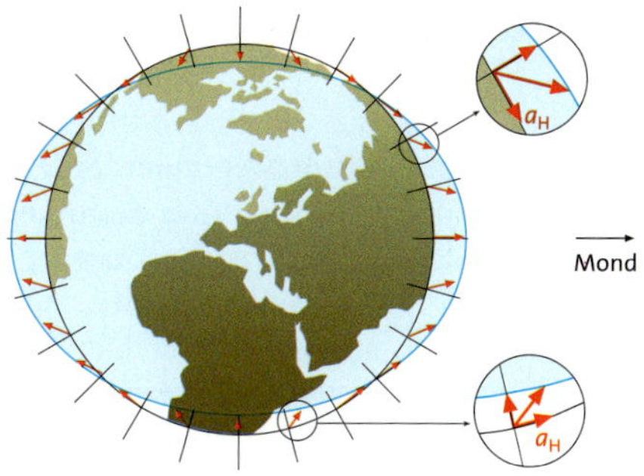


**99.2** Gezeitenbeschleunigungen. Die Horizontalkomponenten $a_H$ der Gezeitenbeschleunigungen, die parallel zur Erdoberfläche wirken, sind zusammen mit der Erddrehung für Ebbe und Flut verantwortlich.

$a_A = \gamma m_M/(r - R)^2$ des Mondes für frei bewegliche Wassermassen entsprechend der geringeren Entfernung $r - R$ größer als die Gravitationsbeschleunigung $a = \gamma m_M/r^2$ für die feste Erde, bezogen auf den Erdmittelpunkt. Dagegen ist im Punkt B die Gravitationsbeschleunigung $a_B = \gamma m_M/(r + R)^2$ für die Wassermassen auf der mondabgewandten Seite entsprechend der größeren Entfernung $r + R$ vom Mond kleiner als die für die feste Erde (**Abb. 99.1**).

Entscheidend ist nun die Differenz zwischen der Gravitationsbeschleunigung für das Meerwasser und der Beschleunigung für den starren Erdkörper, letztere ist überall gleich der Gravitationsbeschleunigung für den Erdmittelpunkt. Diese Differenz ist die *Gezeitenbeschleunigung*, die für Ebbe und Flut verantwortlich ist. Auf der mondzugewandten Seite ergibt sich in A als Differenz eine Gezeitenbeschleunigung $\Delta a_A$ relativ zur Erde, die zum Mond hin gerichtet ist:

$$\Delta a_A = a_A - a = \gamma \frac{m_M}{(r-R)^2} - \gamma \frac{m_M}{r^2} = \gamma m_M \frac{2rR - R^2}{r^2 (r-R)^2}.$$

Für den mondabgewandten Punkt B folgt ebenso als Differenz eine Gezeitenbeschleunigung $\Delta a_B$ relativ zur Erde, die vom Mond weggerichtet ist:

$$\Delta a_B = a_B - a = \gamma \frac{m_M}{(r+R)^2} - \gamma \frac{m_M}{r^2} = \gamma m_M \frac{-2rR - R^2}{r^2 (r+R)^2}.$$

Werden in beiden Ausdrücken für $\Delta a_A$ und $\Delta a_B$ die Terme $R^2$ gegenüber $2rR$ im Zähler und $R$ gegenüber $r$ im Nenner vernachlässigt, so ergeben sich mit

$$\Delta a_A = \gamma m_M \frac{2rR - R^2}{r^2 (r+R)^2} \approx \gamma m_M \frac{2rR}{r^2 r^2} = \gamma m_M \frac{2R}{r^3} \quad \text{bzw.}$$

$$\Delta a_B \approx -\gamma m_M \frac{2R}{r^3}$$

in beiden Punkten A und B betragsmäßig gleich große Gezeitenbeschleunigungen.

Aus den Beschleunigungen berechnen sich nun die Gezeitenkräfte $F_G = m \Delta a$, die auf Meerwasser der Masse $m$ wirken.

> Die **Gezeitenkräfte des Mondes** auf das frei bewegliche Wasser der Weltmeere sind auf der dem Mond zugewandten und auf der ihm abgewandten Seite der Erde nahezu gleich groß und vom Erdmittelpunkt weggerichtet:
>
> $$F_A \approx 2\gamma m m_M \frac{R}{r^3}, \quad F_B \approx -2\gamma m m_M \frac{R}{r^3}.$$

Der Vergleich der Gezeitenbeschleunigung $\Delta a_A$ bzw. $\Delta a_B$ mit der Erdbeschleunigung $g$ liefert

$$\frac{\Delta a_A}{g} = \frac{|\Delta a_B|}{g} = \frac{2\gamma m_M R/r^3}{\gamma M_E/R^2} = 2\frac{m_M R^3}{M_E r^3} \approx 10^{-7}$$

oder umgestellt $\Delta a_A = |\Delta a_B| \approx 10^{-7}\, g$, also beträgt die Gezeitenbeschleunigung durch den Mond nur einen Bruchteil der Erdbeschleunigung $g$.

Die Gezeitenbeschleunigungen für andere Punkte, die hier nicht berechnet sind, zeigt **Abb. 99.2**. Wirksam für die Verschiebung der Wassermassen sind die *Horizontalkomponenten* der sich daraus ergebenden *Gezeitenkräfte*.

Die räumliche Verteilung der Wassermassen ergibt sich aus **Abb. 99.2** durch Drehung um die Achse Erde–Mond. Es bilden sich auf der vom Mond abgewandten und der dem Mond zugewandten Seite der Erde *zwei gleich hohe* Flutberge, während auf einer Kugelzone zwischen diesen Bereichen Niedrigwasser herrscht. Die beiden Flutberge und die Ebbezone wandern mit dem Mond um die Erde herum, wobei sich die Erde täglich um ihre Achse unter den Flutbergen und der Ebbezone hindurchbewegt. Der Mond, dessen Bahnebene von der Äquatorebene der Erde periodisch höchstens um ± 6,7° abweicht, läuft in der gleichen Richtung um die Erde, in der die Erde sich um ihre Achse dreht. Daher ist der „Mondtag“ im Mittel um 50 Minuten länger als der „Sonnentag“. Folglich tritt alle 12 Stunden und 25 Minuten im Mittel Hochwasser oder Niedrigwasser ein.

Obige Betrachtungen gehen von dem Modell eines starren Erdkörpers und einer gleichmäßig mit Wasser bedeckten Erdoberfläche aus. In der Wirklichkeit spielt für Ebbe und Flut die geografische Verteilung der Landmassen eine ebenso große, sehr komplizierte Rolle, durch die erst die unterschiedlichen Tidenhube in den verschiedenen Gegenden der Weltmeere erklärt werden können. Ebbe und Flut bremsen durch Reibung die Erdrotation zwar sehr gering, aber zur Zeit wird jeder Tag um etwa 50 Nanosekunden kürzer.

Auf den festen Erdkörper rufen die Vertikalkomponenten der Gezeitenkräfte eine leichte Deformation des Erdkörpers hervor; sie heben die Erdoberfläche im Rhythmus von Ebbe und Flut bis zu 26 cm bzw. senken sie bis zu 13 cm.

## 5.2 Das Gravitationsfeld

Das Fallen eines Steines auf der Erde, die Bahn eines Planeten um die Sonne, die Bewegungen eines Sterns innerhalb der Galaxien, alles lässt sich dadurch erklären, dass eine Gravitationskraft in der Umgebung der Erde, der Sonne und der Galaxien auf den Stein, den Planeten und den Stern ausgeübt wird. Der Raum, in dem die Gravitationskräfte wirken, wird als **Gravitationsfeld** bezeichnet.

### 5.2.1 Gravitationsfeldstärke

Die Gravitationskraft eines Körpers der Masse $M$ auf einen Körper der Masse $m$ ist nach dem Gravitationsgesetz durch den Term $F = \gamma m M / r^2$ gegeben. An einer bestimmten Stelle des Feldes ist der Quotient $F/m = \gamma M / r^2$ für alle Körper der beliebigen Masse $m$ konstant. Er charakterisiert die Anziehungskraft im Raum um den Körper der Masse $M$ und wird als Gravitationsfeldstärke $G^*$ bezeichnet.

> Die **Gravitationsfeldstärke $G^*$** an einer bestimmten Stelle des Raumes ist der Quotient aus der Gravitationskraft $F$, die ein Körper der Masse $m$ an dieser Stelle erfährt, und dieser Masse $m$:
> $G^* \doteq F/m$

Die Gravitationsfeldstärke $\vec{G}^* = \vec{F}/m$ ist ein Vektor in Richtung der dort wirkenden Gravitationskraft $\vec{F}$. Auf diese Weise wird jedem Punkt des Feldes ein Vektor der Gravitationsfeldstärke $\vec{G}^*$ zugeordnet: Mithilfe der Gravitationsfeldstärke kann so die Kraft $\vec{F}$ auf einen Körper der Masse $m$ angegeben werden: $\vec{F} = \vec{G}^* m$.

Die Gravitationsfeldstärke der Erde mit der Masse $M_E$ im Abstand $r$ vom Schwerpunkt ergibt sich aus dem Gravitationsgesetz zu $G^* = F/m = \gamma M_E / r^2$. Entsprechendes gilt für jeden Himmelskörper wie für die Sonne oder für die Sterne ebenso wie für die Galaxien.

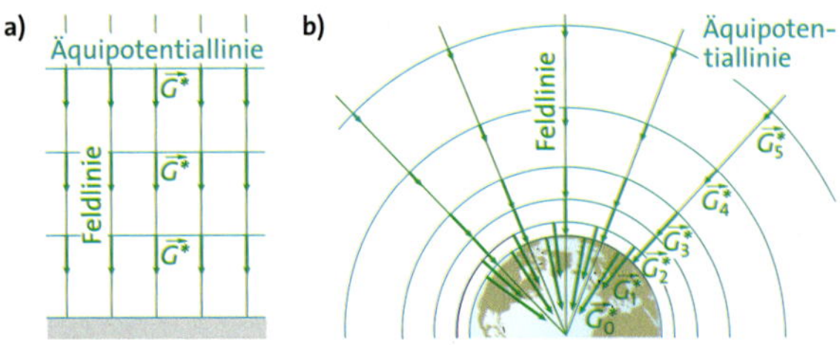


**100.1** Feldstärkevektoren (dicke grüne Pfeile) und Feldlinien (dünne grüne Striche) kennzeichnen die Kräfte nach Richtung und Stärke. Die (blauen) Linien gleicher Gravitationsfeldstärke heißen *Äquipotentiallinien.* **a)** homogenes Feld; **b)** Radialfeld.

Die Gravitationsfeldstärke in der Nähe der Erdoberfläche ist ungefähr gleich der Fall- oder Erdbeschleunigung $g$ (→ 1.2.4). Denn für jeden Körper ist der Quotient aus der auf ihn wirkenden Gewichtskraft $F_G$, die im Wesentlichen durch die Gravitation der Erde zustande kommt, und der Masse $m$ gleich der dortigen Fallbeschleunigung $g$, im Mittel $g = F_G / m = 9{,}81\ \mathrm{m/s^2}$.

> Im **Gravitationsfeld in der Nähe der Erdoberfläche** ist die Gravitationsfeldstärke $G^*$ (*ungefähr*) gleich der Fall- oder Erdbeschleunigung $g$: $G^* \approx g$.

Dies gilt bis auf eine geringfügige Korrektur durch die Zentrifugalkraft infolge der täglichen Rotation der Erde: Am Äquator beträgt der Unterschied zwischen Gravitationsfeldstärke und Erdbeschleunigung $0{,}034\ \mathrm{m/s^2}$ oder 0,3 %; an den Polen sind beide gleich groß.

Das **Feldlinienbild** (**Abb. 100.1**)ist eine anschauliche Darstellung des Feldes. Die Feldlinien sind so in das Feld einzuzeichnen, dass in jedem Punkt des Feldes die Tangente an die Feldlinie in Richtung des dortigen Feldstärkevektors zeigt. Der *Betrag der Feldstärke* in der Umgebung eines Punktes wird jeweils durch die Anzahl der gezeichneten Feldlinien, die durch eine Einheitsfläche hindurchtreten, also durch die *Feldliniendichte* veranschaulicht. Je größer die Feldstärke an der betrachteten Stelle eines Feldes ist, desto dichter (enger aneinander) sind die Feldlinien gezeichnet.

> **Feldlinienbilder** stellen eine Veranschaulichung des Feldes dar. Feldlinien sind gedankliche, keine realen physikalischen Gebilde.

In einem genügend kleinen Bereich eines Gravitationsfeldes hat die Feldstärke näherungsweise jeweils gleichen Betrag und gleiche Richtung: Die Feldlinien verlaufen dort daher parallel und in gleichen Abständen. Es liegt ein *homogenes Feld* vor (**Abb. 100.1 a**).

Im *Radialfeld* der Erde oder jedes anderen kugelförmigen Körpers sind die Feldstärkevektoren überall auf den Massenmittelpunkt des Körpers gerichtet, die Feldlinien laufen *radial* auf ihn zu (**Abb. 100.1 b**) Das Radialfeld der Erde kann im Kleinen näherungsweise als homogen angesehen werden.

#### Aufgaben

1. Berechnen Sie die Gravitationsfeldstärke auf der Oberfläche der Erde am Pol und am Äquator, auf der Mondoberfläche und auf der Oberfläche der Sonne.

## 5.2.2 Potentielle Energie der Gravitation

Wird ein Körper der Masse $m$ gegen die Gravitationskraft $F$ im Feld eines Zentralkörpers vom Punkt $P_1(r_1)$ zum Punkt $P_2(r_2)$, $r_1 < r_2$, bewegt, wird Energie aufgewendet. Diese Energie ist dann im System Körper–Zentralkörper gespeichert. Der Körper erhält diese Energie aus dem System zurück, wenn er sich vom Punkt $P_2$ zum Ausgangspunkt $P_1$ zurückbewegt.

**Potentielle Energie im Gravitationsfeld:**
Die Energie, die ein Körper aus dem System Körper–Zentralkörper erhalten kann, wenn er sich von $P_2$ zu $P_1$ bewegt, wird als **potentielle Energie $E_{pot}$ des Körpers in $P_2$ bezüglich $P_1$** bezeichnet.

Im *homogenen Gravitationsfeld* der Erde berechnet sich die Änderung der potentiellen Energie mithilfe der konstanten Gravitationskraft $F = m\,G^* = m\,g$ und dem Höhenunterschied zwischen dem Ausgangspunkt $P_1(h_1)$ und dem Endpunkt $P_2(h_2)$ zu (→ 3.2.1)

$$\Delta E_{pot} = m\,G^*(h_2 - h_1) = m\,g(h_2 - h_1) = m\,g\,\Delta h.$$

Im *inhomogenen Gravitationsfeld* der Erde oder allgemein eines (kugelförmigen) Zentralkörpers ändert sich die Gravitationsfeldstärke längs des gewählten Weges ständig. Die aufzubringende Energie lässt sich näherungsweise berechnen (siehe rechts):

Die Änderung der **potentiellen Energie** eines Körpers der Masse $m$, der im Radialfeld der Erde oder eines Zentralkörpers mit der Masse $M$ vom Punkt $P_1(r_1)$ zum Punkt $P_2(r_2)$ bewegt wird, berechnet sich zu

$$\Delta E_{pot} = \gamma\,m\,M\left(\frac{1}{r_1} - \frac{1}{r_2}\right).$$

Dabei ist es gleichgültig, auf welchem Wege der Körper von $P_1(r_1)$ zu $P_2(r_2)$ gebracht wird. Denn wird der Weg in Teilwege parallel und senkrecht zu den Feldlinien (**Abb. 101.1**) zerlegt, so ist senkrecht zu den Feldlinien keine Energie aufzubringen, weil hier Kraft $\vec{F}$ und Weg $\Delta\vec{s}$ rechtwinklig aufeinander stehen.
Wird der Körper, z. B. ein Satellit, vom Zentralkörper wegbewegt ($r_2 > r_1$), wird dem System Satellit–Zentralkörper Energie zugeführt. Dem System wird Energie entzogen, wenn sich der Satellit der Erde nähert. Denn die Energieänderung vom Punkt $P_2(r_2)$ zum Punkt $P_1(r_1)$ ist positiv, falls $r_1$ kleiner als $r_2$ ist; denn mit $1/r_1$ größer als $1/r_2$ ist die Differenz $(1/r_1 - 1/r_2)$ und damit $\Delta E_{pot}$ größer null. Das Umgekehrte gilt, falls $r_1$ größer als $r_2$ ist.

Der Bezugspunkt $P_1(r_1)$ wird häufig ins Unendliche gelegt; dann wird mit $r_1 \to \infty$ der Bruch $1/r_1 = 0$:

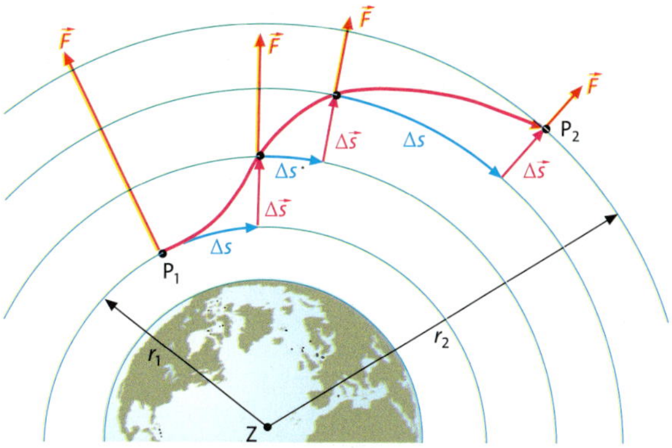


**101.1** Der Weg $s$ von $P_1(r_1)$ nach $P_2(r_2)$ wird durch Teilwege $\Delta s$ parallel (rot) und senkrecht (blau) zu den Feldlinien ersetzt.

Die **potentielle Energie** eines Körpers der Masse $m$ im radialen Feld eines Zentralkörpers der Masse $M$ ist im Punkt $P(r)$ gegenüber dem Unendlichen

$$E_{pot}(r) = -\gamma\frac{m\,M}{r}.$$

### Näherungsrechnung der potentiellen Energie

Die Formel für die potentielle Energie im Gravitationsfeld lässt sich durch eine Näherungsrechnung herleiten. Dazu wird im Gravitationsgesetz der sich vom Anfangsradius $r_1$ bis zum Endradius $r_2$ ändernde Radius $r$ durch das geometrische Mittel dieser beiden Radien ersetzt: $r = \sqrt{r_1 r_2}$ und die so gewonnene „mittlere" Gravitationskraft $F_m$ mit dem Weg $(r_2 - r_1)$ multipliziert:

$$\Delta E_{12} = F_m(r_2 - r_1) = \gamma\frac{m\,M}{(\sqrt{r_1 r_2})^2}(r_2 - r_1)$$
$$= \gamma\,M\frac{(r_2 - r_1)}{r_1 r_2} = \gamma\,M\left(\frac{1}{r_1} - \frac{1}{r_2}\right)$$

Das Verfahren lässt sich verfeinern, indem der Weg von $r_1$ nach $r_n$, in $n$ Teilwege zerlegt und für jeden Teilweg, z. B. von $r_i$ nach $r_{i+1}$, dieselbe Rechnung durchgeführt wird; dabei ergibt sich die Teilenergie

$$\Delta E_{i,i+1} = \gamma\frac{m\,M}{r_i r_{i+1}}(r_{i+1} - r_i) = \gamma\,m\,M\left(\frac{1}{r_i} - \frac{1}{r_{i+1}}\right).$$

Werden alle Teilenergien summiert, heben sich alle Terme bis auf die beiden Terme mit dem Anfangsradius $r_1$ und dem Endradius $r_n$ gegenseitig auf, und es ergibt sich die obige Formel.

### Aufgaben

**1.** Ein Satellit ($m$ = 1,5 t) wird von der Erdoberfläche aus auf die Höhe 25 000 km gebracht. Ermitteln Sie die erforderliche Energie **a)** mit der Näherung, dass die Gravitationsfeldstärke konstant (wie auf der Erdoberfläche) ist, und **b)** im radialen Gravitationsfeld der Erde.

***2.** Berechnen Sie die potentielle Energie der Sonnensonde Helios ($m$ = 370,5 kg) bezüglich der Sonnenoberfläche für den sonnenfernsten Punkt der Bahn (Entfernung zum Sonnenmittelpunkt 147,5 Mio. km) und den sonnennächsten Punkt (Entfernung 46,5 Mio. km) (→ S. 128).

## 5.2.3 Bahnformen und Bahnenergie

### Energie des Satelliten auf der Bahnellipse

Nach dem Energiesatz gilt für jeden Punkt einer *elliptischen* Satellitenbahn für die Gesamtenergie $E_G$ (Bezugspunkt der potentiellen Energie im Unendlichen):

$$E_G = E_{kin} + E_{pot} = \frac{1}{2} m v^2 - \gamma \frac{m M_E}{r} = \text{konstant}$$

Aus der Konstanz der Energie folgt, dass in größerer Entfernung $r$ von der Erde die Geschwindigkeit $v$ kleiner wird und umgekehrt, im Apogäum ist sie am kleinsten, im Perigäum ist die Geschwindigkeit am größten.
Auch für die *Kreisbahn* liefert die Gravitationskraft die erforderliche Zentripetalkraft: $m v^2/r = \gamma m M_E / r^2$. Aus dieser Gleichung ergibt sich die Bahngeschwindigkeit auf dem Kreis $v = \sqrt{\gamma M_E / r}$ und, die Gleichung mit $r/2$ multipliziert, die kinetische Energie im Abstand $r$ vom Erdmittelpunkt, die betragsmäßig gleich der halben potentiellen Energie ist:

$$E_{kin} = \frac{1}{2} m v^2 = \frac{1}{2} \gamma \frac{m M_E}{r} = -\frac{1}{2} E_{pot}$$

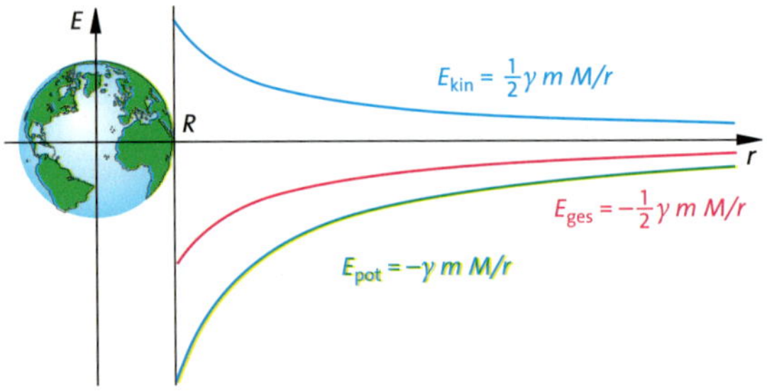


**102.1** Verlauf der Gesamtenergie (rot), der kinetischen (blau) und der potentiellen Energie (grün) eines Satelliten auf einer Kreisbahn um die Erde. Die Gesamtenergie ist negativ: Der Satellit ist an das Gravitationsfeld der Erde gebunden.

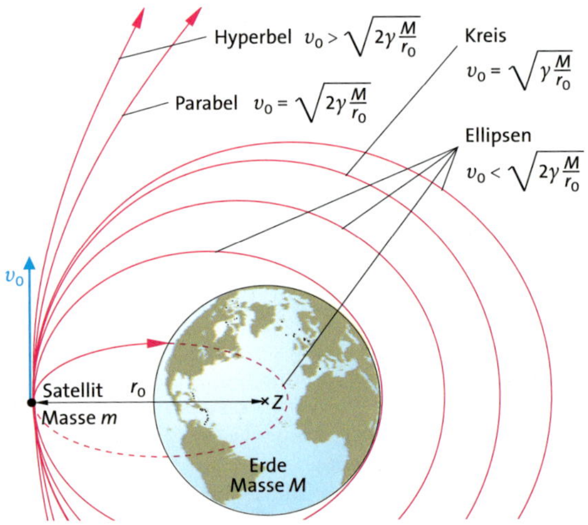


**102.2** Bahnformen in Abhängigkeit von der Startgeschwindigkeit. Eingezeichnet sind die Bahnen, die sich ergeben, wenn der Satellit im Abstand $r_0$ senkrecht zur Verbindungslinie Erde–Satellit auf die Geschwindigkeit $v_0$ gebracht wird.

Die Gesamtenergie auf der Kreisbahn ist damit

$$E_G = E_{kin} + E_{pot} = -\frac{1}{2} E_{pot} + E_{pot} = \frac{1}{2} E_{pot}.$$

> Die **Gesamtenergie $E_G$** eines Satelliten (Masse $m$), der die Erde (Masse $M_E$) im Abstand $r$ von ihrem Mittelpunkt auf einer **Kreisbahn** umläuft, ist
>
> $$E_G = E_{kin} + E_{pot} = \frac{1}{2} m v^2 - \gamma \frac{m M_E}{r} = -\frac{1}{2} \gamma \frac{m M_E}{r} = \frac{1}{2} E_{pot}.$$

Aus der Energiegleichung folgt: Soll der Satellit auf eine höhere Bahn gehoben werden, muss ihm Energie zugeführt werden, z.B. durch Zünden einer Rakete. Dadurch erfährt der Satellit den erforderlichen Geschwindigkeitsschub (in Richtung der Tangente an seine Bahn), der ihn auf eine höhere Bahn hebt. Zwar ist dort dann seine kinetische Energie geringer als vorher – denn auf höheren Bahnen ist die Geschwindigkeit geringer –, aber dafür erhöht sich die potentielle Energie (**Abb. 102.1**).

Die wichtigsten Ergebnisse über die Energieverhältnisse auf der Kreisbahn gelten, wie hier nicht weiter hergeleitet wird, auch für die *Ellipsenbahn*: Im zeitlichen Mittel ist $E_{kin} = -\frac{1}{2} E_{pot}$. Damit vereinfacht sich $E_G = E_{kin} + E_{pot}$ zu $E_G = \frac{1}{2} E_{pot}$ und, wenn hier $r = a$ ($a$ große Halbachse) gesetzt wird, folgt für die Gesamtenergie $E_G = -\frac{1}{2} \gamma m M_E / a$. Wird dies in die für alle Bahnen gültige Gleichung $E_G = E_{kin} + E_{pot} = \frac{1}{2} m v^2 - \gamma m M_E / r$ nochmals eingesetzt und wird die Gleichung nach $v$ aufgelöst, so ergibt sich die folgende Aussage über die Geschwindigkeit an jeder beliebigen Stelle auf der Bahnellipse in Abhängigkeit vom Abstand $r$.

> Die *Gesamtenergie des Satelliten* auf der Ellipsenbahn mit der großen Halbachse $a$ um die Erde (Masse $M_E$) ist
>
> $$E_G = -\frac{1}{2} \gamma m M_E / a.$$
>
> Seine *Geschwindigkeit* auf der Ellipsenbahn im Abstand $r$ vom Erdmittelpunkt ist
>
> $$v = \sqrt{\frac{\gamma M_E}{a} \frac{(2a - r)}{r}} = \sqrt{\gamma M_E \left(\frac{2}{r} - \frac{1}{a}\right)}.$$

### Beliebiger Kegelschnitt als Bahnform

Der Verbleib eines Satelliten im Einflussbereich eines Zentralkörpers hängt davon ab, ob der Betrag der kinetischen Energie kleiner als der der potentiellen Energie bleibt oder nicht. Entscheidend ist dafür die **Grenzgeschwindigkeit** $v_0^2 = 2 \gamma M_E / r_0$, die sich aus der für alle Bahnen gültigen Energiegleichung $E_G = E_{kin} + E_{pot} = \frac{1}{2} m v^2 - \gamma m M_E / r$ durch Gleichsetzen von kinetischer und potentieller Energie ergibt. Daraus lässt sich herleiten:
Wird ein Satellit im Abstand $r_0$ zur Erde mit der Geschwindigkeit $v_0$ gestartet, so beschreibt er je nach Geschwindigkeit $v_0$ bzw. nach Gesamtenergie $E_G$ folgende Bahnformen (**Abb. 102.2**):

- für $v_0^2 > 2 \gamma M_E / r_0$ eine Hyperbel ($E_G > 0$),
- für $v_0^2 = 2 \gamma M_E / r_0$ eine Parabel ($E_G = 0$),
- für $v_0^2 < 2 \gamma M_E / r_0$ eine Ellipse ($E_G < 0$),
- für $v_0^2 = \gamma M_E / r_0$ einen Kreis ($E_G < 0$).

### Fluchtgeschwindigkeit

Die **1. kosmische Geschwindigkeit**, mit der ein Satellit eben über der Oberfläche der Erde (Abstand vom Erdmittelpunkt $r \approx R$) eine Kreisbahn um die Erde beschreibt, ist

$$v_1 = \sqrt{\gamma M_E \frac{1}{R}} \approx 7{,}8 \text{ km/s}.$$

Sie entspricht auch weitestgehend der Startgeschwindigkeit, die ein Satellit von der Erde aus zum Erreichen einer erdnahen Kreisbahn benötigt. Mit der **2. kosmischen Geschwindigkeit** verlässt ein von der Erde gestarteter Satellit, den Einflussbereich des Gravitationsfeldes der Erde:

$$v_2 = \sqrt{2\gamma M_E \frac{1}{R}} \approx 11{,}2 \text{ km/s}$$

### „Swing-by" – das Gravitationsmanöver

Gerät ein Satellit in den *Attraktionsbereich* eines Planeten (in ihm überwiegt die Gravitationsfeldstärke des Planeten die der Sonne), kann der Satellit mit dem sogenannten *Swing-by-* oder *Fly-by-*Manöver in eine neue Richtung und auf eine neue Bahn gelenkt und beschleunigt oder abgebremst werden, ohne dass dafür Treibstoff verbraucht wird (Abb. $v_A$ Geschwindigkeit vor, $v_E$ Geschwindigkeit nach dem Manöver). Da die Sonnenmasse rund 1000-mal größer ist als die Masse aller Planeten zusammen, ist der Attraktionsbereich eines Planeten verhältnismäßig klein. Die Satellitenbahn weist an dieser Stelle nur einen Knick auf.

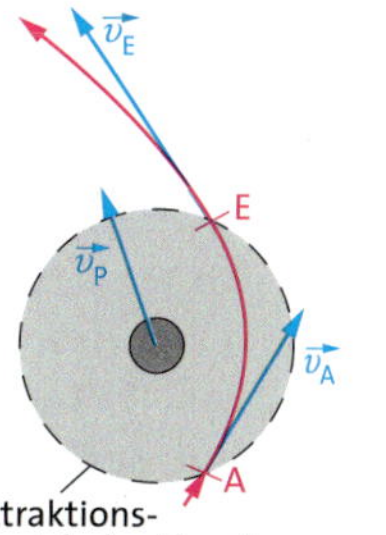


Beim Durchqueren des Attraktionsbereichs ändert der Satellit infolge der Gravitationskraft des Planeten seinen Kurs und nimmt Energie vom Planeten auf oder gibt sie an ihn ab, erhöht oder erniedrigt also damit seine Geschwindigkeit im Gravitationsfeld der Sonne, je nachdem ob der Satellit den Attraktionsbereich parallel oder antiparallel zur Richtung des Planeten verlässt. Vergleichsweise hat ein anfliegender Tennisball beim Schlag mit dem Tennisschläger nach der Reflexion eine größere oder geringere Geschwindigkeit, je nachdem ob sich der Schläger auf den Ball zu bewegt oder vor ihm zurückweicht, also Energie abgibt oder aufnimmt.

### Bahnelemente eines Satelliten

In der Satellitenbahnmechanik wird die elliptische Bahn des Satelliten durch sechs Bahnelemente beschrieben (**Abb. 103.1**). Der Winkel $i$, die **Inklination,** legt die Neigung der Bahnebene gegenüber der Äquatorebene der Erde fest. Beide Ebenen schneiden sich in der *Knotenlinie* mit dem *aufsteigenden Knoten* als dem einen Endpunkt, in dessen Richtung der Satellit die Äquatorebene von Süden nach Norden durchstößt. Die *Knotenlinie* zum aufsteigenden Knoten bildet mit der im Sonnensystem raumfesten Linie zum Frühlingspunkt ♈ die **Rektaszension $\Omega$** des aufsteigenden Knotens der Satellitenbahn. (Im *Frühlingspunkt* ♈ kreuzt die Bahn der Sonne am 21.3. die Äquatorebene.) Damit ist die Bahnebene festgelegt.

Die Bahnellipse wird in Größe und Form bestimmt durch die **Exzentrizität $e$** und die **große Halbachse $a$**. Deren Lage in der Bahnebene gibt das **Argument des Perigäums $\omega$** zum aufsteigenden Knoten an. Schließlich wäre noch zu nennen die zeitliche Lage des Satelliten durch die hier nicht weiter definierte mittlere Anomalie (nicht eingezeichnet).

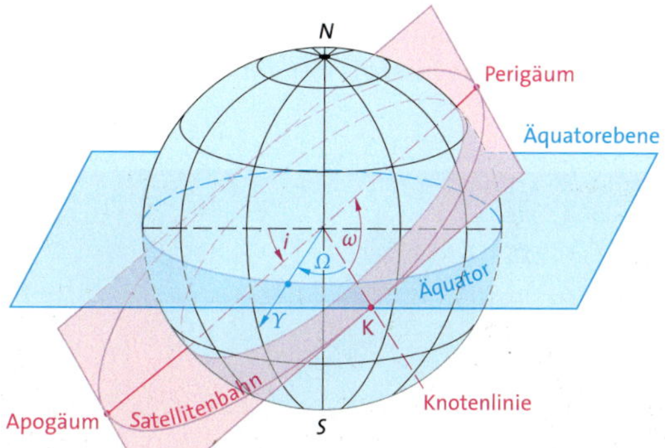


**103.1** Bahnelemente eines Satelliten: $\Omega$ Rektaszension, $\omega$ Winkel zwischen aufsteigendem Knoten und dem erdnächsten Punkt (Perigäum) der Satellitenbahn, $i$ Neigung der Satellitenbahn gegenüber der Äquatorebene, $e$ Exzentrizität. (In der Himmelsmechanik wird die numerische Exzentrizität mit $e$, nicht mit $\varepsilon$ – wie in der Mathematik üblich – bezeichnet.)

## Aufgaben

**1.** Ein Satellit bewege sich in 600 km Höhe über dem Äquator auf einem Orbit (Umlaufbahn) und starte von dort mit einem neuen Schub senkrecht zur Verbindungslinie Erde–Startpunkt mit einer (zusätzlichen) Geschwindigkeit $\Delta v_0 = 2{,}0 \cdot 10^3$ m/s. Berechnen Sie, wie weit Perigäum und Apogäum der elliptischen Bahn vom Erdmittelpunkt entfernt sind.

**2.** Ein Körper startet in 2000 km Höhe über der Erdoberfläche senkrecht zur Verbindungslinie Erdmittelpunkt–Startpunkt mit einer Geschwindigkeit $v_0$.
**a)** Berechnen Sie die Startgeschwindigkeit $v_0$, mit der er die Erde auf einem Kreis umfliegt.
**b)** Berechnen Sie die Startgeschwindigkeit $v_0$, mit der er das Gravitationsfeld der Erde auf einer Parabel verlässt.
**c)** Berechnen Sie die größte ($r_{max}$) und die kleinste ($r_{min}$) Entfernung vom Erdmittelpunkt auf einer Bahn, die der Körper bei einer Startgeschwindigkeit $v_0 = 4{,}0 \cdot 10^3$ m/s bzw. $v_0 = 8{,}0 \cdot 10^3$ m/s beschreibt.

***3.** Die Fluchtgeschwindigkeit von der Erde aus dem Anziehungsbereich der Sonne (*3. kosmische Geschwindigkeit*) beträgt $v_3 = 16{,}7$ km/s, falls beim Start die Geschwindigkeit $v_E$ der Erde um die Sonne ausgenutzt wird.
**a)** Berechnen Sie die Geschwindigkeit $v_E$.
**b)** Berechnen Sie die Fluchtgeschwindigkeit $v_3'$ aus dem Gravitationsfeld der Sonne ohne Ausnutzung der Bewegung der Erde um die Sonne.
**c)** Zeigen Sie über eine Energiebetrachtung, dass für die Fluchtgeschwindigkeit $v_3$ gilt: $v_3^2 = v_2^2 + (v_3' - v_E)^2$ und berechnen Sie $v_3$ ($v_2$ ist die 2. kosmische Geschwindigkeit).

## 5.3 Astrophysikalische Aspekte

Der Raum zwischen den Sternen stellt zwar ein hervorragendes Vakuum dar – selbst Wasserstoff, das mit 70 % häufigste Element, kommt nur zu einem Atom pro Kubikzentimeter vor –, in den Spiralarmen des Milchstraßensystems bilden sich aber Wolken *interstellarer Materie* in ganz unterschiedlichen Formen: Leuchtende Gasnebel wechseln ab mit dunklen Wolken, die das Licht der dahinter liegenden Sterne verschlucken. 1917 hat der englische Astronom J. JEANS mit einer Rechnung gezeigt, dass eine interstellare Wolke unter ihrer eigenen Gravitation kollabieren kann, wenn ihre Masse mehr als tausend Sonnenmassen beträgt. Messungen der von solchen Materiewolken ausgehenden Radiostrahlung haben ergeben, dass zunächst Unregelmäßigkeiten in der Massenverteilung auftreten, die zu *dichten Kernen* führen. Ein typisches Verdichtungsgebiet hat einen Durchmesser von etwa 0,5 Lj, eine Dichte von einigen 10 000 Moleküle/$cm^3$ und eine Temperatur von 10 K. Die thermische Energie der Teilchen ist am Rande eines solchen Gebietes etwa gerade so groß wie deren potentielle Gravitationsenergie. Ist die thermische Energie kleiner, wird die Wolke instabil und kollabiert. Dabei wird sie in Teilwolken aufgespalten, die weiter zusammenfallen und sich erneut aufspalten. Ein Ende dieses Fragmentierungsprozesses ist erreicht, wenn sich die Teilwolke zu einem *Protostern* verdichtet. Dabei spielt der Drehimpuls des Wolkenfragments eine wesentliche Rolle. Wegen dessen Erhaltung (→ 4.3) kann es bei der Kondensation zu einem sich umkreisenden Doppel- oder Mehrfachsternsystem kommen. In weniger als der Hälfte der Fälle bildet sich eine rotierende Scheibe aus Gas und Staub, die einen Teil des Drehimpulses übernimmt, sodass der Rest zu einem Zentralkörper kontrahieren kann. So entstand vor 4,6 Milliarden Jahren unser Sonnensystem, dessen Planeten sich aus der Staubscheibe gebildet haben. Sie umkreisen die Sonne in nahezu einer Ebene im gleichen Drehsinn, in dem die Sonne selbst rotiert.

**104.1** Der 7000 Lj entfernte Emissionsnebel M 16 (Adler-Nebel) umhüllt einen jungen Sternhaufen. Der Nebel ist durchzogen von rüsselförmigen Dunkelwolken, von denen diese Aufnahme des Hubble-Teleskops eine zeigt. Es sind dichte Staubwolken, die der Auflösung durch die intensive UV-Strahlung der jungen Sterne am längsten widerstanden haben. Die Ausläufer der Rüssel leuchten besonders hell, weil dort die Strahlung das Gas ionisiert. Der Strahlungsdruck trägt allmählich den Staub davon, wobei bizarre Wolkenformationen entstehen.

### 5.3.1 Sternentstehung

Es zeigt sich, dass die Wolke von innen nach außen im freien Fall kollabiert, indem die Materie zuerst im Zentrum kondensiert. Dort beginnt sich ein Stern zu formieren, dessen Durchmesser zunächst nur eine Lichtsekunde beträgt. Der weitere Ablauf ist geprägt von der Rate, mit der die Gasmassen auf den zentralen Stern einstürzen. Rechnungen zeigen, dass diese *Akkretionsrate* nur von der Temperatur der ursprünglichen Gaswolke abhängt – je höher die Temperatur, desto größer ist der Materiefluss. Davon abhängig dauert es nur 100 000 bis eine Million Jahre, bis sich ein Stern von einer Sonnenmasse im Zentrum des Verdichtungsgebiets angesammelt hat. Das dabei entstehende Objekt wird als *Protostern* bezeichnet.

Das einströmende Gas schießt mit so hoher Geschwindigkeit auf den Protostern, dass sich an dessen Oberfläche ein abrupter Übergang zu einer Zone hohen Drucks aufbaut. Dadurch wird das einfallende Gas schlagartig abgebremst und auf nahezu 1 Mio. K aufgeheizt. Durch die Emission von Strahlung kühlt es aber rasch auf 10 000 K ab, sodass sich Schicht für Schicht um den Protostern bilden kann. Dieser Mechanismus erklärt die hohe Leuchtkraft junger Sterne, die bei einem Protostern von einer Sonnenmasse 50-mal größer ist als die Leuchtkraft der Sonne. In dieser Phase wird also die Energie noch nicht von der Kernfusion geliefert, sondern stammt von der kinetischen Energie der Materie, die unter dem Einfluss der Schwerkraft zusammenstürzt. Die zum großen Teil ultraviolette Strahlung des Protosterns kann das umgebende Verdichtungsgebiet noch nicht durchdringen, sondern wird von den Staubteilchen absorbiert und als langwelliges Infrarot emittiert und gelangt erst so an die Oberfläche. Viele der beobachteten Infrarotquellen stammen vermutlich von Protosternen.

Hat der Protostern durch den Massenzuwachs ein Zehntel der Sonnenmasse erreicht, beträgt seine Temperatur im Zentrum etwa 1 Mio. K. Die kinetische Energie der Wasserstoffkerne ist damit so groß, dass die Kernfusion einsetzen kann. Einfache Wasserstoffkerne – also Protonen – sind dazu allerdings noch nicht in der Lage, denn sie benötigen eine Temperatur von 10 Mio. K. Für Deuteriumkerne $^2$H – sie sind zu 0,02 Promille im Wasserstoffgas enthalten – reicht die Temperatur aus: Trotz geringer Konzentration stellt die Fusion des Deuteriums die Energiequelle des Protosterns dar. Die zunehmende thermische Energie bläht den Stern auf, wobei ein Protostern von einer Sonnenmasse den fünffachen Radius der Sonne annimmt. Dabei sorgt *Konvektion* von Materie für den Transport von thermischer Energie vom heißen Kern, in dem die Fusion stattfindet, nach außen. Gleichzeitig bringen Materiewirbel das auf der Oberfläche neu auftreffende Deuterium als Brennstoffnachschub ins Innere.

Junge Sterne sind stets von einem dichten Emissionsnebel umschlossen (**Abb. 104.1**). Demnach wird keineswegs die gesamte in einem Verdichtungsgebiet enthaltene Materie aufgebraucht. Es muss daher einen Mechanismus geben, der die Akkretion zum Stillstand bringt. Computersimulationen führen auf einen *Sternwind*, der vom Stern weggerichtet ist. Dieser Materiestrom beendet nicht nur den Zustrom aus der umgebenden Gashülle, sondern treibt im weiteren Verlauf das Verdichtungsgebiet auseinander. Beobachtungen von molekularen Gasströmen, die von infrarot strahlenden Dunkelwolken ausgehen, bestätigen diese These. Auch wenn die Ursache des Partikelstroms noch weitgehend ungeklärt ist, zeigen Rechnungen, dass bei einem rotierenden System der Protosternwind kegelförmig in Richtung der Drehachse bläst.

Sobald sich das Verdichtungsgebiet auflöst, wird der Stern auch optisch sichtbar. Obwohl die Kernfusion wegen der fehlenden Deuteriumzufuhr unterbrochen ist, strahlt der Stern immer noch sehr hell, wie die berühmten T-Tauri-Sterne zeigen. Energielieferant ist jetzt wieder die Gravitation. Zwar verhindert der Druck im Innern, dass der Stern im freien Fall kollabiert, da aber ständig Energie von der Oberfläche abgestrahlt wird, schrumpft der Stern langsam. Damit erhöht sich

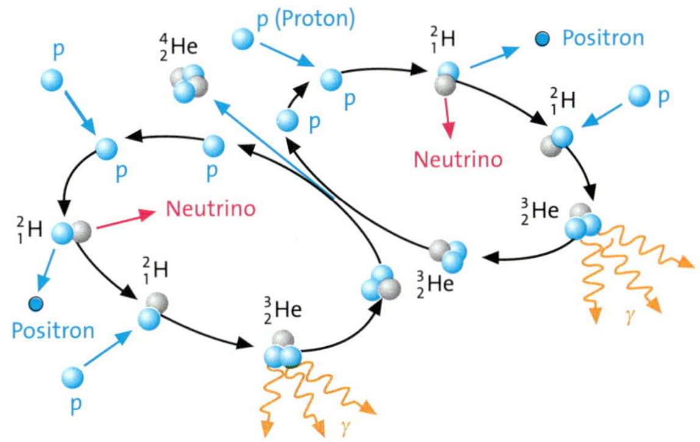


**105.1** Im Proton-Proton-Zyklus fusioniert Wasserstoff stufenweise zu Helium: Zunächst stoßen zwei Protonen (p) zusammen und bilden unter Aussendung eines Positrons ($e^+$) und eines Neutrinos ($\nu$) einen Deuteriumkern ($^2$H). Die Deuteronen verschmelzen bei weiteren Stößen mit energiereichen Protonen zu Heliumkernen ($^3$He). Stoßen zwei $^3$He-Kerne zusammen, bildet sich als Endprodukt ein Heliumkern $^4$He, wobei zwei Protonen in den Zyklus zurückgegeben werden.

der Gravitationsdruck, sodass Dichte und Temperatur zunehmen. Die Temperatur wächst ständig und erreicht schließlich in einem zentralen Kern mit etwa 10 Mio. K jenen Wert, bei dem Protonen in einem Zyklus zu Helium verschmelzen (**Abb. 105.1**). Die Bilanz lautet:

$$4\,{}^1\mathrm{H} \rightarrow {}^4\mathrm{He} + 2\,\mathrm{e}^+ + 2\,\nu_\mathrm{e} + 2\,\gamma + 26{,}2\ \mathrm{MeV}.$$

Die frei werdende Energie steigert den Druck so sehr, dass die Kontraktion zum Stillstand kommt. Seit der Protosternphase sind 30 Millionen Jahre vergangen.

Mit dem Einsetzen des *Wasserstoff-Brennens* hat der Stern einen stabilen Gleichgewichtszustand erreicht. Die Fusion von Wasserstoff zu Helium sorgt dafür, dass die abgestrahlte Energie ständig nachgeliefert wird. So kann der thermische Druck aufrechterhalten werden.

**Sterne** entstehen beim Kollaps von Gaswolken aus **interstellarer Materie.** Nach einer ersten Phase als **Protostern** setzt das Wasserstoff-Brennen ein, bei dem sich ein stabiles Gleichgewicht zwischen thermischem Druck und Gravitationsdruck einstellt.

## Aufgaben

1. Die Sonnenstrahlung kommt in $r = 149{,}6$ Mio. km Entfernung mit einer Energiestromdichte von $\sigma = 1{,}38\ \mathrm{kW/m^2}$ bei der Erde an. Berechnen Sie mit diesem als *Solarkonstante* bezeichneten Wert und der relativistischen Gleichung $E = m c^2$ den Massenverlust der Sonne in jeder Sekunde.
2. Schreiben Sie den Proton-Proton-Zyklus in einzelnen kernchemischen Reaktionsgleichungen auf.

## 5.3.2 Die Masse der Sterne

Die Masse der Sterne bliebe wohl für immer unbekannt, gäbe es keine Doppelsternsysteme, bei denen zwei Sterne – gehalten durch die gegenseitige Gravitationsanziehung – umeinander laufen und durch ihren Abstand und die gemeinsame Umlaufzeit Auskunft über ihre Massen geben. Die Umlaufzeit liegt häufig zwischen 5 und 50 Tagen, sie kann aber auch Jahre, Jahrzehnte und Jahrhunderte betragen. Ein in der Geschichte der Astronomie besonders interessantes Beispiel ist das des Sirius. 1844 bemerkte der deutsche Astronom Friedrich Wilhelm BESSEL, als er anhand der Daten des Sirius aus dem 19. Jahrhundert dessen Bewegung in der Milchstraße studierte, dass Sirius keine gerade Bahn hat, sondern sich auf einer Schlangenlinie bewegt (**Abb. 106.1**). Dies lässt sich nur so erklären, dass der geradlinigen Bewegung die Drehbewegung mit einem erst 1862 beobachteten, schwach leuchtenden Begleiter überlagert ist. Seither heißt der Hauptstern Sirius A und der Begleiter Sirius B. Die Analyse der Bahndaten ergab die Umlaufzeit $T = 50$ Jahre und $a:b = 1:2{,}3$ als das Verhältnis der Abstände $a$ und $b$ zum gemeinsamen Drehzentrum. Der Abstand der beiden Komponenten beträgt $r = 2{,}99$ Mrd. km.
Mit den Massen $M$ für Sirius A und $m$ für Sirius B lassen sich mit der für beide Kreisbewegungen gleichen Winkelgeschwindigkeit $\omega$ die Zentripetalkräfte $F_{Z(M)} = M a \omega^2$ und $F_{Z(m)} = m b \omega^2$ angeben (→ 2.6). Aus der Gleichheit der beiden Kräfte folgt unmittelbar $M:m = b:a = 2{,}3:1$. Der Hauptstern besitzt im Vergleich zu seinem Begleiter die 2,3-fache Masse.
Werden die zwischen beiden Körpern wirkende Gravitationskraft $F_{Grav} = \gamma m M / r^2$ mit $r = a + b$ und die Zentripetalkraft $F_{Z(m)} = m b \omega^2$ gleichgesetzt, können die Massen berechnet werden. Aus $F_{Grav} = F_{Z(m)}$ folgt

$$\gamma \frac{m M}{r^2} = m b \omega^2 \quad \text{und daraus} \quad M = \frac{\omega^2 b r^2}{\gamma}.$$

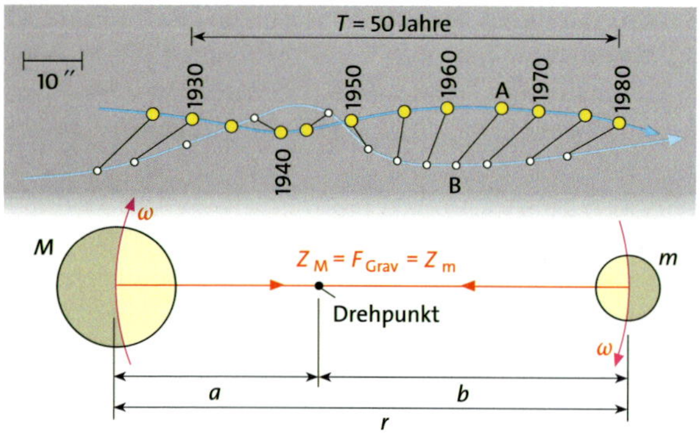


**106.1** Die schlangenförmigen Bahnen von Sirius A und B im Verlaufe von 50 Jahren und das Modell eines Doppelsterns

Mit $\omega = 2\pi / T$ und $b = r/(1 + a/b)$ folgt:

$$M = \frac{4\pi^2 r^3}{\gamma T^2 (1 + a/b)} \quad \text{bzw.} \quad m = \frac{4\pi^2 r^3}{\gamma T^2 (1 + b/a)}$$

Mit den oben angegebenen Werten ergeben sich die Massen $M = 4{,}44 \cdot 10^{30}$ kg und $m = 1{,}93 \cdot 10^{30}$ kg. Demnach besitzt Sirius A mit $M = 2{,}23\, M_\odot$ etwas mehr als die doppelte Sonnenmasse, Sirius B hat mit $m = 0{,}97\, M_\odot$ nahezu die Masse der Sonne.

> Die aus den Bahndaten von Doppelsternsystemen bestimmten Massen der Sterne liegen im Bereich $0{,}08\, M_\odot < M_{Sterne} < 60\, M_\odot$ mit $M_\odot = 1{,}989 \cdot 10^{30}$ kg. Meist liegt die Masse zwischen $0{,}3\, M_\odot$ und $3\, M_\odot$.

Wegen der hohen Oberflächentemperatur von 9500 K leuchtet Sirius A bläulich-weiß und erscheint uns am südlichen Sternhimmel wegen seiner geringen Entfernung von 8,6 Lj als hellster Stern am Nachthimmel. Warum aber ist der Begleiter Sirius B, obwohl er die Masse der Sonne hat, nicht mit bloßem Auge zu sehen? Die Antwort ist überraschend. Aus der scheinbaren Helligkeit eines Sterns kann bei bekannter Entfernung die gesamte von einem Stern abgegebene Strahlungsleistung bestimmt werden. Daraus lässt sich zusammen mit der aus dem Sternspektrum ermittelten Oberflächentemperatur der Sternradius $R$ berechnen. Für Sterne, die sich im Zustand des Wasserstoff-Brennens befinden (→ 5.3.1), ergeben sich Werte von einem halben Sonnenradius $R_\odot$ bis zu zehn Sonnenradien ($R_\odot = 696\,000$ km). Obwohl Sirius B nahezu die Masse der Sonne hat, sendet er nur 1,9 Promille von deren Strahlungsleistung aus. Dabei ist er kein rot leuchtender Stern von geringer Temperatur, vielmehr führt die spektrale Analyse seines weißen Lichts auf eine Oberflächentemperatur von 8500 K. Die geringe Strahlungsleistung kann nur mit einem sehr kleinen Radius erklärt werden. Die Rechnung ergibt $R_B = 0{,}02\, R_\odot$, also ist Sirius B nur doppelt so groß wie die Erde. Solche Sterne, von denen innerhalb einer Sonnenumgebung von 30 Lj weit mehr als 100 entdeckt wurden, heißen **Weiße Zwerge** (→ 5.3.3).

### Aufgaben

**1.** α Centauri ist mit 4,3 Lj Entfernung der sonnennächste Stern. Es ist ein Doppelsternsystem, das als dritthellster Stern wahrgenommen wird. Die beiden Komponenten haben einen Abstand von 17,6 Bogensekunden und eine Umlaufzeit von 80,1 Jahren. Die Entfernungen zum gemeinsamen Drehzentrum stehen im Verhältnis 9 : 13.
**a)** Berechnen Sie den Abstand der beiden Komponenten in Astronomischen Einheiten (1 AE = 149,6 Mio. km).
**b)** Berechnen Sie die Massen der beiden Sterne.

## 5.3.3 Endstadien der Sterne

Ein Stern endet entweder als Weißer Zwerg, als Neutronenstern oder als Schwarzes Loch.

### Rote Riesen und Weiße Zwerge

Abhängig von der Masse verbrennen Sterne ihren Wasserstoffvorrat unterschiedlich schnell (→ 5.3.1). Für Sterne von einer Sonnenmasse 1 $M_\odot$ ist die Fusion H → He nach 6 Mrd. Jahren beendet, bei Sternen von 5 $M_\odot$ bereits nach 500 Mio. Jahren. Danach kontrahiert der Zentralbereich, in dem sich das produzierte Helium angesammelt hat. Die abnehmende Gravitationsenergie erhöht die thermische Energie und damit die Temperatur im Zentralbereich, sodass die Fusion H → He nun in einer *Schale* um den Kern ablaufen kann. Dabei expandieren die äußeren Schichten und es entsteht ein **Roter Riese.** Der Radius wächst auf das 50-Fache, wobei sich die Oberflächentemperatur auf 4000 K abkühlt. Die Ausdehnung dauert bei Sternen mit 1 $M_\odot$ etwa 1 Mrd. Jahre, bei 9 $M_\odot$ nur 300 000 Jahre.

Mit zunehmender Verdichtung wächst im Zentralbereich die Temperatur, sodass bei $T \approx 100$ Mio. K das *He-Brennen* einsetzt. Infolgedessen steigt die Oberflächentemperatur auf 6300 K und die Leuchtkraft nimmt zu. Bei Sternen mit Massen zwischen 0,5 $M_\odot$ und 4 $M_\odot$ sind die thermonuklearen Prozesse damit beendet und ein Kohlenstoff-Sauerstoff-Kern ist entstanden. Dieser Kern hat bereits das von Weißen Zwergen bekannte geringe Volumen und damit eine hohe Dichte von $10^5$ bis $10^6$ g/cm$^3$.

Mit dem Ende des nuklearen Brennens wird der Rote Riese instabil. Er stößt nahezu seine gesamte wasserstoffreiche Hülle ab, die sich als *planetarischer Nebel* in den Raum ausbreitet. Zurück bleibt der hoch verdichtete C-O-Kern, der wegen seiner hohen Temperatur intensiv strahlt und daher als *Weißer Zwerg* bezeichnet wird. Sein ultraviolettes Licht regt die sich ausdehnende Hülle zum Leuchten an (**Abb. 107.1**). Da keine Kernreaktionen mehr stattfinden, kühlt der Weiße Zwerg aus und endet als *Schwarzer Zwerg.*

Auch bei größeren Anfangsmassen von 4 $M_\odot$ bis 8 $M_\odot$ läuft die Entwicklung ähnlich. Wichtig ist, dass der Stern frühzeitig genügend Masse verliert – unter Umständen durch wiederholten Abwurf seiner Hülle – sodass die Masse des C-O-Kerns kleiner als die **Chandrasekhar-Grenze** von $M < 1{,}4\,M_\odot$ ist. Diesen oberen Grenzwert für die Masse eines Weißen Zwergs bestimmte S. Chandrasekhar aus theoretischen Überlegungen, wofür er 1983 den Physik-Nobelpreis erhielt. Tatsächlich liegen alle bisher bestimmten Massen von Weißen Zwergen unter diesem Grenzwert.

**107.1** Die von einem ehemaligen Roten Riesen abgestoßene und sich ausbreitende Hülle bildet den Nebel NGC 6543, dessen Gas von dem intensiven UV-Licht des zurückgebliebenen Weißen Zwergs zur Emission angeregt wird.

Im Innern der Sonne erzeugt die mittlere kinetische Energie $E_{\text{kin}} = \frac{3}{2} k\,T$ (→ 3.2.7) der von allen Elektronen entblößten Kerne einen Druck, der dem Gravitationsdruck entgegenwirkt und den Stern stabil hält. Bei der Kompression zu einem Weißen Zwerg ist mit der Zunahme der Dichte von etwa 1 g/cm$^3$ auf mehr als 105 g/cm$^3$ eine grundlegende Zustandsänderung verbunden. Die dicht gedrängten Teilchen befinden sich nun in einem sogenannten *Potentialtopf,* in dem die **Quantenphysik** das Verhalten bestimmt. Es sind zunächst die leichteren Elektronen, die aufgrund der Lokalisierung auf einen sehr kleinen Raum sehr hohe Energiewerte zugewiesen bekommen. Um diese Zustände zu besetzen, müssen bei der Kompression die hohen Energiewerte dieses sogenannten **entarteten Elektronengases** aufgebracht werden. Ist bei der Volumenverkleinerung die Zunahme dieser Energie größer als die Abnahme der potentiellen Gravitationsenergie, kann sich ein stabiler Gleichgewichtszustand einstellen, der jetzt nicht mehr von der Temperatur im Sterninnern abhängt.

### Neutronensterne

Bei Sternen mit Anfangsmassen $M > 8\,M_\odot$ können bei der Kontraktion Druck und Temperatur im Zentralbereich weiter zunehmen, sodass es zum *Kohlenstoffbrennen* C → Mg und zu höheren Fusionsprozessen kommt: In sich abwechselnden Brenn- und Kontraktionsphasen werden immer höhere, allerdings zunehmend weniger energiereiche Fusionsquellen bis hin zum Eisen erschlossen. Dabei ersetzen Konvektionsströme den im Zentralbereich verbrauchten Brennstoff durch Materie aus höheren Schichten. Es bildet sich ein **Überriese,** dessen extrem dichter Fe-Ni-Kern von Schalen umgeben ist, in denen die leichteren Fusionsprodukte der vorhergehenden Brennphasen angereichert sind.

Am Ende der thermonuklearen Reaktionen verdichtet sich der Kern weiter. Liegt dessen Masse oberhalb der Chandrasekhar-Grenze von $1{,}4\,M_\odot$, ist die Abnahme der Gravitationsenergie bei der Kontraktion größer als die Zunahme der Energie des entarteten Elektronengases. Es gibt daher keinen Gleichgewichtszustand und der Stern kollabiert. Dabei heizt sich der Zentralbereich auf über 1 Mrd. K auf. Die auftretende intensive Strahlung zerlegt das zuvor fusionierte Eisen wieder in Helium und Neutronen. Dadurch wird dem Zentralbereich thermische Energie entzogen, die Temperatur sinkt und der Gravitationskollaps wird beschleunigt. Aus dem gleichen Grund zerfallen in der Folge die Heliumkerne in Protonen und Neutronen und der Zentralbereich erfährt einen weiteren Energieentzug.

In dem zunehmend kleiner werdenden Potentialtopf wird schließlich der Prozess des inversen Betazerfalls $p + e^- \rightarrow n + \nu_e$ gestartet. Ist dieser Prozess einmal eingeleitet, setzt er sich beschleunigt fort und alle Elektronen und Protonen werden in Neutronen umgewandelt. Innerhalb weniger Sekunden kondensiert der Zentralbereich zur Dichte von $\rho \approx 10^{14}\,\mathrm{g/cm^3}$, was der Dichte von Atomkernen entspricht.

Dabei muss nun wie zuvor bei den Weißen Zwergen der Potentialtopf der schwereren Neutronen gefüllt werden. Auch hier nehmen die Energiewerte mit kleiner werdendem Volumen zu und es bildet sich ein **entartetes Neutronengas.** Dieses erzeugt ebenso wie zuvor die Elektronen einen Druck, der letztmals dem Gravitationsdruck das Gleichgewicht halten kann.

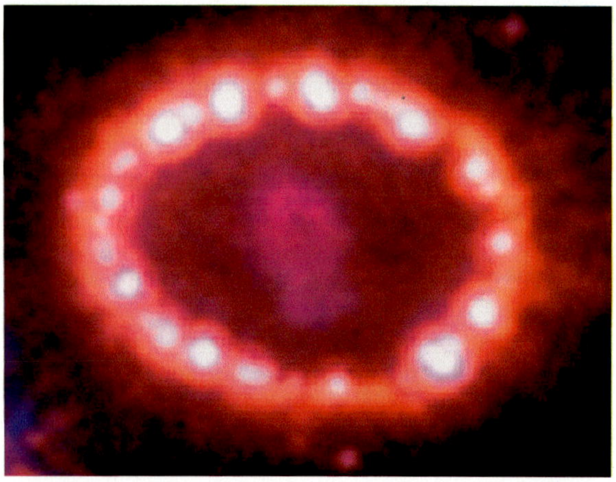

**108.1** Die Supernova SN 1987 a in der Magellan'schen Wolke aufgenommen vom Hubble-Teleskop im Jahr 2003. Die Überreste des 1987 explodierten Sterns fliegen mit 3000 km/s in den Raum. Die schimmernden Punkte entlang des Gasrings sind eine Folge der Kollision mit Überschall-Druckwellen, die bei der Explosion entstanden sind. Der Stern wurde 1969 von dem Astronomen N. SANDULEAK katalogisiert und 1986 als Blauer Riese mit 20 Sonnenmassen identifiziert.

Dieses Gleichgewicht kann sich aber nur einstellen, wenn eine obere Massengrenze des verdichteten Kerns von $2\,M_\odot$ bis $3\,M_\odot$ nicht überschritten wird. Der verdichtete Kern, der **Neutronenstern** heißt, hat Radien zwischen $R = 13$ km (bei $1\,M_\odot$) und $R = 9$ km (bei $3\,M_\odot$). Neutronensterne wurden als **Pulsare** und als Komponenten in Doppelsternsystemen nachgewiesen, wo sie auf spektakuläre Weise Gas von ihrem Begleitstern abziehen, das beim Sturz auf den Neutronenstern so stark beschleunigt wird, dass es zur intensiven Röntgenquelle wird. In Doppelsternsystemen konnte die Masse von Neutronensternen ermittelt werden, dabei liegen alle Werte unterhalb $3\,M_\odot$.

## Supernovae

Was geschieht mit der Hülle des Überriesen, wenn der Zentralbereich zu einem Neutronenstern kondensiert? Die nachstürzende Sternmaterie wird an der Oberfläche des Neutronensterns abrupt abgebremst. Es entsteht ein elastischer Rückstoß, der eine starke nach außen gerichtete Stoßwelle erzeugt. In einer gewaltigen Explosion wird die gesamte, den Neutronenstern umgebende Hülle weggesprengt. Der Ausbruch wird als **Supernova** bezeichnet. Die dabei freigesetzte Energie ist mit etwa $10^{46}$ J größer als der gesamte Kernenergievorrat der Sonne. Für einige Wochen leuchtet die Supernova so hell wie eine Milliarde Sonnen, um dann allmählich abzuklingen. Supernovae sind selten auftretende Ereignisse. Innerhalb unserer Galaxie sind nur sieben bekannt. Chinesische Aufzeichnungen aus dem Jahre 1054 beschreiben eine Supernova im Sternbild Stier, Tycho BRAHE beobachtete 1572 in der Cassiopeia eine Supernova und J. KEPLER konnte eine Supernova im Jahr 1604 erleben. Extragalaktisch wurden inzwischen über 1000 Supernovae registriert. Im Februar 1987 konnte in der nur 150 000 Lj entfernten Magellan'schen Wolke, einer kleinen Nachbargalaxie der Milchstraße, eine als SN 1987 a bezeichnete Supernova beobachtet werden (**Abb. 108.1**).

## Schwarze Löcher

Bei der oberen Massengrenze von $3\,M_\odot$ haben Neutronensterne einen Radius von $R = 9$ km. Was geschieht, wenn die Masse des verbleibenden Neutronensterns die obere Grenze überschreitet? Dann kollabiert der Stern unaufhaltsam weiter.

Für einen Körper auf der Oberfläche des Sterns wird es zunehmend schwerer von dem Stern zu entkommen. Er braucht eine zunehmend größere *Entweichgeschwindigkeit*, um die nötige Energie zu besitzen, mit der er sich unendlich weit von dem Himmelskörper entfernen kann. In 5.2.3 wird die sogenannte *Fluchtgeschwindigkeit* $v_F$ berechnet, die ein Körper der Masse $m$ haben muss, um sich aus dem Anziehungsbereich eines kugelförmigen Himmelskörpers der Masse $M$ mit dem Radius $R$ zu entfernen. Dabei wird die kinetische Energie des Körpers $E_{kin} = \frac{1}{2} m v^2$ gleich dem Betrag der potentiellen Gravitationsenergie an der Oberfläche der Kugel $|E_{pot}| = \gamma m M / R$, gesetzt. Es ergibt sich

$$\frac{1}{2} m v_F^2 = \gamma \frac{m M}{R} \quad \text{und daraus} \quad v_F = \sqrt{\frac{2 \gamma M}{R}}.$$

Für die Erde berechnet sich daraus die 1. kosmische Geschwindigkeit zu 11,2 km/s. Für den zusammenstürzenden Stern wächst die Entweichgeschwindigkeit $v_F$ ständig an, sodass sich die Frage stellt, wann die Lichtgeschwindigkeit, also $v_F = c$, erreicht ist. In obige Gleichung eingesetzt, ergibt sich $c = \sqrt{2 \gamma M / R}$ und daraus das Ergebnis, dass bei einem bestimmten Radius, dem sogenannten *Schwarzschild-Radius* $R_S$, ein Körper Lichtgeschwindigkeit haben müsste, um von dem Stern noch zu entkommen:

$$R_S = \frac{2 \gamma M}{c^2}$$

Karl SCHWARZSCHILD (1873–1916) hatte unter vereinfachenden Annahmen eine exakte Lösung der Einstein'schen Feldgleichungen der allgemeinen Relativitätstheorie gefunden und genau dieses Ergebnis erhalten. Mit der Masse der Erde ergibt sich der Schwarzschild-Radius zu $R_S = 0{,}89$ m. Würde die Erde auf diesen oder einen noch kleineren Radius zusammengedrückt, würde sie am Himmel als schwarzes Loch von rund 2 m Durchmesser erscheinen.

Ein kollabierender Stern kann also prinzipiell nur so lange beobachtet werden, wie sein Radius größer als der Schwarzschild-Radius ist. Bei der Beobachtung würde sich zeigen, dass alle Vorgänge auf der Oberfläche des zusammenstürzenden Sterns zunehmend langsamer ablaufen und sich gleichzeitig alle Farben zur roten Seite des Spektrums verschieben: Die Photonen müssen in einem zunehmend stärker werdenden Gravitationsfeld aufsteigen und verlieren dabei zunehmend mehr Energie. Dadurch verringert sich ihre Frequenz, was als Rotverschiebung und Verlangsamung des Zeitablaufs festgestellt wird. Direkt am Schwarzschild-Radius bleiben für den außenstehenden Beobachter die Uhren stehen, d. h. es dauert für ihn unendlich lange, bis der Stern auf diesen Radius schrumpft. Auf dem kollabierenden Stern wird davon nichts bemerkt. Die Oberfläche befindet sich in einem frei fallenden Bezugssystem und durchquert ohne Verzögerung die Kugel mit dem Schwarzschild-Radius. Die Satelliten *XMM-Newton* und *Sandra* haben in vielen Doppelsternsystemen Komponenten entdeckt, von denen eine intensive Röntgenstrahlung ausgeht. Die Masse dieser Komponenten erweist sich in vielen Fällen größer als der kritische Wert von drei Sonnenmassen: $M > 3\,M_\odot$.

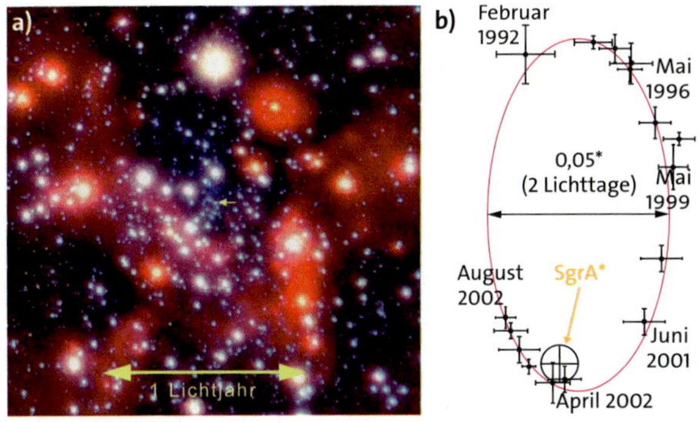


**109.1 a)** Infrarot-Aufnahme des VLT der ESO vom Galaktischen Zentrum (Rot entspricht 3,8 µm, Grün 2,2 µm und Blau 1,7 µm); **b)** Beobachtete elliptische Bahn des Sterns S2 um das Schwarze Loch Sgr A* mit der Umlaufdauer $T = 15{,}2$ a

Außer durch einen Gravitationskollaps können sich Schwarze Löcher auch in den Zentren von Galaxien bilden. Dies konnte 2002 eine Forschergruppe des Max-Planck-Instituts für extraterrestrische Physik in Garching bei München für unsere Milchstraßen-Galaxie bestätigen. Mit Infrarot-Aufnahmen des zentralen Kerns der Milchstraße (**Abb. 109.1 a**) beobachtete die Forschergruppe von 1992 bis 2002 die Bewegung eines sehr hellen Sterns S2 um ein als Schwarzes Loch vermutetes Zentrum namens „Sagittarius A-Stern" (Sgr A*) (**Abb. 109.1 b**). Im April 2002 hatte sich S2 bis auf 17 Lichtstunden Sgr A* genähert. Die Auswertung der Ellipsenbahn mit den Kepler'schen Gesetzen (→ 5.1.2) ergab dann, dass Sgr A* ein Schwarzes Loch ist, welches 3,7 Mio. Sonnenmassen (± 1,5 Mio. Sonnenmassen) enthält.

**Weiße Zwerge** (Chandrasekhar-Grenze für die Restmasse $M_{Rest} < 1{,}4\,M_\odot$), **Neutronensterne** ($1{,}4\,M_\odot < M_{Rest} < 3\,M_\odot$) und **Schwarze Löcher** ($M_{Rest} > 3\,M_\odot$) sind Endstadien kollabierter Sterne.
Schwarze Löcher sind kugelförmige Himmelskörper, deren Entweichgeschwindigkeit gleich der Lichtgeschwindigkeit $c$ ist. Sie haben den nur durch ihre Masse bestimmten

**Schwarzschild-Radius** $R_S = \frac{2 \gamma M}{c^2}$.

## Aufgaben

1. Berechnen Sie den Schwarzschild-Radius eines Neutronensterns bei der oberen Grenze von $3\,M_\odot$ und eines Schwarzen Lochs von $10\,M_\odot$.
2. Berechnen Sie den Schwarzschild-Radius und die mittlere Dichte von Sgr A*. Vergleichen Sie mit der mittleren Dichte eines Schwarzen Lochs von $10\,M_\odot$.

## 6.2 Ein einfaches System mit chaotischem Verhalten

Zur Beantwortung der Fragen, was ein chaotisches System von einem regulären System unterscheidet und wie der Übergang vom regulären zum chaotischen Verhalten vor sich geht, wird ein einfaches schwingungsfähiges mechanisches System untersucht, das *Drehpendel* (→ **Abb. 116.1a**). Von ihm sind folgende Eigenschaften bekannt:

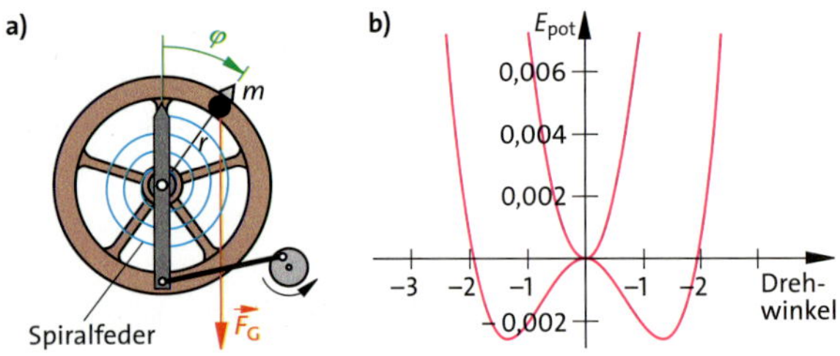


**116.1 a)** Durch das Wägestück $m$ wirkt bei Auslenkung um den Winkel $\varphi$ das zusätzliche Drehmoment $m g r \sin\varphi$. **b)** Die potentielle Energie beim Drehpendel ohne und mit Wägestück: Mit Wägestück hat die potentielle Energie zwei Minima und verläuft nicht mehr symmetrisch zum Minimum.

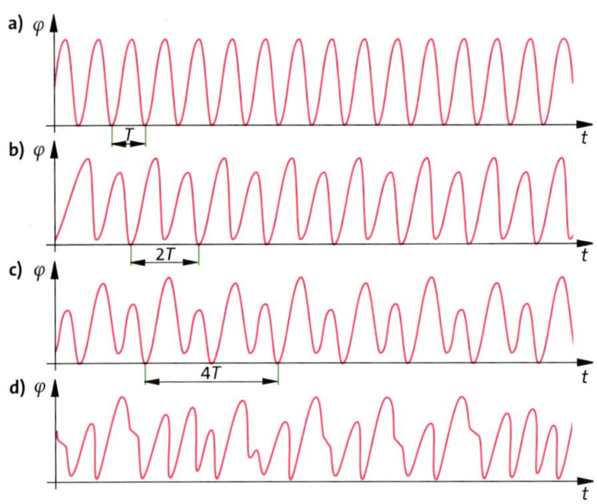


**116.2** Schwingungen des Drehpendels mit Zusatzmasse bei von **a)** bis **d)** abnehmender Dämpfung

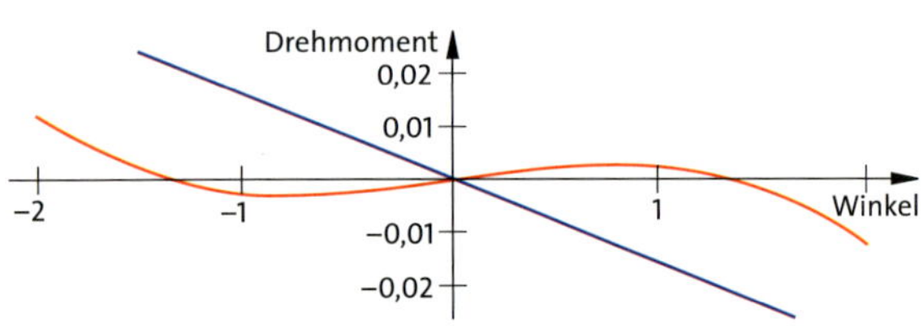


**116.3** Die lineare Abhängigkeit des Drehmoments des Pendels ohne Wägestück $M \sim \varphi$ (blau) und die nichtlineare Abhängigkeit des Drehmoments mit Wägestück $M \sim \varphi^3$ (rot)

**1.** Das Drehpendel führt einfache Sinusschwingungen um die Gleichgewichtslage aus.
**2.** Wird die Wirbelstrombremse eingeschaltet, dann ergeben sich gedämpfte Schwingungen.
**3.** Wirkt zusätzlich von außen ein periodisches Drehmoment, dann vollführt das Drehpendel erzwungene Schwingungen mit der Frequenz der Anregung.

**Versuch 1:** Das Drehpendel wird nun dadurch verändert, dass oben an seinem Rand im Abstand $r$ von der Drehachse ein kleines Wägestück der Masse $m$ befestigt wird (**Abb. 116.1a**).
*Beobachtung:* Die ursprüngliche Ruhelage des Drehpendels beim Auslenkwinkel $\varphi = 0$ wird instabil; es ergeben sich zwei neue Ruhelagen $\varphi = +\varphi_0$ rechts und $\varphi = -\varphi_0$ links davon.
*Erklärung:* Beim normalen Drehpendel ist das rücktreibende Drehmoment $M$ (→ 4.1.1) der Auslenkung $\varphi$ direkt proportional: $M = -D\varphi$. Für die potentielle Energie gilt $E_{pot} = \frac{1}{2} D\varphi^2$ (**Abb. 116.1b**). Es entsteht eine harmonische Schwingung. Durch das Wägestück wirkt das zusätzliche Drehmoment $M = m g r \sin\varphi$ (**Abb. 116.1a**). Der Graph der potentiellen Energie ist daher keine Parabel mehr, sondern erhält an den Stellen $\varphi = \pm\varphi_0$ je ein Minimum. Dort liegen die neuen Ruhelagen des Drehpendels. ◄

**Versuch 2:** Das Pendel wird nun mit einem periodischen äußeren Drehmoment zu erzwungenen Schwingungen angeregt. Die Auslenkungen werden mit einer geeigneten Vorrichtung aufgezeichnet. Mit der Wirbelstrombremse wird die Dämpfung des Pendels so reguliert, dass das Pendel immer auf derselben Seite, also um eine der beiden Ruhelagen, schwingt und nicht auf die andere Seite gerät. Mit abnehmender Dämpfung nähert sich das Pendel immer mehr diesem kritischen Punkt ($\varphi = 0$), ohne ihn aber zu überschreiten.
*Beobachtung:* Mit abnehmender Dämpfung ergeben sich die Pendelbewegungen von **Abb. 116.2**:
- Bei großer Dämpfung schwingt das Pendel mit der Periode der Anregung (**Abb. 116.2a**).
- Wird die Dämpfung verringert, so tritt plötzlich eine Schwingungsform auf, welche die doppelte Periodenlänge hat. Die Amplitude nimmt abwechselnd zwei verschiedene Werte an (**Abb. 116.2b**).
- Bei weiterer Verringerung der Dämpfung schwingt das Pendel mit vierfacher Periode (**Abb. 116.2c**).
- Schließlich wird die Bewegung ganz unperiodisch. Es ist kein reguläres Bewegungsmuster mehr zu erkennen. Die Periode ist unendlich groß geworden, d. h. die Bewegung wiederholt sich nie mehr in gleicher Form. Die Bewegung ist *chaotisch* (**Abb. 116.2d**).

**Iterative Berechnung der Bewegung des Drehpendels**

$J\ddot{\varphi}(t) + \delta^*\dot{\varphi}(t) + D\varphi(t) = m g r \sin\varphi(t) + M_0 \sin(2\pi t/T_0)$ oder

$\ddot{\varphi}(t) = [-\delta^*\dot{\varphi}(t) - D\varphi(t) + m g r \sin\varphi(t) + M_0 \sin(2\pi t/T_0)]/J$

$\dot{\varphi}(t+\Delta t) = \dot{\varphi}(t) + \ddot{\varphi}(t)\Delta t; \quad \varphi(t+\Delta t) = \varphi(t) + \dot{\varphi}(t)\Delta t$

*Konstanten* (mit Werten für Abb. b):

- $D$ Direktionsmoment $D = 0{,}0158$ Nm
- $J$ Trägheitsmoment $J = 0{,}00154\ \mathrm{kg\,m^2}$
- $\delta$ Dämpfung $\delta = \delta^*/J = 0{,}226\ \mathrm{s^{-1}}$
- $\Delta t$ Schrittweite der Iteration $\Delta t = 0{,}01$ s
- $M_0$ Amplitude des anregenden Drehmoments
- $T_0$ Periode der Anregung
- $m$ Masse des Wägestücks
- $r$ Abstand des Wägestücks von der Drehachse

*Startwerte:* $\varphi_0 = 1{,}98$; $\dot{\varphi}_0 = 0$
(Die Werte für $M_0$, $T_0$ werden für Abb. a) und b) nicht benötigt.)

1. *Iterationsschritt:* $\ddot{\varphi}_0 = -7{,}387$; $\dot{\varphi}_1 = -0{,}0370$; $\varphi_1 = 1{,}9798$
2. *Iterationsschritt:* $\ddot{\varphi}_1 = -7{,}365$; $\dot{\varphi}_2 = -0{,}1109$; $\varphi_2 = 1{,}9794$

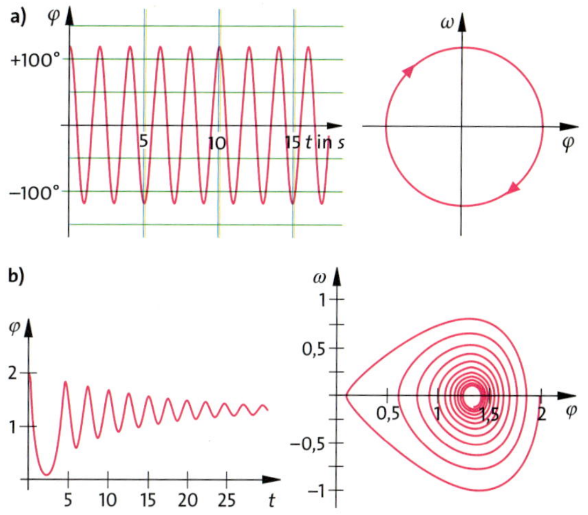


**117.1** Iterativ berechnete Bewegungen für das Drehpendel: **a)** freie ungedämpfte Schwingung, **b)** freie gedämpfte Schwingung mit Wägestück und ihre Phasendiagramme (rechts)

*Erklärung:* Bei geringer werdender Dämpfung gerät das Pendel immer mehr in den Bereich, in dem die potentielle Energie vom parabelförmigen Verlauf abweicht (**Abb. 116.1 b**).
Die potentielle Energie ist durch das Drehmoment $M = -D\varphi + m r g \sin\varphi$ bestimmt. Im Gegensatz zum Drehmoment des Pendels ohne das Wägestück, das linear vom Drehwinkel $\varphi$ abhängt, wird das Drehmoment mit Wägestück näherungsweise durch eine Funktion 3. Grades beschrieben (**Abb. 116.3**). Diese **Nichtlinearität** ist die Ursache des chaotischen Verhaltens. ◄

## Simulation der Drehpendelbewegung

Da das Drehpendel ein determiniertes System ist, können seine Bewegungen exakt berechnet werden. Für den Drehwinkel $\varphi(t)$ gilt die in **Abb. 117.1** angegebene Gleichung. Mithilfe eines iterativen Verfahrens können die zeitlichen Werte für den Drehwinkel $\varphi(t)$ und die Winkelgeschwindigkeit $\omega(t)$ berechnet werden (→ S. 19).

**Computersimulation 1:** Zunächst wird die Bewegung des unmodifizierten, freien Drehpendels ohne Dämpfung berechnet. Die Bewegung wird mit einem bestimmten Anfangswert $\varphi_0$ gestartet ($m = 0$, $M_0 = 0$, $\delta = 0$). Nach jedem Rechenschritt werden die Werte von $\varphi$ gegen die Zeit aufgetragen.
*Ergebnis:* Es ergibt sich die ungedämpfte harmonische Schwingung $\varphi(t) = \varphi_0 \cos(2\pi t/T_0)$. ◄

**Abb. 117.1 a)** zeigt rechts das Ergebnis in einer Form, die das regelmäßige Verhalten des Drehpendels besonders gut sichtbar macht. Hier wird für jeden Iterationsschritt das Wertepaar $(\varphi(t)|\omega(t))$ in einem $(\varphi,\omega)$-Koordinatensystem aufgetragen. Jedem Punkt der $(\varphi,\omega)$-Ebene entspricht genau ein möglicher *Bewegungszustand* des Drehpendels. Daher heißt die $(\varphi,\omega)$-Ebene auch Zustandsraum oder **Phasenraum.** Die Bahn (**Trajektorie**) des Punktes $P(\varphi(t)|\omega(t))$ im Phasenraum beschreibt die zeitliche Entwicklung des Drehpendels. Dieses **Phasendiagramm** einer ungedämpften harmonischen Schwingung ist offenbar ein Kreis oder eine Ellipse.

Das Phasendiagramm ermöglicht Aussagen über das Langzeitverhalten der Pendelbewegung, da Drehwinkel $\varphi$ und Winkelgeschwindigkeit $\omega$ den weiteren Verlauf eindeutig bestimmen. Nimmt daher der Punkt $P(\varphi(t)|\omega(t))$ der Phasenbahn einen bestimmten Wert ein zweites Mal an, muss sich die Bewegung von diesem Zeitpunkt an vollkommen gleichartig wiederholen.

> Der Zustand eines dynamischen Systems ist durch die Angabe von Orten und Geschwindigkeiten der beteiligten Teilchen eindeutig festgelegt. Bewegungen lassen sich als Bahnen der Punkte $P(s(t)|v(t))$ bzw. $P(\varphi(t)|\omega(t))$ im **Phasenraum** beschreiben.

Die Rechnung wird nun mit Dämpfung ($\delta > 0$) und durch das Wägestück der Masse $m > 0$ verändertem Drehmoment wiederholt:
*Ergebnis:* Es entsteht eine gedämpfte Schwingung um die durch das Wägestück veränderte Ruhelage (**Abb. 117.1 b**). Die Bahn im Phasenraum ist eine spiralige Kurve, die zur Ruhelage hin läuft.

Das mathematische Gebilde, dem sich eine Phasenraumbahn für $t \to \infty$ annähert, heißt **Attraktor** (Anziehungspunkt) der Bewegung. Der Attraktor der ungedämpften harmonischen Schwingung ist ein Kreis (Ellipse), der Attraktor der gedämpften Schwingung mit Wägestück der Punkt $(+\varphi_0|0)$ bzw. $(-\varphi_0|0)$ des Phasenraums.

**Computersimulation 2:** Als Nächstes wird die Bewegung des Drehpendels mit dem durch das Wägestück veränderten Drehmoment unter Einfluss einer periodischen äußeren Anregung berechnet ($M_0 \neq 0$, $m > 0$). Dabei wird die Dämpfung $\delta$ allmählich verringert.
*Beobachtung:*
**1.** Nach einer kurzen Einschwingzeit ergibt sich eine Schwingung mit der Periode $T_0$ der Anregung (**Abb. 119.1 a**). Die Zusatzmasse macht sich zunächst durch eine Änderung im Graphen $\varphi(t)$ bemerkbar, der ersichtlich nicht mehr rein sinusförmig ist. Nähert sich das Drehpendel nämlich dem kritischen Punkt $\varphi = 0$, dann wird das rücktreibende Drehmoment wieder kleiner (→ **Abb. 116.3**). Die Geschwindigkeit des Pendels nimmt nicht im gleichen Maß ab, wie auf der anderen Seite der Ruhelage. Die Krümmung der $\varphi(t)$-Kurve wird geringer. Entsprechend ist die Phasenbahn kein Kreis mehr.
**2.** Mit abnehmender Dämpfung ergeben sich die Bewegungen von **Abb. 119.1 b)** bis **d)**. Von einer Bewegung mit der Periode $T_0 = 3{,}2$ s **a)** erfolgt über Periodenverdopplung **b)** und Periodenvervierfachung **c)** der Übergang zu einer vollkommen unperiodischen, chaotischen Bewegung **d)**. Die entsprechenden Bahnen im Phasenraum bestehen aus Schleifen, die sich nach ein, zwei bzw. vier Umläufen schließen. Die Phasenbahn der chaotischen Bewegung ist nicht geschlossen. Sie überstreicht in unregelmäßiger Form ein ganzes Gebiet des Phasenraums. Das mit ihr verbundene geometrische Gebilde wird als **„seltsamer Attraktor"** bezeichnet. ◂

Es gibt noch zwei andere Möglichkeiten, den Übergang ins Chaos darzustellen:

**Computersimulation 3:** Nach 10 Anfangsschwingungen (zum „Einschwingen") werden die darauffolgenden 20 Extremwerte $\phi$ der Auslenkwinkel $\varphi$ über $\delta$ aufgetragen (**Abb. 119.2**).
*Beobachtung:* Für $\delta > 0{,}80$/s ergeben sich nur jeweils zwei Punkte. Das entspricht der einfach-periodischen $\varphi(t)$-Kurve von **Abb. 119.1 a)**. Die beiden $\phi$-Werte sind die Hoch- und Tiefpunkte dieser periodischen Kurve. Zwischen $0{,}80/\text{s} > \delta > 0{,}76/\text{s}$ durchläuft $\varphi(t)$ vier verschiedene Winkelamplituden entsprechend der doppeltperiodischen $\varphi(t)$-Kurve von **Abb. 119.1 b)**, sodass hier vier $\phi$-Werte über jedem $\delta$-Wert liegen. Für $\delta$ zwischen etwa 0,76/s und 0,75/s ergeben sich entsprechend acht $\phi$-Werte usw. Die Abstände auf der $\delta$-Achse, bei denen sich die Periode verdoppelt, rücken immer enger zusammen, ebenso die dazugehörigen Gabelungspunkte des $\phi(\delta)$-Graphen. Für $\delta < 0{,}75$/s ist eine Periodizität von $\varphi(t)$ nicht mehr erkennbar. Innerhalb eines bestimmten Bereichs nehmen daher die Extremwerte $\phi(\delta)$ alle möglichen Werte an, über jedem $\delta$-Wert liegt ein ganzes Band von $\phi$-Werten. Die Bewegung ist chaotisch geworden. Der $\phi(\delta)$-Graph, der auf diese Weise entsteht, heißt wegen der charakteristischen Gabelungspunkte **Bifurkationsdiagramm** (bifurcation, lat.: Gabelung). ◂

Der Charakter der Bewegungen wird deutlicher, wenn nach einer Idee von Henri Poincaré nicht der ganze zeitliche Verlauf der Phasenbahn dargestellt wird, sondern nur in regelmäßigen Zeitabständen die Lage des Punktes $P(\varphi(t)|\omega(t))$.
Der geeignete zeitliche Abstand für diese Punkte ergibt sich aus folgender Überlegung: Das Phasendiagramm in **Abb. 119.1 d)** rechts zeigt häufige Überschneidungen der Kurven. Nach der bisherigen Definition des Phasenraums kann das aber nicht sein, denn sobald sich ein Punkt der Phasenbahn wiederholt, sollte die Bewegung periodisch werden. Der Grund dafür, dass dies hier nicht geschieht, liegt darin, dass im Falle einer äußeren Anregung der Schwingung bei gleichem $\varphi$ und $\omega$ das anregende Drehmoment $M(t)$ noch unterschiedlich sein kann. Der vollständige Phasenraum der erzwungenen Schwingung ist daher der dreidimensionale $(\varphi, \omega, M)$-Raum. Erst wenn das Zahlentripel $(\varphi, \omega, M)$ wieder exakt denselben Wert annimmt, wiederholt sich die Bewegung.

In **Abb. 119.3** ist die dreidimensionale Phasenbahn $(\varphi(t), \omega(t), M(t))$ für den Fall $\delta = 0{,}77$/s räumlich dargestellt. Es ist zu erkennen, dass sich diese Phasenbahn tatsächlich erst nach $t = 2\,T_0$ schließt und dass die $(\varphi, \omega)$-Kurve von **Abb. 119.1 b)** nur die Projektion dieser Bahn in die $(\varphi, \omega)$-Ebene ist.

Wenn nun nicht mehr die vollständigen $(\varphi, \omega)$-Kurven aufgetragen werden, sondern nur Punkte dieser Bahnen in den regelmäßigen Abständen $T_0$, $2\,T_0$, ..., dann ist wegen der Periodizität der Anregung klar, dass zu diesen Zeitpunkten die Drehmomente $M(t)$ übereinstimmen. Stimmen dann auch noch die Werte für $\varphi$ und $\omega$ überein, dann ist die Bewegung periodisch. In **Abb. 119.4** sind diese **Poincaré-Diagramme** für die Fälle $\delta = 0{,}81$/s (einfache Periode), $\delta = 0{,}770$/s (doppelte Periode), $\delta = 0{,}755$/s (vierfache Periode) und $\delta = 0{,}715$/s (Chaos) aufgetragen.
Hat die erzwungene Schwingung dieselbe Periode wie die Anregung, dann ergibt sich im Poincaré-Diagramm nur ein Punkt, bei doppelter Periode sind es zwei Punkte

usw. Geht das System ins Chaos über, dann besteht das Poincaré-Diagramm aus einer Punktwolke. Da die Bewegung dann vollkommen unperiodisch ist, wiederholen sich diese Punkte nie. Sie füllen vielmehr ein bestimmtes Gebiet des Phasenraums immer dichter auf. Dichte und Anordnung dieser Punkte ist charakteristisch für das vorliegende chaotische Verhalten. Während die chaotischen Bahnen selbst nicht vorhergesagt werden können, kann aus dem Poincaré-Diagramm doch z. B. abgelesen werden, welche Werte von φ und ω häufiger vorkommen und welche seltener. Es ist sozusagen der „Fingerabdruck" des vorliegenden speziellen Chaos.

**Zusammenfassung:** Die Modifikation, die durch das Wägestück am Drehpendel erfolgt, bewirkt ein ganz neues dynamisches Verhalten. Anders als bei der *linearen* Abhängigkeit des Drehmoments vom Drehwinkel $M = -D\varphi$ mit einem parabolischen Potentialverlauf ist der Potentialverlauf für das *nicht* mehr *linear* vom Drehwinkel abhängige Drehmoment $M = -D\varphi + mg\sin\varphi$ nicht mehr symmetrisch zur Gleichgewichtslage. Die Untersuchung vieler dynamischer Systeme hat gezeigt, dass diese **Nichtlinearität** für chaotisches Verhalten verantwortlich ist.

Ist jeder Zustand eines zeitlich veränderlichen dynamischen Systems eindeutig mit dem vorangehenden Zustand durch Gleichungen verknüpft, so ist das System streng determiniert. Bei einer nichtlinearen Abhängigkeit der bestimmenden Größen des Systems kann das Verhalten über eine längere Zeitspanne jedoch nicht immer vorhergesagt werden. Determiniertheit bedeutet also nicht immer Vorhersagbarkeit.

## Aufgaben

1. Simulieren Sie mit einem Computerprogramm oder einem Modellbildungssystem die Bewegung des Drehpendels, das durch ein Wägestück der Masse $m = 0{,}026$ kg im Abstand $l = 0{,}85$ m von der Drehachse (→ **Abb. 116.1**) modifiziert worden ist. Verwenden Sie die Differentialgleichung aus → **Abb. 117.1** und die Größen $D = 0{,}0158$ Nm, $J = 0{,}00154\ \text{kg}\,\text{m}^2$, $0{,}0015\ \text{kg}\,\text{m}^2\,\text{s}^{-1} \le \delta^* \le 0{,}002\ \text{kg}\,\text{m}^2\,\text{s}^{-1}$, $M_0 = 0{,}00276\ \text{kg}\,\text{m}^2\,\text{s}^{-2}$ sowie die Startwerte $\varphi = 0{,}87$ und $\dot\varphi = 0$ bei $\Delta t = 0{,}01$ s.
   **a)** Stellen Sie $\varphi(t)$ für unterschiedliche Werte der Dämpfung $\delta^*$ grafisch dar.
   **b)** Stellen Sie $\varphi(t)$ und $\dot\varphi(t)$ für unterschiedliche Werte der Dämpfung $\delta^*$ in einem Phasendiagramm dar.
   **c)** Verändern Sie bei chaotischem Verhalten den Startwert $\varphi$ geringfügig und beobachten Sie die Winkel in größerem zeitlichen Abstand vom Start.

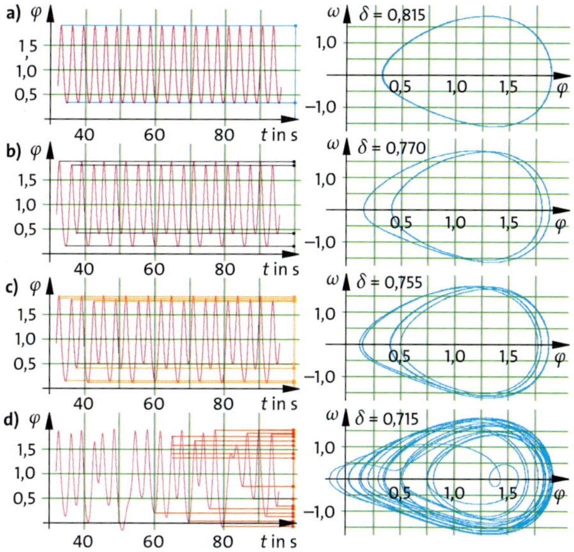


**119.1** Schwingungsformen (links) und Phasenbahnen (rechts) des modifizierten Drehpendels bei abnehmender Dämpfung: **a)** einfache Periode, **b)** Periodenverdopplung, **c)** Periodenvervierfachung, **d)** Chaos

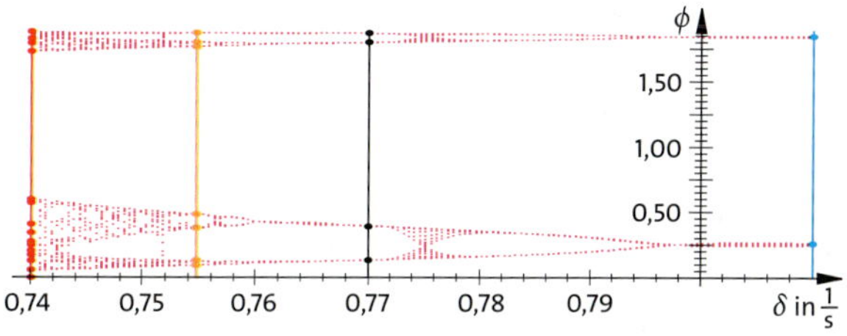


**119.2** Das Bifurkationsdiagramm des modifizierten Drehpendels: Aufgetragen sind die Extremwerte $\phi$ der Auslenkwinkel $\varphi$.

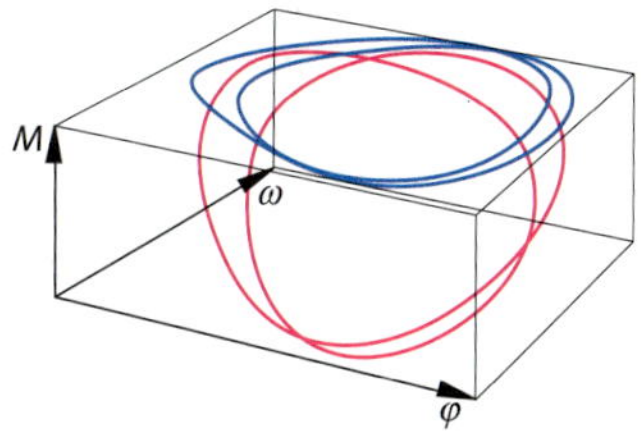


**119.3** Die dreidimensionale Phasenbahn des modifizierten Drehpendels und seine Projektionen in eine Ebene

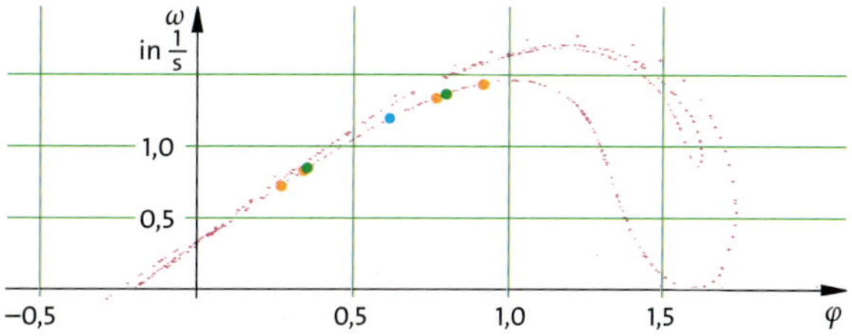


**119.4** Poincaré-Diagramme des modifizierten Drehpendels: grün einfache, blau doppelte, gelb vierfache Periode, rot Chaos

## 6.3 Wege ins Chaos – Verhulst-Dynamik und Feigenbaum-Szenario

Einige wichtige Eigenschaften chaotischen Verhaltens können gut am Modell des Biologen P. F. VERHULST studiert werden. Er untersuchte, warum viele Populationen mit begrenztem Lebensraum trotz großer Vermehrungsrate über lange Zeiträume eine stabile Zahl von Individuen aufweisen. Hierzu entwickelte er ein einfaches Modell: Die Generationsstärke $x$ wird als Bruchteil der größten jemals vorkommenden Population angegeben, ist also stets kleiner als 1. Sie wird in diskreten Schritten nach jeweils festen Zeiträumen (z. B. den Vielfachen einer Generation) betrachtet. Dann bezeichnet $x_n$ die Generationsstärke nach $n$ Schritten. Wären Lebensraum und Nahrungsvorräte unbegrenzt, hinge $x_{n+1}$ nur von der Population $x_n$ ab. Bei einer Reproduktionsrate $r$ wäre also $x_{n+1} = r x_n$, sodass bei $r > 1$ die Population exponentiell über alle Grenzen wachsen würde:

$$x_1 = r x_0,\ x_2 = r x_1 = r r x_0 \quad \text{usw., also} \quad x_n = r^n x_0$$

In der Realität sind Lebensraum und Nahrungsvorräte jedoch begrenzt, was die Reproduktion negativ beeinflusst. Diese Abhängigkeit stellte VERHULST dar, indem er die Reproduktionsrate $r$ durch $a = r(1 - x_n)$ ersetzte, d. h. je größer die Population wird, umso kleiner wird die Reproduktionsrate. Sie schwankt zwischen $r$ und null. Für $x = 0$ hat die Reproduktionsrate den Wert $a = r$. Steigt $x$ an, dann wird $r$ immer kleiner und erreicht für $x = 1$ den Wert null. Damit ergibt sich für das Verhulst-Modell die einfache Iterationsvorschrift:

$$x_{n+1} = r x_n (1 - x_n) = r x_n - r x_n^2$$

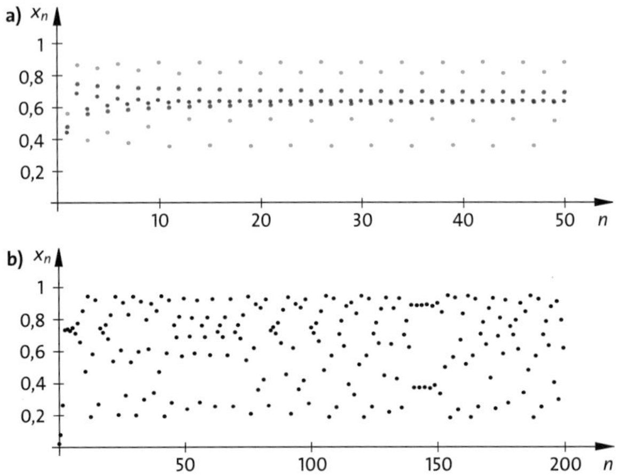


**120.1** Entwicklung der Populationen nach dem Verhulst-Modell: **a)** Für $r < 3$ stellt sich ein stabiler Wert (rot) der Population ein, für $r = 3$ schwanken die aufeinanderfolgenden Populationen zwischen zwei Werten (grün), für $r = 3{,}544$ zwischen vier Werten (blau). **b)** Für $r > 3{,}570$ ist keine Regelmäßigkeit mehr erkennbar.

Diese Formel enthält den für das Auftreten von Chaos entscheidenden quadratischen Term $\sim x_n^2$, der sich als Rückkopplung deuten lässt: Jede Veränderung der Population bewirkt eine entgegengerichtete Veränderung der Lebensbedingungen. Die nachfolgenden Werte hängen *nichtlinear* von ihren Vorgängern ab. Das Verhulst-Modell ist also ein sehr einfaches, aber trotzdem nichtlineares Wachstumsmodell.

Es ist zu erwarten, dass sich unter diesen Umständen bald eine stabile Situation ergibt. Sie sollte erreicht sein, wenn ein weiteres Anwachsen der Bevölkerung sich so negativ auf die Fruchtbarkeit auswirkt, dass sie den Zuwachs gerade kompensiert. **Abb. 120.1** zeigt das Ergebnis einer Rechnung. Hier wurden die Werte $x_n$ über $n$ aufgetragen. Für $r < 3$ ergibt sich tatsächlich das erwartete Verhalten: Unabhängig vom Anfangswert pendelt sich die Population schnell auf einen konstanten Wert ein. Der Wert dieses sogenannten **Fixpunktes** oder **Attraktors $x_\infty$** beträgt $x_\infty = (r-1)/r$ (Aufgabe 2). Ab $r = 3$ ändert sich das Verhalten aber grundlegend: Statt einem festen Wert zuzustreben, pendelt die Population ständig zwischen zwei Werten $x_{\infty 1}$ und $x_{\infty 2}$ hin und her. Ab $r = 3{,}449$ pendelt $x$ zwischen vier Werten $x_{\infty 1}, \ldots, x_{\infty 4}$ hin und her, ab $r = 3{,}544$ zwischen acht Werten usw. Wie bei den Experimenten (→ 6.1, 6.2) beobachtet man aufeinanderfolgende *Periodenverdopplungen* (**Abb. 120.1 a**). Dabei folgen die Werte $r_i$, bei denen jeweils Periodenverdopplung auftritt, immer enger aufeinander. Überschreitet schließlich $r$ den Wert $r_\infty = 3{,}570$, dann ist keine Periodizität mehr zu erkennen. Das Verhalten der Population ist chaotisch geworden (**Abb. 120.1 b**).

Besonders übersichtlich lässt sich dieser *Weg ins Chaos* darstellen, wenn nur die Attraktorwerte $x_{\infty i}$ betrachtet werden. Sie beschreiben das Verhalten des Systems über längere Zeit. Ähnlich wie in → **Abb. 119.2** werden hierzu in einem Koordinatensystem die $x_{\infty i}$ über den zugehörigen $r$-Werten aufgetragen. Nachdem sich das System bei dem jeweiligen Wert für $r$ in etwa 20 Schritten stabilisiert hat, werden etwa die folgenden 50 $x$-Werte über $r$ aufgetragen.
Das Ergebnis der Rechnung ist ein *Bifurkationsdiagramm* (**Abb. 121.1**) ganz ähnlich → **Abb. 119.2**. Im Bereich $r < 3$ liegen die $x$-Werte alle an derselben Stelle. Im Diagramm befindet sich also jeweils nur ein Punkt über $r$. Im Bereich $3{,}0 \le r < 3{,}449$ sind es zwei Punkte, bei $3{,}449 \le r < 3{,}544$ vier Punkte usw. Ab $r = r_\infty = 3{,}570$, also im chaotischen Bereich, sind alle berechneten $x_i$ voneinander verschieden. Es gibt ein ganzes Band von $x$-Werten über einem bestimmten $r$.

Am Bifurkationsdiagramm lassen sich einige interessante und allgemeingültige Beobachtungen machen: Die Berechnung der Bifurkationsstellen $r_i$ ergibt die Werte in **Tab. 121.2**. In der dritten Spalte der Tabelle wurden die beobachteten Abstände der Bifurkationspunkte, also $\Delta r_i = r_i - r_{i-1}$ für $i = 2, 3, \ldots$ berechnet. Sie zeigen, wie die $r_i$ immer näher zusammenrücken. In der vierten Spalte steht jeweils das Verhältnis $f_i = \Delta r_{i-1}/\Delta r_i$. Das konstante Verhältnis zeigt, dass die Abstände $r_i$ in einer bestimmten regelmäßigen Art zusammenrücken: Der Abstand zwischen zwei Bifurkationspunkten ist immer etwa 4,7-mal so lang wie der darauffolgende Abstand. Dieses Verhalten wurde zum ersten Mal 1987 von dem amerikanischen Mathematiker M. J. FEIGENBAUM beobachtet und erklärt. Er konnte zeigen, dass diese regelmäßige Bifurkation für eine große Klasse von chaotischen Systemen zutrifft und dass das Verhältnis $f_i$ für große Werte von $i$ der universellen Zahl

$$f = 4{,}669\,201\,609\,102\,9\ldots$$

zustrebt. Diese *Konstante des Chaos* wird seitdem **Feigenbaum-Zahl f** genannt. Wie π oder e ist auch f eine transzendente Zahl mit unendlich vielen, sich nie wiederholenden Dezimalstellen.

Auch im chaotischen Bereich ist im Bifurkationsdiagramm (**Abb. 121.1**)Interessantes zu beobachten:

**1.** Für ein bestimmtes $r$ werden nicht alle möglichen $x$-Werte angenommen. Die Werte bilden Bänder, die sich mit wachsendem $r$ öffnen.

**2.** Der Wertebereich für ein bestimmtes $r$ ist nicht gleichmäßig besetzt. Dies ist im Diagramm an verschieden starker Färbung zu erkennen. Die stärker besetzten Wertebereiche sind oft Fortsetzungen von Ästen aus dem regulären Bereich. Es hat den Anschein, als „erinnere" sich das System an sein vorheriges nicht-chaotisches Verhalten.

**3.** Mitten im chaotischen Bereich gibt es schmale Bereiche, in denen unvermittelt reguläres Verhalten auftritt. **Abb. 121.1** zeigt vergrößert eine solche **Stabilitätsinsel** bei $3{,}82 < r < 3{,}86$. Aus einem breiten Band von Attraktorwerten lösen sich bei $r_c = 3{,}828\,43\ldots$ drei stabile Attraktoren ab. Deren $x$-Werte deuten sich schon im chaotischen Bereich durch eine erhöhte Besetzung (Färbung) an. Wird $r$ weiter erhöht, dann geht das System auf dem Wege der Periodenverdopplung wieder ins Chaos über, wobei der Ablauf dem zwischen $r = 2$ und $r = r_\infty$ vollkommen gleicht. In den entstehenden kleineren Bifurkationsdiagrammen sind wieder Inseln der Stabilität zu erkennen. Diese **Selbstähnlichkeit** der seltsamen Attraktoren ist ein charakteristisches Merkmal von chaotischen Systemen. Ein vergrößerter Ausschnitt zeigt immer neue Details, sieht aber immer wieder dem Ganzen ähnlich.

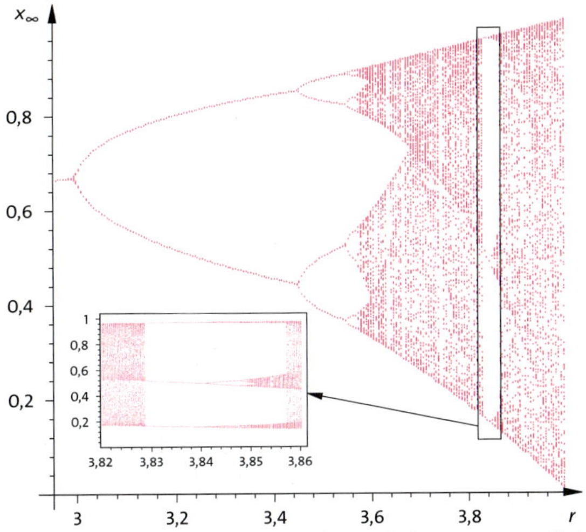


**121.1** Das Bifurkationsdiagramm des Verhulst-Prozesses. Links unten vergrößert die „Stabilitätsinsel" bei $3{,}82 < r < 3{,}86$

| $i$ | $r_i$ | $\Delta r_i$ | $f_i = \Delta r_{i-1}/\Delta r_i$ |
|---|---|---|---|
| 1 | 3,00 | – | – |
| 2 | 3,449 | 0,449 | – |
| 3 | 3,544 | 0,095 | 4,726 |
| 4 | 3,56441 | 0,02041 | 4,654 |
| 5 | 3,568757 | 0,004347 | 4,695 |
| 6 | 3,5696911 | 0,0009341 | 4,654 |
| 7 | 3,5698912 | 0,0002001 | 4,668 |
| : | : | : | : |
| ∞ | 3,5699456 | | |

**121.2** Die Bifurkationspunkte des Verhulst-Prozesses

Nichtlineare Systeme zeigen in bestimmten Bereichen chaotisches Verhalten. Der Übergang ins Chaos erfolgt oft über Periodenverdopplungen. Dieses Feigenbaum-Szenario wird durch eine universelle Naturkonstante, die Feigenbaum-Zahl f, beschrieben.
Chaotische Systeme zeigen Selbstähnlichkeit.

## Aufgaben

1. Schreiben Sie ein Computerprogramm, das die ersten 50 Werte der Verhulst-Folge berechnet.
   a) Vergleichen Sie die Ergebnisse mit **Abb. 120.1**.
   b) Zeigen Sie, dass für $r = 2{,}8$ die Verhulst-Dynamik dem schwachen Kausalitätsprinzip gehorcht, für $r = 3{,}8$ jedoch nicht.
2. Zeigen Sie, dass die Fixpunkte der Verhulst-Folge den Wert $x_\infty = (r-1)/r$ haben. (*Hinweis*: Der Fixpunkt ist erreicht, wenn $x_{n+1} = x_n$ ist.)
3. Schreiben Sie ein Computerprogramm, das für $2{,}9 \leq r \leq 4$ ein Bifurkationsdiagramm zeichnet.

## 6.4 Chaos und Fraktale

Im chaotischen Bereich der Verhulst-Dynamik (→ **Abb. 121.1** für $r > 3{,}57$) zeigen die Attraktormengen $x_i(r)$ eine merkwürdige Eigenschaft: Über jedem $r$-Wert liegen unendlich viele $x$-Werte – aber sie liegen nicht überall gleich dicht: Während ein einfacher senkrechter Strich über $r$ alle $x$-Werte gleich häufig enthält, sind die Attraktorwerte, die über einem bestimmten $r$ liegen, in charakteristischer Weise „ausgedünnt". Dies ist an der unterschiedlichen Färbung des Bifurkationsdiagramms zu erkennen. Diese Bereiche verhalten sich mathematisch wie ein Zwischending zwischen einem Punkt (Dimension 0) und einer Geraden (Dimension 1). Das trifft ebenso auf einen flächigen chaotischen Bereich im Bifurkationsdiagramm zu: Hier liegt die Dimension zwischen 1 und 2, den Dimensionen von Gerade und Fläche. Solche Gebilde heißen **Fraktale.** Der Name deutet an, dass sie in einem gewissen Sinne eine nichtganzzahlige (gebrochene) Dimension haben.
Auch bei anderen chaotischen Vorgängen werden solche Fraktale beobachtet. Beim chaotischen Magnetpendel (→ **Abb. 114.1**) kann z. B. danach gefragt werden, an welchem der sechs Magnete das Pendel zur Ruhe kommt. Da die Bewegung determiniert ist, hängt sie nur vom Anfangsort $(x|y)$ des Pendels ab. Die gesamte Ebene muss sich also in eindeutiger Weise in sechs Bereiche dieser Anfangswerte unterteilen lassen, die den sechs Magneten entsprechen, an denen die Bewegung endet. Mit einem mathematischen Modell wurde in **Abb. 122.1** für jeden Punkt der Ebene berechnet, an welchem Magneten die Bewegung endet. Der Startpunkt wurde dann mit einer von sechs Farben eingefärbt.

**122.1** Die Anziehungsbereiche des Magnetpendels besitzen fraktale Grenzen.

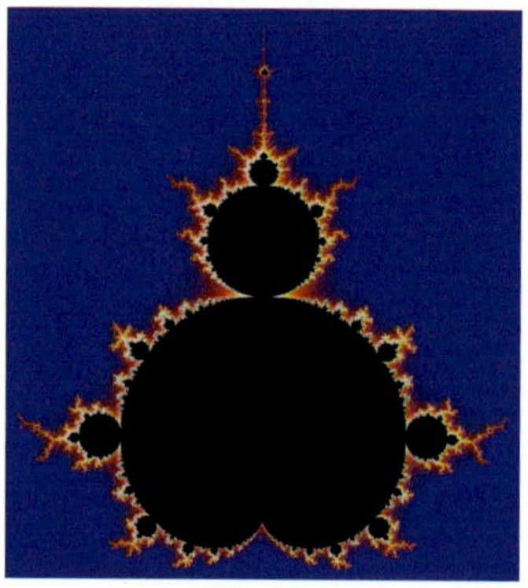

**122.2** Die Mandelbrot-Menge, das sogenannte Apfelmännchen

Das Ergebnis zeigt, dass die Bewegungen, die von Punkten in der Nähe eines Magneten aus starten, tatsächlich zu diesem Magneten hinführen. Entfernt sich der Startpunkt aber von einem Magneten, dann wird das Verhalten unerwartet kompliziert: Es gibt nun keine einfache glatte Grenze zwischen den einzelnen Einflussbereichen. An der Grenze liegen alle Farben in kleinen und kleinsten Flächen ineinandergeschachtelt vor. Das bedeutet, dass eine winzige Änderung des Startpunktes hier ausreicht, den Pendelmagneten zu einem ganz anderen Zielpunkt zu befördern. Wird der Maßstab vergrößert, dann ist zu erkennen, dass sich die komplizierten Grenzstrukturen immer wiederholen. Die Grenzlinie ist in unendlich viele kleine Bereiche „verzwirbelt". Sie ist keine einfache durchgehende Kurve, sondern ein *Fraktal* mit einer Dimension zwischen 1 und 2.

Fraktale Gebilde tauchen bei der mathematischen Beschreibung chaotischer Vorgänge regelmäßig auf. Das Bifurkationsdiagramm entpuppt sich als ein solches Fraktal; das Gleiche gilt für die Punktmengen in den Poincaré-Diagrammen chaotischer Attraktoren.
Der Erste, der die Bedeutung der Fraktale erkannte, war der belgische Mathematiker Benoit B. MANDELBROT. Die nach ihm benannte **Mandelbrot-Menge,** eine Punktmenge der Ebene, hat eine äußerst verwickelte fraktale Grenzstruktur. Ihre Grundstruktur ist das sogenannte **Apfelmännchen** (**Abb. 122.2**). Wie bei allen Fraktalen zeigt die Mandelbrot-Menge bei jeder beliebigen Vergrößerung immer wieder die gleichen Merkmale.

Diese **Selbstähnlichkeit** ist ein charakteristisches Merkmal aller Fraktale. Sie ist auch in der Natur an vielen Stellen zu beobachten. Insbesondere so komplizierte Strukturen wie Flüsse, Berge, Seen, Küstenlinien, Wasserwellen, Flüssigkeitswirbel und sogar Lebewesen zeigen bei näherem Hinsehen oft Strukturen, die sich bei Vergrößerung des Betrachtungsmaßstabes ständig wiederholen. Dies gibt ihnen einen eigenen ästhetischen Reiz, der auf der den Fraktalen innewohnenden Mischung von Ordnung und Unordnung beruht.

## Exkurs

### Das gesunde Herz – die richtige Dosis Chaos

Fraktale Strukturen haben nicht nur ästhetischen Reiz. Es scheint so, dass auch bei den Lebensvorgängen selbst das Chaos eine wichtige Rolle spielt. Ein Beispiel liefert die Untersuchung des menschlichen Herzrhythmus.

Das Herz schlägt normalerweise recht regelmäßig 60- bis 80-mal pro Minute, bei Belastung bis 200-mal. Bei krankhaften Veränderungen, besonders nach Herzinfarkten, kommt es oft zu Störungen des Herzrhythmus, einzelnen oder gehäuften zusätzlichen Kontraktionen (Extrasystolen). Auch bei gesunden Menschen treten sie gelegentlich auf („Herzstolpern"). Häufen sie sich, dann kann es über das sogenannte Vorhofflimmern zu einem ganz unrhythmischen Zustand (Kammerflimmern) und dadurch innerhalb von Minuten zum *plötzlichen Herztod* kommen. Merkwürdigerweise enthalten die elektrischen Signale der Nervenzellen des Herzens, die man als EKG (Elektrokardiogramm) von der Körperoberfläche abnehmen kann, meist keinerlei vorzeitige Hinweise auf dieses dramatische Geschehen.

Sowohl ein gesundes als auch ein krankes Herz zeigen eine recht große Unregelmäßigkeit in der zeitlichen Abfolge $t_1$, $t_2$, $t_3$, ... der Herzschläge. Eine solche Zeitserie kann mit einer Methode untersucht werden, die der Darstellung von chaotischen Bewegungen in einem Phasendiagramm ähnelt (→ 6.2). Hierzu wird die Serie in „Viererpäckchen" von Herzschlägen zerlegt, die Zeitdifferenzen $\Delta t_1$, $\Delta t_2$ und $\Delta t_3$ zwischen aufeinanderfolgenden Schlägen werden bestimmt und diese Werte in einem dreidimensionalen Koordinatensystem aufgetragen. Jedem Viererpäckchen entspricht also ein Punkt in diesem künstlichen Zustandsraum. Würde das Herz vollkommen regelmäßig schlagen, dann ergäbe sich nur ein Punkt; wäre der Herzschlag zufällig, dann wären die Messpunkte ganz gleichmäßig verteilt. Die Abbildungen zeigen, wie sich das Phasendiagramm eines kranken Herzens verändert:

**a) gesunder Rhythmus**

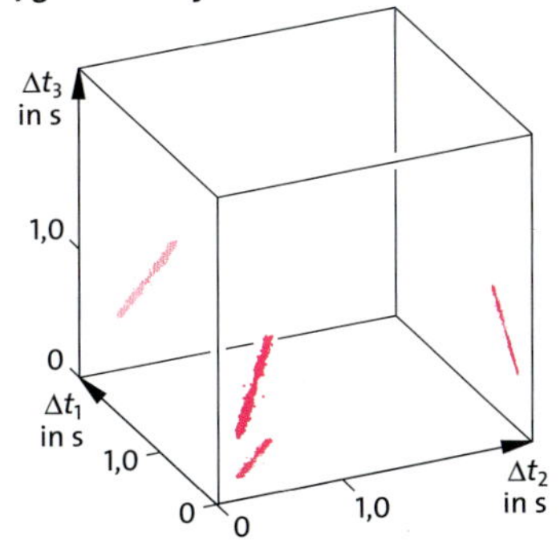


**b) gestörter Rhythmus**

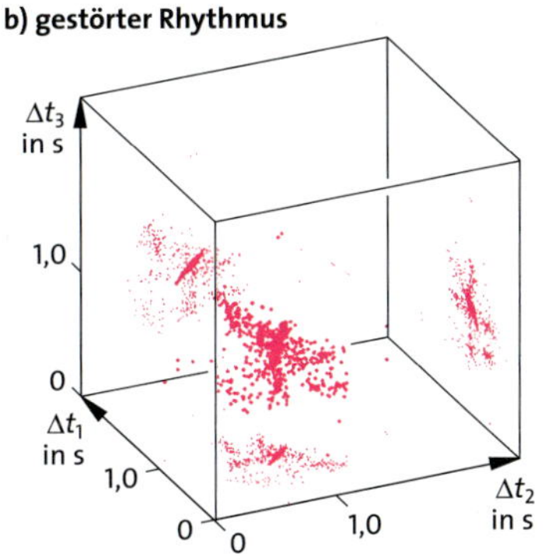


**c) starrer Rhythmus**

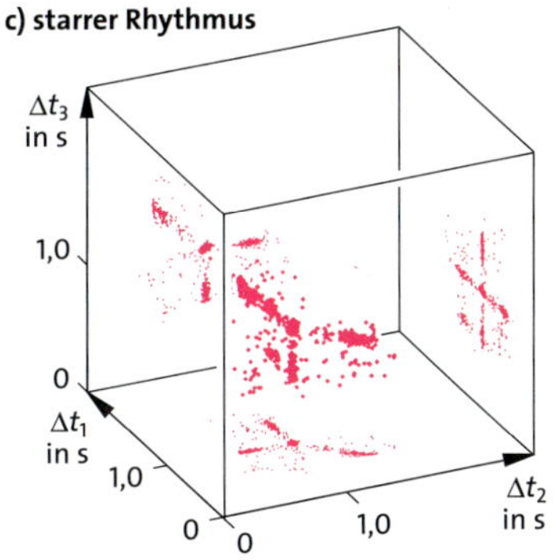


**d) Herzflimmern**

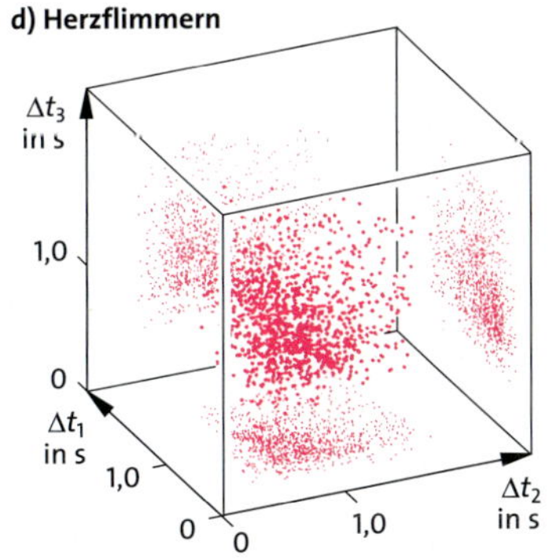


**a)** Charakteristisch für ein gesundes Herz ist die *Zigarrenform*: Die Herzschläge erfolgen *nicht* ganz regelmäßig, sondern zeigen ein zeitliches Muster, in dem die Flexibilität des Herzens zum Ausdruck kommt. Dass diese Flexibilität – ein „dosiertes Chaos" – für ein gesundes Herz entscheidend ist, zeigt sich, wenn die EKG herzkranker Personen damit verglichen werden.
**b)** Bei einem Patienten mit Herzrhythmusstörungen ist die „Zigarre" des gesunden Herzens stark geschrumpft. Stattdessen hat sich eine Wolke von Punkten entwickelt, die von den vielen Extrasystolen hervorgerufen werden.
**c)** Eine weitere Verschlechterung des Zustands zeigt sich in einer starken Reduzierung auf eine kleine Punktwolke. Das Herz schlägt nun in einem ganz starren Rhythmus.
**d)** Schließlich wird der Zustand des Vorhofflimmerns erreicht: Die Herzschläge sind fast zufällig verteilt.

Alle diese Krankheitsbilder b) bis d) verschiedener Patienten führten nach kurzer Zeit zu einem plötzlichen Herztod.

Obwohl diese Diagnosemethode noch neu ist, zeigt sie doch, dass die Beschäftigung mit dem Chaos in ganz unterschiedlichen Bereichen der Wissenschaft zu neuen Erkenntnissen führen kann.

Wahrscheinlich ist die uns umgebende Natur deshalb so vielgestaltig, weil in ihr an vielen, oft noch gar nicht erkannten Stellen das Chaos am Werk ist. Die Chaos-Forschung versucht mit ihren Methoden, die tieferen Ursachen für solche Ähnlichkeiten zu ergründen.
Auch in unserem Planetensystem zeigen sich chaotische Phänomene: Die Cassinische Teilung der Saturnringe, die größtenteils aus Staub- und Eisteilchen bestehen, beruht auf störenden Wirkungen der Saturnmonde; in der Statistik der Bahnelemente der Planetoiden, der Kleinplaneten zwischen Mars und Jupiter, zeigt sich die störende Wirkung des Jupiter.

## Geschichte der Mechanik und die klassische Physik; Kausalität und Determinismus

Die **Geschichte der Mechanik** reicht zurück in die Anfänge der Menschheit. Jedes Werkzeug und jedes Gerät, das im Laufe von Jahrtausenden erfunden wurde, beruht in irgendeiner Form auf Erkenntnissen über Gesetzmäßigkeiten aus der Mechanik, die der Mensch durch Erfahrung gewonnen hat. Die Erfindungen von Rad und Keil markieren bedeutende Stufen in der Geschichte der Menschheitsentwicklung. Das Denken des Menschen ist seit frühester Zeit daher stark von dem Umgang und der Verwendung mechanischer Vorgänge mitgeprägt. Die Pyramidenbauten der Ägypter aus der Zeit von 3000 bis 2000 v. Chr. wären ohne Kenntnisse aus der Mechanik, z. B. über Rolle und schiefe Ebene, nicht möglich gewesen. Die Griechen besaßen in einzelnen physikalischen Fragen einen beachtlichen Wissensstand.

Der Name *Physik* (von *physis*, die Natur) stammt von ARISTOTELES (384–322 v. Chr.). ARCHIMEDES von Syrakus (287–212 v. Chr.) formulierte die Gesetze von Hebel und schiefer Ebene, konstruierte den Flaschenzug und entdeckte das nach ihm benannte archimedische (hydrostatische) Prinzip. Er begründete die Statik, zu der bis zur Renaissance nichts Bemerkenswertes hinzukam. In ihrer Naturphilosophie versuchten die Griechen, zu einer einheitlichen Welterklärung zu kommen. Das Entwerfen mathematischer Theorien, um physikalische Vorgänge zu deuten oder vorherzusagen, war der Antike jedoch genauso fremd wie der Wille, die Natur technisch zu beherrschen.

GALILEI (1564–1642) ist der Begründer der modernen Naturwissenschaft. Die **naturwissenschaftliche Methode,** die er begründete, lässt sich folgendermaßen formulieren:

- Der Naturvorgang, der nur beschrieben (und nicht mehr im Sinne der Antike erklärt) werden kann, wird aus seinem natürlichen Zusammenhang gelöst und von allen störenden Umständen getrennt betrachtet.
- Es werden Vermutungen, *Hypothesen*, aufgestellt und mathematisch formuliert, wobei das Prinzip möglichst großer Einfachheit gilt.
- Die Hypothesen werden im Experiment überprüft, und zwar so, dass dies von jedermann wiederholt und nachvollzogen werden kann.

In klassischer Weise hat GALILEI diese Methode in seinen Überlegungen zum freien Fall vorgeführt: Er machte als Erster einsichtig, dass es nicht auf die Art des fallenden Körpers, z. B. ob Stein oder Kanonenkugel, ankäme und dass der Luftwiderstand zu vernachlässigen sei. – In der Überzeugung, dass es zwischen den interessierenden Größen Fallgeschwindigkeit, Fallstrecke und Fallzeit einen einfachen Zusammenhang geben müsse, untersuchte er zuerst die Hypothese, dass die Geschwindigkeit in jedem Punkt der durchfallenen Strecke proportional sei, und führte die Überlegung ad absurdum. Aus der zweiten ebenso einfachen Hypothese, dass die Geschwindigkeit auch der Fallzeit proportional sein könne, entwickelte er dann seine bekannten Fallgesetze. Er überprüfte sie im Experiment an der Bewegung auf der schiefen Ebene, weil er mit den damals zur Verfügung stehenden experimentellen Mitteln den freien Fall selbst nicht messend verfolgen konnte. Er überlegte sich, dass der freie Fall Grenzfall der Bewegung auf der schiefen Ebene für den Steigungswinkel von 90° ist. In eine ca. 10 Meter lange Rinne schnitt er Kerben in quadratischen Abständen, vom Start aus gemessen, und maß mit einer eigens entwickelten Wasseruhr, dass eine Kugel die Kerben in gleichen Zeitabständen passierte.

GALILEI hat mit dem von ihm zuerst beschriebenen Trägheitsprinzip (→ 2.1) die Dynamik begründet und sich von den Vorstellungen der Antike gelöst, in der nach ARISTOTELES für jede Bewegung, auch für eine mit gleich bleibender Geschwindigkeit, ein ständiger „Beweger", eine Kraft, erforderlich sein sollte.

NEWTON (1643–1727) griff GALILEIS Ideen auf und erhob die Mechanik in den Rang einer exakten Wissenschaft. In seinem Hauptwerk *„Philosophiae naturalis principia mathematica"* (*„Mathematische Prinzipien der Naturlehre"*) entwickelte er aus den Newton'schen Axiomen (→ 2.4) die Gesetze der Mechanik. Die Newton'sche Physik gründete auf der Annahme eines absoluten Raumes, auf den sich alle Vorgänge beziehen ließen, und einer absoluten Zeit, die für alle Vorgänge gleich dahinfließt. Diese Vorstellungen blieben – ungeprüft – bestimmend bis in das zwanzigste Jahrhundert hinein, bis EINSTEIN (1879–1955) die Relativität von Raum und Zeit erkannte. NEWTONS zweite großartige wissenschaftliche Leistung war die Entdeckung des Gravitationsgesetzes. Der Eindruck dieser Entdeckung war seinerzeit so groß, dass zuerst auch für die elektrischen Kräfte zwischen zwei geladenen Körpern durch COULOMB (1736–1806) und für die magnetischen Kräfte zwischen zwei Magnetpolen ein Abstandsgesetz nach dem Vorbild des Gravitationsgesetzes gesucht und gefunden wurde.

In der **Newton'schen Mechanik** werden alle physikalischen Erscheinungen auf die Bewegung von materiellen Teilchen zurückgeführt, die durch ihre gegenseitige Anziehung aufgrund der Gravitationskraft verursacht wird. Beschrieben werden die Bewegungen durch die Newton'schen Bewegungsgleichungen, die aus dem Grundgesetz der Mechanik entwickelt sind und die die Grundlage der klassischen Mechanik bilden.

Im achtzehnten und zu Beginn des neunzehnten Jahrhunderts wurde die Newton'sche Mechanik durch die Weiterentwicklung der Differential- und Integralrechnung, die NEWTON begründet hatte, vervollständigt und zu einem geschlossenen Gedankengebäude ausgebaut. Die Newton'sche Mechanik war in der Lage, die Bewegung der Planeten, des Mondes, der Kometen, den Wechsel der Gezeiten und viele mit der Gravitationskraft zusammenhängende Phänomene zu erklären. Sie erklärte ebenso die Bewegung der Flüssigkeiten und die Schwingungen elastischer Körper. Schließlich konnten sogar Teile der Wärmelehre auf die Mechanik zurückgeführt werden: Innere Energie wurde als Bewegung der Moleküle verstanden. Erscheinungen wie das Verdampfen einer Flüssigkeit oder die Temperatur bzw. der Druck eines Gases lassen sich in der kinetischen Gastheorie mit rein mechanischen Gesetzen beschreiben.

Die Newton'sche Mechanik mit ihren großen Erfolgen in der Erklärung von Naturvorgängen wurde zum Vorbild jeder wissenschaftlichen Theorie. Bis weit ins neunzehnte Jahrhundert hinein wurde angenommen, einen Vorgang erst dann verstanden zu haben, wenn er mit den Gesetzen der Mechanik erklärt werden konnte. So hat z.B. MAXWELL (1831–1879), der die Elektrodynamik theoretisch begründete, noch vergeblich versucht, seine auch heute noch gültige Theorie mechanisch zu erklären.

Die Entwicklung der Elektrizitätslehre und der Optik am Ende des neunzehnten Jahrhunderts führte so zwar schon über die eigentliche Mechanik hinaus, aber auch diese beiden Gebiete waren von den gleichen Grundprinzipien geprägt wie die Newton'sche Mechanik. So stellte sich an der Schwelle zum zwanzigsten Jahrhundert die Physik, aufbauend auf den Ideen NEWTONS, mit den Teilgebieten Mechanik, Wärmelehre, Elektrizitätslehre und Optik als ein geschlossenes wissenschaftliches Gebäude dar, das als **klassische Physik** bezeichnet wird und das auch heute noch den Grundstock jeder Beschäftigung mit der Physik bildet. Relativitätstheorie und Quantentheorie sind die beiden Gebiete, mit denen die moderne Physik über die klassische Physik hinausgeht.

### Das Weltbild der klassischen Physik

Das Weltbild der klassischen Physik, das in der Beherrschung des Denkens weit über die Fachwissenschaft Physik hinausreichte, beruht auf dreierlei: auf dem *Prinzip der Kausalität*, auf dem mit ihm verbundenen *Prinzip des Determinismus* und auf dem *Prinzip der Objektivierbarkeit*.
Die klassische Physik sagt: Alles Geschehen läuft nach dem Kausalitätsprinzip ab, d.h. unter gleichen Umständen führen die Naturgesetze zu gleichen Ergebnissen.

**Kausalitätsprinzip:** Das Ergebnis bzw. der Zustand A, als Ursache bezeichnet, bringt unter bestimmten Bedingungen ein bestimmtes Ergebnis bzw. einen bestimmten Zustand B, als Wirkung bezeichnet, mit Notwendigkeit hervor, wobei die Ursache A der Wirkung B zeitlich vorausgeht und die Wirkung B niemals eintritt, ohne dass die Ursache A vorher bestanden hat.

Das (physikalische) Ereignis bzw. der (physikalische) Zustand B folge nach dem Kausalitätsprinzip auf das (physikalische) Ereignis bzw. den (physikalischen) Zustand A, heißt also mit anderen Worten, dass mithilfe der Naturgesetze aus der vollständigen Beschreibung des Ereignisses bzw. des Zustandes A das Ereignis bzw. der Zustand B logisch abgeleitet oder umgekehrt aus dem Vorliegen vom Ereignis bzw. Zustand B das Ereignis bzw. der Zustand A als (zeitlich) vorausgegangen betrachtet werden darf.
Dieses Denken in Kausalzusammenhängen, das der klassischen Physik zugrunde liegt, entspricht weitgehend der täglichen Erfahrung: keine Wirkung ohne Ursache.

Das Weltbild der klassischen Physik war ein mechanistisches Weltbild, in dem nichts ohne Ursache geschah und in dem infolgedessen jedes Geschehen unabänderlich ablief. Das Kausalitätsprinzip der klassischen Physik ist daher mit dem Prinzip des Determinismus eng verknüpft.

**Prinzip des Determinismus:** Alles Geschehen in der Welt ist durch (kausale) Gesetzmäßigkeiten in seinem Verlauf unabänderlich bestimmt.

Der Determinismus behauptet also, dass aus einer vollständigen Beschreibung des gesamten Zustandes der Welt zu einem bestimmten Zeitpunkt allein mithilfe der Naturgesetze jedes Ereignis oder jeder Zustand der Welt in der Vergangenheit oder in der Zukunft logisch hergeleitet werden kann. Der französische Mathematiker LAPLACE (1749–1827) hat dem Determinismus mit dem Bild vom *Laplace'schen Dämon* den klassischen Ausdruck gegeben: „Wenn der Zustand der Welt bei ihrer Erschaffung einem unendlich begabten und unendlich fleißigen Mathematiker bis in alle Einzelheiten dargelegt worden wäre, so müsste ein solches Wesen imstande sein, daraus die ganze folgende Weltgeschichte abzuleiten. Für ihn würde es keine Unsicherheit geben und Zukunft sowohl wie Vergangenheit wären seinen Augen allgegenwärtig."

Die klassische Physik geht schließlich aus von dem **Prinzip der Objektivierbarkeit:** Der beobachtete Naturvorgang läuft unabhängig und unbeeinflusst vom Beobachter ab. Das Naturgeschehen ist objektivierbar, es lässt sich unabhängig vom Beobachter objektiv beschreiben.

Diese **drei Prinzipien der klassischen Physik** hat die moderne Physik, insbesondere die **Quantenphysik,** infrage gestellt. Auch die sich zum Ende des 20. Jahrhunderts stürmisch entwickelnde Chaosforschung ergab, dass der Determinismus nicht mehr in jedem Fall gesichert ist. In den Blickpunkt gerieten an sich klassisch berechenbare Systeme, die bei geringsten Änderungen der Anfangsbedingungen chaotisches Verhalten zeigten.
Zur **Kausalität:** Nach herrschender Meinung lässt sich aus der Quantentheorie folgern, dass auch bei genauer Kenntnis des Zustandes A der Zustand B *nicht* in jedem Falle vorhergesagt werden kann.

Zum **Determinismus:** Viele Gesetze der Physik sind rein stochastischer Natur. Zwar lässt sich z.B. stets angeben, wie viele Atome einer radioaktiven Substanz im nächsten Zeitabschnitt zerfallen; es lässt sich aber nicht voraussagen, ob dies für ein bestimmtes Atom zutrifft oder nicht.

Zur **Objektivierbarkeit:** Bei mikrophysikalischen Prozessen beeinflusst der Beobachter den beobachteten Vorgang.

Damit wird auch der Determinismus verworfen. Denn wenn das Kausalitätsprinzip nicht mehr gilt, kann auch ein Zustand aus dem anderen nicht mehr berechnet werden.

# Sachverzeichnis

## Namenverzeichnis



## Physikalische Konstanten (nach Codata-Datenbank 2006)

| Name | Zeichen | Größenwert |
|---|---|---|
| Atomare Masseneinheit | 1 u | $(1{,}660\,538\,782 \pm 0{,}000\,000\,083) \cdot 10^{-27}$ kg |
| Avogadro-Konstante | $N_A$ | $(6{,}022\,141\,79 \pm 0{,}000\,000\,30) \cdot 10^{23}$ $mol^{-1}$ |
| Boltzmann-Konstante | $k$ | $(1{,}380\,6504 \pm 0{,}000\,002\,4) \cdot 10^{-23}$ J/K |
| Elektrische Feldkonstante | $\varepsilon_0$ | $(8{,}854\,187\,817\ldots) \cdot 10^{-12}$ As/(Vm) (exakt) |
| Elementarladung | $e$ | $(1{,}602\,176\,487 \pm 0{,}000\,000\,040) \cdot 10^{-19}$ C |
| Energieeinheit Elektronvolt | 1 eV | $(1{,}602\,176\,487 \pm 0{,}000\,000\,040) \cdot 10^{-19}$ J |
| Erdbeschleunigung (Normwert) | $g$ | 9,806 65 $m/s^2$ |
| Gravitationskonstante | $\gamma$ | $(6{,}673\,84 \pm 0{,}000\,80) \cdot 10^{-11}$ $m^3/(kg\,s^2)$ |
| Lichtgeschwindigkeit | $c$ | 299 792 458 $m\,s^{-1}$ (exakt) |
| Magnetische Feldkonstante | $\mu_0$ | $4\pi \cdot 10^{-7}$ Vs/(Am) = $(1{,}256\,637\,061\,4\ldots) \cdot 10^{-6}$ Vs/(Am) (exakt) |
| Masse des Elektrons | $m_e$ | $(9{,}109\,382\,15 \pm 0{,}000\,000\,45) \cdot 10^{-31}$ kg<br>$(5{,}485\,799\,094\,3 \pm 0{,}000\,000\,0023) \cdot 10^{-4}$ u<br>$(0{,}510\,998\,910 \pm 0{,}000\,000\,013)$ $MeV/c^2$ |
| Masse des Neutrons | $m_n$ | $(1{,}674\,927\,211 \pm 0{,}000\,000\,084) \cdot 10^{-27}$ kg<br>$(1{,}008\,664\,915\,97 \pm 0{,}000\,000\,000\,43)$ u<br>$(939{,}565\,346 \pm 0{,}000\,023)$ $MeV/c^2$ |
| Masse des Protons | $m_p$ | $(1{,}672\,621\,637 \pm 0{,}000\,000\,083) \cdot 10^{-27}$ kg<br>$(1{,}007\,276\,466\,77 \pm 0{,}000\,000\,000\,10)$ u<br>$(938{,}272\,013 \pm 0{,}000\,023)$ $MeV/c^2$ |
| Masse des Wasserstoffatoms | $m_H$ | $(1{,}007\,825\,0321 \pm 0{,}000\,000\,0004)$ u |
| Massenverhältnis Proton-Elektron | $m_p/m_e$ | $(1836{,}152\,672\,47 \pm 0{,}000\,000\,80)$ |
| Molvolumen (bei $0^0$ C, 1013,25 hPa) | $V_m$ | $(22{,}413\,996 \pm 0{,}000\,039) \cdot 10^{-3}$ $m^3/mol$ |
| Planck'sches Wirkungsquantum | $h$ | $(6{,}626\,068\,96 \pm 0{,}000\,000\,33) \cdot 10^{-34}$ J s |
| Rydberg-Konstante | $R$ | $(3{,}289\,841\,960\,361 \pm 0{,}000\,000\,000\,022) \cdot 10^{15}$ Hz |
| Spezifische Ladung des Elektrons | $e/m_e$ | $(1{,}758\,820\,150 \pm 0{,}000\,000\,044) \cdot 10^{11}$ C/kg |
| Universelle Gaskonstante | $R$ | $(8{,}314\,472 \pm 0{,}000\,015) \cdot 10^{3}$ J/(K kmol) |